アメリカ太平洋軍

日米が融合する世界最強の集団

朝日新聞記者
梶原みずほ

講談社

まえがき――国防総省のなかから見た日米同盟

アメリカ国防総省の組織に身を置き、二年間をアメリカ・ハワイで過ごした。本書はアメリカの首都ワシントンDCの視点から一歩離れ、ハワイに司令部を置く太平洋軍というアメリカ最大の地域統合軍の内側に身を置いて初めて見えてくる日米同盟の姿に光を当てたものである。

日本の政治家や官僚たちが、ハワイを訪問することが多くなってきた。北朝鮮による核実験や弾道ミサイル発射の挑発が繰り返されるなど、朝鮮半島情勢が視界不良となるにつれ、ハワイがアジア太平洋地域の安全保障にとって最も重要な拠点であることが認識されるようになったからである。

二〇一七年八月、北朝鮮核実験・ミサイル問題対策本部の本部長である二階俊博《にかいとしひろ》・自民党幹事長の命を受けて、今津寛《いまずひろし》・衆議院議員、武田良太《たけだりょうた》・元防衛副大臣、佐藤正久《さとうまさひさ》・外務副大臣らは、ハワイ州カウアイ島を目指した。日本が防衛ミサイル強化のために導入を検討している陸上配備型の迎撃システム「イージス・アショア」を見学するためだ。

このとき、訪問団を出迎えたのはハリー・ハリス太平洋軍司令官である。日本を含む地球の半分の安全保障の命運は、世界最強の太平洋艦隊を擁する太平洋軍トップであるこの人物の手中にあるといっても過言ではない。ワシントンからも国防総省のミサイル防衛担当の将官級幹部が駆けつけた。

戦後の日本とアメリカの物語を紡《つむ》いできたのは、日米安保条約という軍事同盟である。嵐が吹き荒れたときも、漂流したときも、迷走したときもあった。いまも、反発や批判、あるいは不信感もある。

しかし、アメリカ海軍軍人の父、日本人の母を持ち、横須賀に生まれたハリス司令官が、「海軍軍人としてのキャリア約四〇年の中で、日米同盟はいま最も良好」(「朝日新聞」二〇一七年七月二八日)と筆者に語ったように、二つの国はかつてないほど融合が進んでいる。一見、些細《ささい》に見えるカウアイ島での出来事は、七〇年近い歩みの上にこそ成り立った一場面なのである。

北朝鮮だけではない。「平和」「穏やかな」という意味を持つ太平洋(Pacific Ocean)には、いま荒波が押し寄せている。

七つの人工島を造成し、南シナ海の実効支配を強めている中国は、太平洋への海洋進出という野望に突き進んでいる。地理的に中国の「核心的利益」である台湾は、南太平洋における中国との国家承認をめぐる陣取り合戦で劣勢に立たされ始めた。

インド洋では、中国の巨大経済圏構想「一帯一路」の重要拠点になるパキスタンでの港湾建設が、インドとのあいだに新たな火種を生んでいる。

フィリピンではイスラム国（ＩＳ）に忠誠を誓う武装組織との戦いが続く。ベトナムの軍事要衝カムラン湾に、二〇一六年から、日本、アメリカ、中国、ロシアの艦船が相次いで寄港しているのは、この地域の不透明さの裏返しだ。

日本は、中東からホルムズ海峡とマラッカ海峡を通るルートで、エネルギー資源の大部分を輸入している。国際法に基づいた、開かれ、安定した、秩序のある海上交通路の確保は、死活問題である。

最新鋭の護衛艦「いずも」が二〇一七年五月から八月まで、初めてインド洋から南シナ海まで三ヵ月を超える長期航行の任務を遂行したのも、日本がこれらの海域で可能な限り関与していくことを体現したものといえる。

この本では、アメリカ太平洋軍をさまざまな角度から立体的に描き、我々日本人がこれから彼らとどう向き合っていくべきかを考えた。

第一章から第五章までは、アメリカにとってのハワイの戦略的重要性と、太平洋軍とその隷下の太平洋艦隊などの組織の役割や任務、リーダーたちの思考や哲学について描いた。第六章から終章までは、ハワイを舞台にして連綿と続いてきた日米同盟の過去と現在に焦点を当てている。

両国の知恵と汗によって維持され、共通の経験値、相場観、価値観を育《はぐく》んできた日米同盟は、これからの大海原の航海に、最も有用な海図といえよう。

二〇一七年一一月

梶原《かじわら》みずほ

目次◉アメリカ太平洋軍　日米が融合する世界最強の集団

第2章 中国「核心的利益」VS.アメリカ「航行の自由」

第3章 米軍のなかで輝く太平洋軍

第4章　太平洋軍——鋼の編制

第5章 ハワイの吸引力

第6章 太平洋軍と自衛隊をつなぐ糸

第7章 日米同盟の最前線を支える自衛官

第8章 試された日米同盟

第9章 インドアジア太平洋「海洋同盟」

終章 日米同盟の海洋戦略

アメリカ太平洋軍

日米が融合する世界最強の集団

序章

激変するアメリカの対中戦略

❖ 大統領の権限は強大なのか

アメリカ大統領選挙における候補者たちは、現職大統領、つまり前任者を否定するのが通例である。特に民主党から共和党へ、共和党から民主党へと政党が代わるときには、それが激しくなる。

民主党のビル・クリントン政権から共和党のジョージ・W・ブッシュ政権に代わった際、新政権のスタッフたちは「ABC」といった。「エニシング・バット・クリントン」、つまり、クリントン政権がやったこと以外なら何でも良いといい、クリントン政権の政策をことごとく否定した。

二〇〇八年の大統領選挙でバラク・オバマ民主党候補は、「チェンジ」をキーワードに戦い、ブッシュ共和党政権の八年からの転換を訴えた。そして二〇一六年の大統領選挙では、オバマ民主党政権八年を継承すると見られたヒラリー・クリントン民主党候補に対し、ドナルド・トランプ共和党候補が攻撃的な選挙戦を繰り広げ、不満を抱える人たちの票を掘り起こし、予想外の逆転勝利を収めた。

それまで八年の政策の否定を公約にしたトランプ政権の発足に際し、オバマ大統領は、「トランプ大統領も事態が分かれば自分と同じ結論にいたるはずだ」と述べた。

二〇一七年一月にトランプ政権が発足し、明らかになったこととは何か——。

まず、環太平洋パートナーシップ協定（ＴＰＰ）脱退は大統領令によって速やかに決めた。しかし、イスラム教徒の多い特定の国からの移民・難民の入国制限などについては、司法判断によってつまずくなど、政権運営の困難さが露見した。また、トランプ大統領が公約の目玉として掲げたオバマケア、つまり国民皆保険制度の代替案は、五月に下院を通過したが、七月に上院で否決された。

閣僚をはじめ政府高官の任命は、議会の承認を得なくてはならない。ところが与党の共和党とも選挙期間中からギクシャクした関係にあったトランプ大統領は、政府高官のポストも速やかに埋めることができなかった。アメリカ中央軍司令官などの華々しい軍歴を持つ海兵隊出身のジェームズ・マティス国防長官の起用はスムーズにいったが、節目となる政権発足一〇〇日目時点で、海軍、空軍、陸軍の各長官は決まらなかった。結果、国防総省の体制も整っていない。

就任後、初めて太平洋軍司令部を訪れるマティス国防長官（右）とハリス司令官（米海軍提供）

つまり、アメリカ大統領は強大な権限を持つと認識されているが、実際は議会に対して直接法案を提出する権限もなく、宣戦布告の権限もない。大統領選中の過激な発言の数々は、容易に実行に移すことなどできないのである。

化学兵器を民間人に使用したことを受けた巡航ミサイルによるシリアへの攻撃も、北朝鮮に対する軍事的な威嚇《いかく》も、非核兵器では史上最大の爆弾とされる大規模爆風爆弾（ＭＯＡＢ）のアフガニスタンのイスラム過激派拠点への投下も、いわば確固たる軍事戦略の全体像がないままに行われたのが実態である。

❖視界不良——中国の対米関係

各国政府は、このような新しいアメリカに戸惑いながら関係の再構築をはかっていった。

アメリカと「特別な関係」にあるといわれてきたイギリスのテリーザ・メイ首相はトランプ政権の発足後すぐに訪米し、首脳会談を行った。二人が手をつないでいる写真を世界に発信させ、特別な関係の継続をアピールした。

トランプは選挙中からロシアのウラジミール・プーチン大統領と息の合ったところを見せていたが、就任後、そのつながりが裏目に出た。

大統領選挙の結果が出たあとの二〇一六年一二月、オバマ大統領は、ロシア政府がアメリカ大統領選挙に介入したとして政治的な制裁措置をとり、アメリカ連邦捜査局（ＦＢＩ）が捜査を開始した。大統領選挙中にロシアが発信源と見られる偽ニュースがソーシャルメディアを通じて出回り、クリントン候補に打撃になったとされた。

就任後、トランプ大統領はロシアの介入をしぶしぶ認めたものの、それが選挙結果に影響したことは認めなかった。自らの正統性に疑念を抱かせることになりかねないからだ。

さらには、ロシアと不適切な関係にあったマイケル・フリン安全保障補佐官が辞任したが、トランプの娘婿《むすめむこ》で大統領上級顧問でもあるジャレッド・クシュナーなど政権関係者も、ロシアとの関係を疑われた。ロシアとの関係をどう説明し、整理していくかがトランプ政権初期の大きな課題になった。

さて、アジアはどうだろうか。

まず日本にとって、大統領選挙があった二〇一六年は、安全保障関連法が施行された年である。トランプ候補は、選挙中、日本政府に在日米軍駐留費の負担増額を求める発言をして衝撃を与えた。

しかし、各国政府がトランプ陣営とのコネクションを慌てて探し始めたなかで、安倍晋三《あべしんぞう》首相は政権成立前にニューヨークでの面会をいち早く勝ち取り、良好なスタートを切った。すると政権発足後は駐留米軍の負担について直接的な言及もなくなり、マティス国防長官、そしてレックス・ティラーソン国務長官が相次いで来日、従来の日米同盟の路線の継承を確認した。

このように、新しいアメリカ政権との距離を各国政府が手探りするなか、ますます視界不良になっているのが中国である。

❖北朝鮮への対応から米中の武力衝突も

オバマ政権では「ピボット（旋回《せんかい》）」から、のちに「リバランス」という言葉に変わるが、アジア太平洋を重視する戦略を採り、中国は「新型大国関係」の構築を迫った。たしかにアメリカは、日本やオーストラリアなどの同盟国やアジア諸国との関係強化を進め、負担の分担も進んだ。しかし、その間、海洋権益を「核心的利益」とみなす中国は、南シナ海において着々と軍事拠点の建設を進めた。

中国の軍事戦略を端的に示す防衛ラインとして、東シナ海を含む沖縄、台湾、フィリピン、ボルネオ島に至る、いわゆる「第一列島線」と、伊豆諸島、小笠原諸島、グアム島、ニューギニア島を結ぶ「第二列島線」という用語が西側の軍事専門家のあいだで使われ、今日では国際的に定着している。その第一列島線の外側である太平洋という大海原《おおうなばら》での影響力を、中国は拡大しようとしたのだ。

そのまま中国が国際法に従わず、南シナ海が「聖域」となれば、中国は特定の国の商船を締め出すことも可能になる。にもかかわらず、アメリカは直接的な介入は避け、中国の「サラミ・スライス戦略」（敵を刺激しないよう小さな行動を積み重ねて目的を達成すること）を事実上、黙認した。アジアだけではない。中東のシリアでも、ヨーロッパのウクライナでも、オバマは介入を極力控えた。

一方、中国はトランプ政権の誕生に合わせて挑戦的な軍事行動に出た。

二〇一六年一二月、南シナ海のフィリピン沖の公海で、中国は米海軍の海洋調査船の無人潜水機を捕獲した。同じ月、初めての空母「遼寧《りょうねい》」、駆逐艦、フリゲート艦など六隻の艦隊が宮古海峡を通って「第一列島線」を越え、初めて西太平洋に進出した。

台湾の周りも一周し、南シナ海で訓練を行ったのは、当選直後に台湾の蔡英文《さいえいぶん》総統からの電話を受け、中国の「一つの中国」原則にこだわらない姿勢を見せたトランプ大統領への威嚇である（トランプは就任後、中国の習近平《しゅうきんぺい》国家主席に「一つの中国」政策は堅持することを表明している）。

二〇一七年四月には、中国初の国産空母も進水した。このニュースに関連し、海軍少将で軍事専門家の尹卓《いんたく》は、「環球時報」の英字紙「グローバル・タイムズ」に対し「領土と海外権益を守るため、西太平洋とインド洋にそれぞれ二つの空母打撃群が必要であり、少なくとも五～六隻の空母が必要だ」と語っている。

パキスタン南西部のグワダル港建設などインド洋にも着々と足場を固めており、南シナ海、そしてハワイ方面までの広い海域の遠征能力を高め、「海洋強国」を目指して制海権を獲得する動きは止まらない。

特に香港返還二〇年、人民解放軍創設九〇年、二期目の指導部を発足させる共産党大会という次期政権を占う重要な内政のターニングポイントを迎える二〇一七年は、共産党内の権力構造も流動的となり、習近平政権がアメリカに対して弱腰と見られてしまうような選択肢は存在しない。むしろ、ナショナリズムに統治の正統性を求める動きが一層強まった。

「中国は経済でアメリカを食い物にし、南シナ海に要塞を造ることでアメリカを出し抜いている」（二月一一日のトランプの記者会見）、「南シナ海の領有権を守るために実力行使をすれば、中国は戦争をも辞さず、米中の軍事衝突が現実のものになる――その恐れは、アメリカがこれまで中国の拡張主義を抑止するのを失敗してきた一因だ」（ティラーソン国務長官の上院外交委員会の指名承認公聴会）……トランプ政権は、こう中国を批判する。

南シナ海の秩序を力によって変更しようとするだけではない。日本と在日米軍基地を狙ってミサイルを発射する北朝鮮に対しては煮え切らず、北朝鮮のミサイルに対抗するため高高度迎撃ミサイルシステム（ＴＨＡＡＤ）の韓国配備が決まると、韓国にサイバー攻撃を仕掛け、中国人の韓国渡航を制限して嫌がらせをする中国……。

トランプ大統領は、フロリダの別荘に中国の習近平国家主席を迎えている最中にシリアへの攻撃を開始し、中国に強烈なメッセージを送った。つまり、躊躇《ちゅうちょ》しないトランプ、である。オバマの「事態が分かれば自分と同じ結論に至るはずだ」という言葉は、トランプに当てはまらないだろう。

すると、アジア太平洋全域を管轄するアメリカ太平洋軍のハリー・ハリス司令官は四月、連邦議会の下院軍事委員会公聴会で、「朝鮮半島の危機は私が見てきた限りでは最も悪化している」「米軍は圧倒的な軍事力を持っているとはいえ、戦闘になれば多大な犠牲者が出ることになり、世界の他の大国をそうした戦闘に巻き込む恐れがある」と、強い危機感を示した。言葉を慎重に選んではいるが、中国の協力を当てにできるかどうか判断するのは時期尚早《しょうそう》、とも述べている。

アメリカにとって朝鮮半島有事は、大きな米中関係の構図を描く際の変数に過ぎない。お互いに北朝鮮への対応を誤れば、米中の武力衝突にもエスカレートしかねないのだ。

❖なぜ中国が太平洋軍司令官の更迭を求めるのか

本書の主役は、このハリス司令官率いる「アメリカ太平洋軍（ＰＡＣＯＭ：Pacific Command）」である。世界最強の海軍である太平洋艦隊を隷下《れいか》に置く太平洋軍は、太平洋のほぼ真ん中に位置するハワイに司令部がある。北朝鮮や中国に対するこれからのアメリカの行動を決定づけるのは、彼らである。

実はこれまでもハワイは、アメリカと中国の駆け引きの重要な舞台となってきた。もともと独立した王国だったハワイは、一八九八年、太平洋という新天地を求めていたアメリカによって併合されて軍事拠点となり、一九五九年には五〇番目の州になった歴史を持つ。ハワイを領有したことで、事実上、大西洋と太平洋という二つの大洋を勢力圏におさめたアメリカは初めて真の海洋国家となり、覇権国家として繁栄してきた。

またハワイは、辛亥《しんがい》革命の指導者であり、中国国民党の創設者である孫文《そんぶん》が育った場所でもある。孫文はワイキキ近くにあるイオラニ・スクールに通い、一八九四年、清朝の打倒を目指す革命団体をハワイで結成、資金集めに奔走した。イオラニ・スクールの敷地内やダウンタウンには、いまも孫文の銅像が立っている。ハワイは中国の革命の父、孫文ゆかりの地なのだ。

このハワイを巡って、アメリカと中国のやりとりが表面化したのは一〇年ほど前のことだった。

太平洋軍のティモシー・キーティング司令官（当時）が中国を訪れた際、人民解放軍幹部が「空母を開発するから、太平洋のハワイから東部をアメリカが獲り、西部を中国が獲るというのはどうか」と「提案」した。

キーティングは二〇〇八年三月の上院軍事委員会の公聴会でこの発言を明らかにし、「冗談とはいえ、人民解放軍の戦略的考え方を示唆《しさ》している」と述べた。発言者を特定してはいないが、この訪中で会談した中国海軍の呉勝利《ごしょうり》司令官と考えられる。同年の記者会見では、この訪中の際、提案を即座に却下したとしたうえで、「中国側がどれだけ真面目にいっていたのか分からないが、空母保有については、中国は真剣だ」と振り返った。

このキーティングの証言をきっかけに、ハワイを基点とした東西の「分割管理」までも視野に入れているのではと、中国に対する警戒が広がった。

中国の戦術は「法律戦」「世論戦」「心理戦」の三つが柱になっている。国際法や国内法による理論武装、中国を有利にする世論誘導、敵の戦闘作戦能力を低下させる心理作戦のことだ。インド洋から太平洋を結ぶシーレーン上にある南シナ海を、この三つの戦術を組み合わせながら少しずつ、かつ確実に、外国の船や飛行機が入れない「内海」にしようとしている。

二〇一二年、南シナ海の領有権問題を巡って中国と協議したヒラリー・クリントン国務長官に対し、中国が「ハワイ（の領有権）も主張することもできる」と迫ったことを、のちにクリントン自身が講演で明らかにした。また、翌二〇一三年のカルフォルニアで行われた米中首脳会談では、習近平国家主席が「広大な太平洋は中国とアメリカの両大国を受け入れる十分な空間がある」と、オバマ大統領に伝えている。

そして二〇一六年、中国が南シナ海のウッディー島に地対空ミサイルを配備したことをアメリカが非難すると、中国外交部の報道官は「中国が自国の領土に必要な防衛装備を置くのは、本質的には、アメリカがハワイを防衛するのと違いはない」（「ガーディアン」紙、二〇一六年二月二三日）と、再び「ハワイ」を引き合いに出した。加えて二〇一七年五月には、朝鮮半島の緊張が高まるなか、核・ミサイル開発を進める北朝鮮への圧力を強める見返りに、ハリス司令官の更迭《こうてつ》まで求めていたことが、日米で報道された。

❖ 地球の表面積の半分を担当する軍団

「太平洋軍」の担当する広さは、東はアメリカ本土の西海岸から、西はインド洋まで、そして北極海と南氷洋に至るまでの広大な海と、四〇ヵ国に近い国々である。それは地球の表面積の約半分に相当する。

彼らはよく「ハリウッドからボリウッドまで」という。米本土西岸のカルフォルニア州の街ハリウッドと、インド西岸の都市ムンバイの旧称「ボンベイ」と「ハリウッド」を掛け合わせた「ボリウッド」は、ともに映画製作の聖地だが、太平洋軍の担当地域（Area of Responsibility：ＡＯＲ）で起きている現実は、映画さながらのスピードと刺激で満ちている。

実際、二〇一七年、オリバー・ストーン監督の映画『スノーデン』が日本でも公開されたが、アメリカ国家安全保障局（ＮＳＡ）から史上最大の内部告発をしたエドワード・スノーデンがガールフレンドと暮らし、働いていたのは、まさにハワイだった。

海から、陸から、空から、二四時間休まず巨大空間の監視を続け、同盟国や友好国で自然災害が起きれば、人道支援や救援に真っ先に駆けつける。そして何よりも「今夜にでも戦える」という機動力のある戦闘集団。その規模は約三八万人（二〇一六年九月時点）にものぼる。

巨大組織のトップに立つ司令官を「現代のアメリカ軍においておそらく植民地時代の総督に一番近い存在だろう」（Robert M. Gates『Duty: Memoirs of a Secretary at War』）と表現したのは、ブッシュ、オバマ両政権の国防長官としてイラクやアフガニスタンの戦争を主導したロバート・ゲーツであるが、その意味するところは、太平洋軍司令官の影響たるや計り知れないものがあるということだ。

日本にとって大きな存在である約四万人（第七艦隊を除く）を擁する在日米軍も、この太平洋軍のなかでは「下位統合軍」と呼ばれる一つの構成組織に過ぎない。

❖アメリカが直面する五つの敵

ハリー・ハリス太平洋軍司令官は、二〇一六年八月に行った筆者のインタビューにおいて、太平洋軍が直面している情勢を次のように語った。

「アメリカは五つのチャレンジに直面している。北朝鮮、中国、ロシア、テロ、イランだ。そのうち最初の四つはアジア太平洋にある。次の一〇年、見晴らしは良くならない。むしろ問題は拡大していく。だから我々は常に先回りをし、戦闘能力を確実に維持するだけでなく、（戦闘力の維持向上に）積極的に投資していく覚悟がいる」

そのうえで、次のように続けた。

「カギを握るのは、日本、オーストラリア、韓国、フィリピン、タイの（アジア太平洋地域における）五つの同盟国。そのなかでも特に日本はカギである」

北朝鮮、中国だけでなく、ロシアも含め、日に日に日本を巡る安全保障の環境は厳しくなっている。それらに対応するため、武器輸出三原則の緩和や防衛装備庁の創設、安保法制に基づく自衛隊の活動範囲の拡大といった国内の体制も変化している。

二〇二〇年に東京オリンピック・パラリンピックを控え、テロ対策も急務である。また、国家間の対立に限らず、違法操業、海賊問題、人身売買、麻薬や武器の密輸、環境汚染、船舶事故など、海洋には各国が協力して取り組まなければいけない課題はたくさんある。

これから、防衛省ならびに自衛隊、外務省、国家安全保障会議（日本版ＮＳＣ）、海上保安庁、国際協力機構（ＪＩＣＡ）、経済産業省、文部科学省、国土交通省、警察庁など、あらゆるレベルにおいて、太平洋軍と意思疎通を図る機会が増えていくことは間違いない。

また政府関係者のみならず、防衛産業に関わる企業やコンサルタント、学術界、報道機関など、幅広い分野の人たちが、ハワイおよび太平洋軍への理解を深めなければ、本当の意味での日本の安全保障の未来は語れない。

首都ワシントンＤＣに勝るとも劣らない国際政治やインテリジェンスの主戦場であるハワイは、アジア太平洋戦略の立案者であり、執行者でもある。ここで何が議論され、誰がどのように決定し、どんなふうにワシントンＤＣの政策決定に影響しているのか――世界最強の太平洋軍の「素顔」に迫りたい。

第1章

地球の半分を預かる司令官

❖ 三八万人の軍人を率いる男

パールハーバー・ヒッカム統合基地の空はその日も透き通るように青く、白い大きな雲が貿易風に乗せられ、青々とした山を通り過ぎていった。

まるで風景画のような鮮やかな景色をバックに、二〇一五年五月二七日、太平洋軍と太平洋艦隊の司令官の交代式が粛々《しゅくしゅく》と行われ、アジア太平洋の安全保障の命運は、サミュエル・ロックリア海軍大将から、ハリー・ハリス海軍大将の手へとバトンが渡された。

日本からは武田良太《たけだりょうた》元防衛副大臣、自衛隊の河野克俊《かわのかつとし》統幕長、ワシントンDCから佐々江《ささえ》賢一郎《けんいちろう》駐米大使らが、前日から現地入りして、この日の朝を迎えた。

フィリピンの国防大臣らも招かれていたが、日本からの招待者は壇上から見て正面の、しかも最前列という、プロトコール上の上席が用意されていた。

筆者も参列し、アシュトン・カーター国防長官、ジョナサン・グリナート海軍作戦部長、ロックリア海軍大将、ハリス海軍大将、太平洋艦隊司令官に就任するスコット・スイフト海軍大将の様子を間近で見た。ゲスト側にはハリスの妻のブルーニの姿も見える。金髪のショートヘア、ネイビーカラーの上品なスーツを着こなした彼女もまた、海軍出身者である。

ロックリアのあとを引き継いで太平洋軍司令官になったハリスは、自分のスピーチの順番が回ってくるまでのあいだ、緊張した面持ちでいた。それもそのはず、この日は世界の半分の面積をカバーするアメリカ最大の統合軍、太平洋軍のトップに立つのだ。三八万人以上の軍人を率いて（参考までに自衛隊の定員は約二五万人）、地球の半分の安全保障を左右する強大なリーダーシップが与えられる。

この巨大な組織をどう動かしていくかは、生い立ちやキャリア、能力、上司や同僚との出会いなどを通して形作られたビジョン、姿勢、世界観が左右する。当然そのなかには、日本との同盟関係のあり方も含まれている。

ハリス司令官の誕生は、いろいろな意味で異例のことだった。この章は、日本人とアメリカ人とのハーフであり、戦略打撃を主流とする米海軍内ではどちらかというとマイノリティ扱いされてきた洋上哨戒《しょうかい》部隊のフライトオフィサー（航空士）出身という出自や、キャリア的に海軍史上、例を見ない司令官が、どのようにして誕生したのか、その背景や過程を探る。

突き詰めれば、世界最強の艦隊である太平洋艦隊と、その艦隊を隷下《れいか》におさめる太平洋軍が、太平洋展開のため戦略的に合衆国に組み入れたハワイに司令部を置いているという事実と、太平洋が戦略的な海に変貌しつつある時代、彼のような人物をアメリカが求めていたという事実はつながっている。そこには、オバマからトランプに大統領が替わっても、またハリスが司令官ポストを去っても変わることはなく、太平洋軍を理解するための普遍的な要素がいくつも浮かび上がってくる。

❖ 海軍最大のスキャンダルを受けて

ハリス司令官の就任は、オバマ大統領の指名から八ヵ月もの月日を経て実現した。時間がかかった理由の一つは、太平洋軍隷下の第七艦隊などによる、アジアの寄港先を舞台にした汚職スキャンダルだった。

それは、シンガポールにある民間軍事会社「グレン国防海上アジア（GDMA）」が、一〇年にわたり、米海軍の相当数の担当者に現金や売春婦、豪華なホテル宿舎や食事などの賄賂《わいろ》を贈り、艦隊の入港スケジュールの事前通報をはじめ、艦船や潜水艦がアジアの港に寄港したときの食料や燃料やサービスに対して過剰請求を行い、数千万ドルをだまし取っていた、というものだ（「ディフェンス・ニュース」二〇一六年六月二六日）。

米海軍は軍の倫理規則に抵触したとして、在日米海軍のテリー・クラフト司令官ら少将三人を戒告処分とし、二〇一七年に入っても、事件調査と関係者の逮捕・懲戒処分が継続した。

マレーシア人の社長、レオナルド・フランシスが、一九〇センチ、一五八キロ以上という風貌だったことから「ファット・レオナルド・スキャンダル」として知られるこの事件は、「海軍の歴史のなかで最大の汚職にエスカレート」（「ワシントン・ポスト」二〇一五年一月一五日）しており、海軍や司法省による調査のため幹部人事が保留されていたのである。

加えて、ロックリアが統合参謀本部議長候補として名前が挙がっていたことも影響した。結

カーター国防長官に敬礼するハリス司令官。左はロックリア前司令官（米海軍提供）

局、オバマ大統領は、海兵隊のジョセフ・ダンフォード大将を統合参謀本部議長に指名したため、ロックリアは退役することが決まり、本人の退役式も兼ねた交代式を迎えることになった。周囲はもちろん、ハリス自身は、この日をどれだけ待ちわびたことだろう。

ハリスは壇上に上がると、開口一番、「私は南部の人間なので、『ヤウル（y'all：you allという意味）』という言葉を頻繁に使います。でもヤウルは単数で、複数形は『オール・ヤウル（all y'all）』なのです。なので、オール・ヤウル、アローハ！」と、南部なまりを強調して笑いを誘った。会場の雰囲気が一気に緩んだ。ハリスはテネシー州とフロリダ州育ちである。

目の前に参列した歴代の司令官や家族ら出

席者の名前を挙げて感謝の意を表したあと、これまでの歩みに影響を与えた人たちの名前を挙げた。

「先輩方、ここにいるたくさんの人たちのおかげで、いまの私がある。アナポリス（海軍兵学校）の友人たち、P‐3C（哨戒機）の兄弟たち、ダウンイースター（メイン州を中心とするニューイングランド地方の人たち、マイアミの人たち、ペンタゴニアン（国防総省の人たち）、オプナビアン（海軍作戦本部で働く人たちのこと）、ダウンアンダー（オーストラリアとニュージーランドのこと）や日本、バーレーン、グアンタナモ（キューバにある米軍基地）とハワイの友人たち――」

まさにこのスピーチのなかに、ハリスという人物を形づくった経験や人脈、場所が詰まっている。満を持して表舞台に登場した彼の強みは、イラク、アフガニスタン、リビアなど、アメリカの戦史に残る大きな戦いで場数を踏んでいること、五大陸すべての地域軍の仕事に従事したこと、海軍のなかで優秀なリーダーとして知られる上司たちと一緒に働く縁があったこと、ヒラリー・クリントン国務長官とともに世界を飛び回り外交の実務に携わったこと、同盟国である日本と太いパイプを持っていること……など数え上げればきりがない。

「二〇代のころから彼は、きっとアドミラル（大将）になると、みんながいっていたよ」

ハリスと同じ一九七〇年代後半に海軍に入った当時の同僚によれば、若いころからハリスには人望があった。温厚な性格、気さくで偉ぶらず、心配りができて、人を惹き付ける魅力があったという。

❖ 二冊の愛読書から分かること

ハリスは読書家として知られている。

彼の読んだ本の一つに『太陽にかける橋　戦時下日本に生きたアメリカ人妻の愛の記録』（中公文庫）がある。グエン・テラサキというハリスと同じテネシー州出身のアメリカ人女性による手記だ。

グエンはワシントンDCの日本大使館でのパーティで日本人外交官の寺崎英成《てらさきひでなり》と恋に落ち、結婚。娘を出産し、「マリコ」と名付けた。

英成はその後、上海や北京の勤務を経て、第二次世界大戦前に再び、ワシントンDCの日本大使館へ。野村吉三郎《のむらきちさぶろう》・来栖三郎《くるすさぶろう》両大使を補佐して日米交渉に当たり、アメリカとの戦争を回避しようと、開戦直前にフランクリン・ルーズベルト大統領から昭和天皇への親書を発する工作に奔走《ほんそう》した。

同じ外交官である兄の太郎《たろう》は東京の外務省本省のアメリカ局長だった。太郎と英成は電話の会話内容を盗聴されることを見越し、合い言葉としてアメリカを「マリコ」と決め、アメリカの反応が良ければ「マリコは元気」、悪ければ「マリコは病気」などと連絡していた。

日米開戦後、グエンは夫と娘とともに日本に帰国し、英成は病気のため外務省を休職、終戦を迎えた。英成は戦後、宮内省御用掛として、昭和天皇とダグラス・マッカーサー元帥《げんすい》との会見の通訳もしたが、脳梗塞《のうこうそく》に倒れた。そして、マリコをアメリカで教育したいと母娘を渡米させているあいだに日本で亡くなっている。

もう一冊、ハリスの愛読書が、二〇一七年にノーベル文学賞を受賞した、長崎県出身で英国籍の人気小説家、カズオ・イシグロの小説『浮世の画家』(ハヤカワepi文庫)だ。

第二次世界大戦中、国威発揚のための絵を描き、多くの弟子に囲まれ、美術界のみならず各界で世間の尊敬を集めていた画家の回想である。敗戦後、それまでの価値観が崩壊し、弟子や義理の息子ら周囲からの冷たい視線を受け、末娘の縁談も進まない。自ら貫いてきた信念は誤りだったのか。老画家は戦犯のようにひっそりと暮らしながら、過去の行いを振り返るというストーリーだ。

真珠湾への日本軍の攻撃のあと、戦時下の日系人の様子や、日本の暮らしを描いたものは多いが、敵国人として日本で暮らしていたアメリカ人の記録は少ない。先のグエンの苦悩を、敵国だったアメリカに戦後しばらくして渡ったハリスの母親の心境と重ね合わせたのかもしれない。そして、カズオ・イシグロの本を通して、戦争がどのように人間の価値観を変え、社会を変えるかということに思いを馳せるのだろう。

❖ 四人の日系の名将を尊敬して

2015年５月、ハリス太平洋軍司令官の就任式（米海軍提供）

ハリスは「長く軍に奉仕してきたアジア系アメリカ人として、そして何よりも日系アメリカ人として誇りを持っている」として、尊敬する四人の日系人の軍人の名前を挙げている（二〇一四年一〇月一一日の日米交流促進団体「米日カウンシル」の年次総会での発言）。それは、エリック・シンセキ元陸軍参謀総長・元退役軍人省長官、ジョン・キャンベル元陸軍大将、ブライアン・ローシー元海軍少将、ボブ・キフネ元海軍中将だ。

広島県出身の祖父母を持つシンセキは一九四二年にハワイ州カウアイ島で生まれ、ベトナム戦争に従軍し、重傷を負っている。そうして一九九九年、陸軍参謀総長という陸軍制服組のトップに上り詰めた。

しかしドナルド・ラムズフェルド国防長官との対立で解任され、任期満了という体裁をとった形で退役したあと、オバマ大統領の指名により、退役軍人省長官に起用された。このあと退役軍人省長官を五年あまり務めたが、管轄する陸軍病院のスキャンダルの責任をとって、何の言い訳もせずに同省を去った。が、ワイキキにあるハワイ陸軍博物館には、日系人の英雄である彼の生い立ちや戦歴などの写真パネル、あるいは着用していた制服などが展示されている。

日系で二人目の米陸軍大将となったキャンベル大将はメイン州生まれ。母が日系人で、ウエストポイント陸軍士官学校を一九七九年に卒業した。アフガニスタンの「不朽の自由作戦」に参加したあと、陸軍参謀本部のスタッフとなり、その後「イラクの自由作戦」、二〇一〇年からのアフガニスタンでの作戦に参加。大将に昇任後は、陸軍参謀副総長を経て、二〇一四年八月からアフガニスタン派遣米軍司令官兼NATO国際治安支援部隊司令官となった。

ローシー海軍少将はワシントン州生まれで、母親は名古屋出身の日本人。コロラドスプリングス空軍士官学校を一九八三年に卒業して海軍に入り、米アフリカ軍司令官を経て、二〇一一年に潜伏先のパキスタンでビンラディンを殺害した「SEALチーム6」を指揮、二〇一三年には、アジア系として初めて米海軍特殊部隊（ネイビーシールズ）司令官に就いている。

ただ、「自分がビンラディン容疑者を殺害した」などと主張して秘密作戦を暴露する元隊員らの出版やテレビ放映が相次いだため、その後始末に追われ、中将昇任直前に除隊を余儀なくされた。

キフネ元中将はハワイ州出身、一九六五年にアナポリス海軍兵学校を卒業し、水上艦艇職域に進んだ。以後、ベトナム戦争従軍を含む軍歴を重ね、冷戦末期にハワイ州出身者として、また日系人として初めて海軍中将まで上り詰め、一九九四年に退役した。当時の日系米軍人の「希望の星」的な存在である。

こうした米軍での日系人の活躍をあえてハリスが紹介するのは、ハリス個人にとっても、日本人の血が流れていることが励みや支えであるということだ。

❖ハワイが米軍の軍事拠点になった背景

太平洋軍のトップに就く前にも、ハリス司令官は、ハワイと縁があった。若いころ、オアフ島にあったバーバーズ・ポイント海軍航空基地（現在は閉鎖され、沿岸警備隊が規模を縮小して使用している）で、第四四哨戒飛行隊（ＶＰ－44）勤務をしている。

ハワイはアメリカのなかでも多様性が抜きん出ており、「メルティング・ポット」、人種・文化の坩堝《るつぼ》といわれるが、そのなかでも社会の中心として支えてきたのが日系人だ。太平洋軍のトップとして日本人を母に持つハリスが舞い戻ってきたのは、偶然のことではないだろう。

ハワイ諸島はもともとポリネシアの首長国で、イギリス海軍士官で探検家のジェームズ・クックによって「発見」され、初めて西洋と接触したのが一七七八年のこと。一八六八年（明治元年）には日本からの移民が始まり、「移民元年者」と呼ばれる一五三人が移住した。その後、ハワイ王朝と明治政府の取り決めに基づく「官約移民」が一八八五年からスタートし、一八九四年までのあいだに二万九〇〇〇人余りが移住している。
ハワイが軍事拠点になったのは、最大の産業だった砂糖をアメリカに無関税で輸出できるようにした互恵条約が一八七五年に結ばれた際、アメリカがハワイを軍事利用できるよう認めさせたことから始まる。

その後、一八九八年に勃発したアメリカとスペインの米西戦争での勝利の結果、アメリカはスペインの植民地だったプエルトリコ、フィリピン、グアムなどをアメリカ領にした。するとハワイはアジア諸国へと向かう「中継地点」となるので、併合されることになった。

日本人は、主にサトウキビなどのプランテーションで過酷な労働を強いられたが、一九二四年にアメリカへの日本人移民が禁止されるまで、約二〇万人の日本人がハワイに渡った。こうして、いまの日系人社会の礎《いしずえ》を作ったのだ。

ハワイは一八九八年にアメリカに併合されて一九〇〇年に準州となり、一九五九年にアメリカの五〇番目の州になるが、日系人は、一九二〇年には、ハワイ総人口に占める割合が四〇％を超えていた。

太平洋の東西のまんなかに位置するという地理的条件だけでなく、約八〇年続いたハワイ王国の歴史や、先住民のハワイアン、白人、日系人、フィリピン系、中国系、韓国系の人々が構成する移民社会は、アメリカのなかでも抜きん出た多様性を生み、豊かな独自の文化を作り上げてきたのである。

❖「ギリニンジョウ」が口癖

ハリスは古くからの日本の友人たちに「ギリニンジョウ」と、よく日本語でいう。「恩」「一寸先は闇」といった言葉も飛び出す。一九五六年、横須賀に生まれた。父はテネシー州出身の海軍の軍人。父とその四人の兄弟は全員、第二次世界大戦で出征している。

父は下士官のリーダーである先任伍長であり、「ＵＳＳレキシントン」という、当時の米海軍最大の空母（米軍の艦船は名前の前にUnited States Shipの略である「ＵＳＳ」が付く）に乗り、一九四一年一二月七日（現地時間）の真珠湾攻撃の数日前に真珠湾を出港し、難を逃れている。戦後、占領下の日本で、横須賀に配属された。

神戸出身の母親は一九二七年生まれ、裕福な家庭の四人姉妹として育った。芦屋《あしや》の学校に通い、英語を学んだ。しかし、神戸の空襲で家族はすべてを失っていた。

終戦後、アメリカ海軍の横須賀基地周辺で働くよう勧めた叔母のアドバイスに従い、母は基地で職を得た。「シーホーク」という、いまも存在する海軍の新聞で、製作や翻訳、事務の仕事をしていた。

父と出会い、横須賀でハリスが生まれ、二歳になるまで佐世保《させぼ》で暮らす。三人の姉妹もアメリカ人と結婚してアメリカで暮らした。

海軍を退役した父はテネシー州東部に移り、一〇〇エーカーの農地で暮らした。一九五〇年代後半――終戦からまだ一〇年あまりしか経っておらず、敗戦国・日本からアメリカの片田舎にやってきた日本人の母は、肩身が狭かったに違いない。

学校に持って行くベントウは日本風で、みんなのランチとは違った。容姿も違う。母に泣きつくと、母はあえて着物を着て保護者会に出席し、自分のエスニシティを誇りに思うよう教えてくれた（二〇一四年二月七日、日系市民協会主催祝賀会でのスピーチ）という。

一方で、実はそのベントウに誇りを感じていた面もあったようだ。「ほかのクラスメートのランチボックスがホットドッグなどのシンプルなものだったのに対し、自分の日本風ベントウはカラフルだったことに誇りを感じた」と周囲に語っている。

母は、日系アメリカ人のダニエル・イノウエ上院議員が所属したアメリカ陸軍第四四二連隊戦闘団の活躍ぶりをハリスに伝えている。「子どもながらにテネシーの日系アメリカ人としてロールモデルが必要だった」（「サンディエゴ・ユニオン・トリビューン」紙、二〇一四年七月一二日）。

ハリスは太平洋艦隊司令官だった二〇一四年六月、母について以下のように触れた。戦時中に最も勇敢だったといわれるハワイ日系人の志願兵によって組織され、一九四三年に強制収容所にいた日系人を主体に編成された第四四二連隊戦闘団……その母体となった陸軍第一〇〇歩兵大隊の七二周年式典のことである。

「アメリカに根を下ろした彼女はアメリカに適応し、一九七四年にアメリカ人になった。もっとも誇らしく思うことは陪審の義務と投票権だといっていた。母は自分のエスニックヘリテージ（筆者註：民族的な伝統遺産）に誇りを持つようにと教えてくれ、義理と義務という二つの価値観を教えてくれた」（二〇一四年六月二二日）

第四四二連隊は「母国」であるアメリカのためにヨーロッパ戦線でナチスドイツ軍と戦った。その勇敢な戦いぶりで、強制収容所に送られるなどアメリカで苦難を味わった日系人の名誉が後に回復されたことで知られている。

❖大統領継承順位が第三位の日系人

アメリカ社会において日系人がリーダーとして認められた背景には、先人たちの活躍があった。ハワイでは、立ちはだかる人種の壁を二人の日系人が打ち破り、日系人社会のみならず、アメリカで大きな足跡《そくせき》を残した。いずれもハリスと交流がある人物だ。

一人は、一九六三年から二〇一二年まで五〇年近く、ハワイ州選出の上院民主党の重鎮《じゅうちん》として活躍したダニエル・イノウエ。アメリカ史上初の日系人の連邦議員であり、上院仮議長として大統領継承順位が第三位であったこともある。

イノウエが二〇一二年に八八歳で亡くなったとき、オバマ大統領は「真の英雄を失った」とコメントを出し、野田佳彦《のだよしひこ》首相は日米関係の発展への尽力《じんりょく》に感謝の意を表する書簡を、夫人のアイリーン・ヒラノ・イノウエに送った。そして、エイブラハム・リンカーン大統領の棺《ひつぎ》のために作られて以来、特別な人物のみ許されるキャピトル・ヒル（米議会議事堂）のロタンダ（円形広間）に、その棺が、上院議員としては三四年ぶりに安置された。

葬儀でオバマ大統領は、自分が一一歳のときにイノウエ議員がウォーターゲート事件追及の先頭に立っていた姿を母親と毎晩テレビで見ていた思い出話を披露し、「イノウエ氏は私に最初の政治の道へと進むきっかけを与えてくれた」（「日本経済新聞」二〇一二年一二月二二日夕刊）と語った。

イノウエの父方の両親は、福岡県八女《やめ》地方の山間の村で火事の火元となり、類焼した近所の財産を弁償するため、ハワイのカウアイ島に出稼ぎにやってきた。母方の両親は広島県からマウイ島に移住したものの早くに亡くなってしまい、イノウエの母はいくつもの家庭を転々としたあげく、一四歳から教会が運営するオアフ島の孤児収容所で暮らした。両親は教会で出会い、イノウエが誕生した。

イノウエがハワイのマッキンレー高校の三年生だったとき、日本軍による真珠湾攻撃が起きた。

ラジオから流れる「これは訓練飛行じゃない。パールハーバーが日本軍に爆撃されている。繰り返す。これは訓練飛行でも、大演習でもない。日本の戦闘機、目下オアフを攻撃中」との叫び声に、イノウエは父とともに家から出て真珠湾のほうに目をやり、灰色の煙が山や地平線を覆い隠しているのを見た。ごったがえす街のなかで、おどおどしている日系人たちを見て、イノウエは涙で目がかすんだという。

「いままで必死に働いてきた人たちである。アメリカ社会にうけいれられたい、りっぱなアメリカ人になりたい、というのが悲願であった。ところがいまや、天変地異がおこったようなほんの二〜三分で、どうもその悲願はいっさい画餅《がべい》に帰してしまったらしい」（ダニエル・K・イノウエ『上院議員ダニエル・イノウエ自伝　ワシントンへの道』彩流社、八八〜九二頁）

このときの様子を、イノウエは、のちに「人生が終わったと思いました。なぜならパイロットは私と同じような顔をしていたのですから」（「ライトハウス　ハワイ」二〇一五年八月一日号）とも回顧している。

その後、フランクリン・ルーズベルト大統領が大統領令九〇六六号を発令し、日系アメリカ人隔離法に署名、日系人は「強制収容所」へと隔離されていく。そんななかイノウエは、一九四三年、アメリカに忠誠を誓い、日系二世で編成される陸軍の第四四二連隊戦闘団に志願する。まだ一〇代だった。

❖部隊のモットーは「当たって砕けろ」

イノウエはハワイの若者で組織する第一〇〇歩兵大隊に配属された。部隊のモットーは「当たって砕けろ（Go for Broke）」。同大隊は日系人部隊である第四四二連隊に組み込まれ、「前線から決して振り返らない兵士」としてその勇敢な戦いぶりが知られるようになり、イタリア戦線で最大の激戦地だった「モンテ・カッシーノの戦い」で大きな功績を残した。

さらに第四四二連隊の活躍を世に知らしめたのは、フランス西ボージュの森でテキサス部隊がドイツ兵に囲まれたときだ。一九四四年一〇月、第四四二連隊に、この「失われた大隊」救出の出動命令が出された。結果、この二一二人のテキサス兵を救うために、日系人の死傷者は約八〇〇人にものぼったのである。

同連隊には補充兵が投入され、極秘で再びイタリア戦線へ。それまでの戦功により特別昇任していたイノウエ少尉・小隊長は一九四五年四月、ドイツの強固な防衛線「ゴシックライン」の攻撃戦で果敢に小隊の先頭に立ち、三回負傷。右手を失い、右腕の切断手術を受けた。

人種差別と戦いながら、第四四二連隊はアメリカ戦史上、一部隊として最も多くの死傷者を出し、最も多くの勲章に輝いた（個人勲章一万八〇四三個）のは、日系人としての祖国・アメリカに対する強い忠誠心によるもの、そしてそれが、日系人としての誇りを表す唯一の方法だったからである。

ハワイ大学の医学部進学課程に登録していたイノウエは、戦争で片腕になったために医者の道をあきらめ、除隊後、ハワイ大学法学部に入学。その後、ハワイが正式なアメリカの州になった一九五九年、ハワイ州選出の連邦下院議員に当選した。

連邦上下両院で初めての日系議員として選ばれ、ワシントンDCでの宣誓式に臨んだイノウエ。「右手を上げて、私のあとについて繰り返しなさい」と下院議長がいうと、イノウエは右手ではなく、左手を上げた。議場内は静まり返った。のちに同僚のレオ・オブライエン下院議員は、このときの場面を振り返って、「議長、右手がないのです」と発言したとする。第二次世界大戦のとき、このアメリカ青年兵が、戦いの最中になくしてしまったのです」と発言したとする。イノウエはその後、一九六三年に上院議員に転じた。

戦場だけでなく、偏見や差別と戦ったイノウエらの活躍は、戦後も移民法を改正するなど日系人の地位を高め、「モデル市民」と呼ばれるまでになった。

アメリカへの愛国心と忠誠心を行動で示したイノウエが残したレガシー（遺産）は、いまもあちこちに見ることができる。

ワイキキの筆者の家の近くにも「当たって砕けろ」の碑があった

たとえば、太平洋軍司令部の一室にはダニエル・イノウエ・ルームという名の部屋があり、イノウエの若きころの白黒写真や経歴が掲げられている。司令官はここに重要な客を招き、食事会や会議を開く。パールハーバー・ヒッカム統合基地に配備されているＣ－17輸送機五機も

「スピリット・オブ・ダニエル・イノウエ」と命名されている。海軍のイージス駆逐艦「DDG118」はイノウエの名前をつけて二〇一八年に就役する予定だ。

オアフ島の「H2」「H3」と呼ばれるハイウエイは、基地と中心部をつなぐ主要道路としてイノウエの力で整備され、ハワイ島の州道にも「ダニエル・イノウエ・ハイウエイ」という名が付いている。

また、マウイ島のハレアカラ山頂には、アメリカ空軍の天文台である「ダニエル・K・イノウエ・太陽望遠鏡」がある。二〇一七年春に「ダニエル・K・イノウエ国際空港」に変わったハワイの玄関口、ホノルル国際空港には、出国の保安検査を終えてゲートに向かう一角にイノウエの功績を讃えたコーナーもある。

イノウエを知る人たちの多くが彼を評するときに使う言葉は「謙虚な（humble）」という言葉である。生前、建物などに自分の名前を付けられることを拒み、一部の例外を除いて、ほとんどが亡くなったあとに命名されている。筆者が客員研究員として所属していた「国防総省アジア太平洋安全保障研究センター（APCSS）」（センターについては第九章で取り上げる）も、生前、イノウエが連邦政府に働きかけて設立されたが、本人は自分の名が付くことを拒んだ。

ようやく実現したのは、創設二〇周年の二〇一五年のことである。ハワイ州出身の上院、下院議員の主導で「ダニエル・K・イノウエ・アジア太平洋安全保障研究センター」と改められ

改称したハワイにある「ダニエル・K・イノウエ・アジア太平洋安全保障研究センター」

ダニエル・イノウエと前妻の墓碑

た。このときの式典には、太平洋軍司令官になっていたハリスも出席している。

いまイノウエは、ワイキキから少し離れたクレーターの小高い丘の上にあるパンチボールと呼ばれる国立太平洋記念墓地に、ひっそりと眠っている。

美しい緑色の芝生におおわれた広大な墓地のなかで、イノウエの墓は目印がなく、ほかの墓と何ら変わらないため、友人の案内がなければ、筆者はその場所を見つけることができなかった。

彼より六年先に亡くなった最初の夫人と並んだ墓碑の上には、生花で作られたレイが置かれていた。レイは愛や別れ、死、平和のメッセージを象徴している。まわりにはピンク、赤、紫、黄、オレンジの色とりどりの美しい花々も添えられていた。

❖アメリカ史上初の日系州知事

アメリカの政界で活躍したもう一人の日系人は、ハワイでの日系人の地位向上などに取り組んだ、ジョージ・アリヨシ元ハワイ州知事である。アメリカ史上初の日系の州知事として、一九七五年から一九八六年まで務めた。

アリヨシはハワイの陸軍情報部の語学兵として訓練を受けたあと、占領下の廃墟の東京で、連合国軍最高司令官総司令部（ＧＨＱ）の通訳として数ヵ月を過ごし、ＧＨＱが接収した日本郵船のビルで過ごした。そのときの東京の様子をこんなエピソードでつづっている。

「七歳の靴磨きの男の子が、生活の苦しさと食料不足を訴えた。次の食事のとき、パンにバターとジャムをつけてナプキンに包んだ。食料品を日本人に手渡すことは禁じられていたが、その子があまりにもかわいそうだから、規則を無視した。男の子がそれを箱にしまうので、「なぜしまうんだ。腹が減っていないのか」と訊ねると、ぺこぺこだと答えた。『でも、まり子に持ってってやるんだ』という。誰のことかと聞くと、『三つになる妹だ』と彼は答えた。その後、基地の購買部に行ってハンバーガーを一つは自分に、一つは靴磨きの子に買った」（ジョージ・R・アリヨシ『おかげさまで―アメリカ最初の日系人知事ハワイ州元知事ジョージ・アリヨシ自伝―』アーバン・コネクションズ、二〇～二一頁から要約）。

ジョージ・アリヨシ元ハワイ州知事

このエピソードは、戦争孤児であろう男の子が妹と助け合っている姿にアリヨシが我が身を重ね、勤勉さや精神力に感嘆し、日系人であることに誇りを持ったという話である。アリヨシは安倍晋三首相の父、元外相の晋太郎《しんたろう》と親交があり、安倍首相の結婚式にも、首相の祖父に当たる岸信介《きしのぶすけ》の米寿の祝いにも招かれる仲だった。よほど印象に残っているのだろう、安倍首相は父・晋太郎から聞いたアリヨシの話として、この「銀座の靴磨きの少年」のエピソードを何度も講演で披露している。

アリヨシは、二〇一七年現在もハワイのダウンタウンにあるオフィスで弁護士として仕事を続けており、筆者が暮らしている二年間のあいだも、様々な日系人のイベントやシンポジウムで精力的に発言する姿を見かけた。日系人としての苦労話や、ハワイの発展のために力を注いできたエピソードには説得力があった。

アリヨシが知事に選ばれた一九七四年ごろ、ハワイはまだ「多くの人種のなかで、日系人だけが絶えず文句をいわれ、尋問され、批判され、不当に責められていた。一言でいえば、『気をつけろ。さもないと日本人に乗っ取られるぞ』」という状況だったという。知事就任後も「ここがアメリカであることを忘れるな」「ジャップめ」と書かれた手紙をよく受け取ったという（アリヨシ、前掲書）。

終戦から三〇年が過ぎていた当時でもなお、日米開戦の火ぶたが切られたハワイでは、その記憶が市民たちのあいだに生々しく残っていたのである。

「ハワイ州知事は太平洋のリーダーであり、太平洋諸国を束ねる役割がある」という思いから、アリヨシは太平洋島嶼《とうしょ》国の首脳たちとも交流し、連邦政府に頼まれて重要な外交もこなした。たとえば太平洋の島、キリバス共和国が、旧ソ連軍の艦船の寄港を認めたときには、キリ

デイヴィッド・イゲ知事当選を伝える地元新聞

バスの大統領に直接会い、太平洋を共産軍事化しないよう訴えたのだという（二〇一六年三月、筆者によるインタビュー）。

また日本との関係も重視した。現在、ホノルルに拠点を持つ太平洋ハイテクセンター（ＰＩＣＨＴＲ）は、アリヨシが、当時外相だった安倍晋太郎に協力を求め、晋太郎が中曽根《なかそね》康弘《やすひろ》首相に根回しして、一九八六年の中曽根とロナルド・レーガン大統領の首脳会談で、日本政府による支援が決まった経緯がある（「信濃毎日新聞」二〇一六年一二月二五日）。

こうして、イノウエとアリヨシという二人のアメリカ社会での活躍は、その後の日系人の活躍へと引き継がれている。

二〇一四年一二月、アリヨシのあと、四人の知事を挟んで二八年ぶりに、デイヴィッド・イゲが二人目のハワイ州の日系人知事となった。イゲの祖父母は沖縄から移住してきており、父は第二次世界大戦中にダニエル・イノウエと同じ第四四二連隊戦闘団（第一〇〇歩兵大隊）に従軍していた。

ハワイ州選出の連邦下院議員、マーク・タカイ（二〇一六年七月死去）は、議員になったとき、ダニエル・イノウエのカフスボタンを遺族から借りて式典に臨んだ。またワシントンDCで議会内を歩いたとき、「私の前の巨人の足跡を歩いた」ことに感激した、と述べている（「ホノルル・スター・アドバタイザー」紙、二〇一五年九月一七日）。

多様な文化が混ざり合う歴史的、文化的な背景と、そのなかで日系人たちがアメリカ国民として認められ活躍するまでに実際に流した汗と血と涙の結晶が、巡り巡ってハワイで、日本人の血を引くアメリカ軍のリーダーの登場につながったのである。

❖日本人のアイデンティティは強調せずに

ハリス司令官は日系人としてのルーツには時折触れることはあっても、日常においてアメリカ人と日本人の両親を持つことを強調することは好まない。むしろ、かなり慎重といっていい。

二〇一三年、アジア系アメリカ人として初めて太平洋艦隊司令官に就いたとき、メディアに対して、「アジア系アメリカ人という観点でモノを見ることはない。私はアメリカ人のレンズを通してでしかモノを見ない。しかし、アジアのリーダーたちと接するときに、アジア系アメリカ人であることは役立っている」（「サンディエゴ・ユニオン・トリビューン」紙、二〇一四年七月一二日）と話している。

この発言の背景には、中国がこの事実を利用しようとしていたことがある。

太平洋軍司令官に指名されたあと、中国の新華ニュース（二〇一四年一〇月二〇日）は、「米軍、日系の将軍が多く、大軍を握って中国に不満を持つ」という見出しの記事を発信した。

「日系人がこれほど重要なポストに任命されたのはなぜか？（中略）アナリストによると、『日系』も重要な原因である。米日が同盟関係、特に軍事同盟を強化する現在、ハリー・ハリスは橋渡しの役割を果たす可能性があると見られる。米・AP通信の報道によると、過去に東アジア問題を担当したハリー・ハリス氏が着任後、東アジアの安全に狙いを絞るのは間違いない」

いうまでもなく、ダニエル・イノウエ上院議員が「アメリカのために戦った」ように、ハリスは日本のためではなく、アメリカの国益のために働いている。そのことについて疑問を投げかける人はアメリカにはいない。

前任者のロックリアは米欧州軍での経験が長く、またアジアとの縁がもともと薄かったことから、中国に対しての危機感は薄く、太平洋軍司令官だった三年間で、中国の南シナ海の軍事拠点化は一気に進んだ。中国の国際社会に対するあからさまな挑発的行動も加速した。アメリカの基本的な国策の一つである南シナ海での「航行の自由作戦」は、一度も実施されなかった。

しかし、アメリカ初の黒人の大統領で、ハワイ出身のオバマ大統領が、アジア太平洋重視の「リバランス政策」を打ち出したこと、そしてその政策の一端を担う太平洋軍のトップに、アジア地域に造詣《ぞうけい》が深く、日米同盟に深い理解のあるハリスを任命したことは、アメリカにとってアジア太平洋が重要になってきていることの証《あかし》である。また、ハリスが日米の「橋渡し」の役割を担っているという中国側の指摘も、あながち間違ってはいない。

特に日本では、中国の海洋進出の拡大や、北朝鮮の核ミサイル開発など、安全保障環境が厳しさを増すなか、日米同盟関係を含む防衛政策の転換期を迎えている。そのため、アジアと日本を理解しているハリスの登場は幸いだった。

❖超難関の海軍兵学校で統率力を

ハリス司令官は、首都ワシントンＤＣから東へ車で一時間ほどのところにあるメリーランド州アナポリス、そこの海軍と海兵隊の士官学校、通称「アナポリス」を卒業している。アナポリスは一八四五年に設立された将来のリーダーを養成する学校だ。ハリスが就任式で触れた「アナポリスの友人たち」とは、青春時代の仲間たちを指す。

少年が海軍の道を選んだのは、ごく自然のことだった。ハリスは二〇一四年六月の講演で、こう述べている。

「一八歳になったとき、国に奉仕するという決断をするのは容易なことだった。父のときもそうだったように、海軍は国家に対する奉仕、冒険、教育、良い給与といった魅力を与えてくれ、私は海軍の仕事に飛びついた」（「ハワイ・ヘラルド」紙、二〇一四年一一月七日）

アメリカで軍人になるルートは複数ある。一般の公立の大学に在籍しながら、学費の一部を免除してもらう代わりに、週末などを使って「予備役将校訓練課程（ROTC）」を修めるルート。大学卒業後に約四ヵ月間、「士官候補生学校（OCS）」に通うルート。そして高校卒業後、陸軍なら通称ウエストポイント、海軍ならアナポリス、空軍ならコロラドスプリングスと呼ばれる士官学校に通うルート、これら三つが主流である。

アナポリスの卒業生には、海洋戦略家アルフレッド・マハン、米海軍元帥チェスター・ニミッツ、共和党の上院議員ジョン・マケイン、第三九代米大統領ジミー・カーター、米統合参謀本部議長マイケル・マレン、米国務副長官リチャード・アーミテージらがいる。ゲイリー・ラフェッド（一九七三年卒）太平洋艦隊司令官・海軍作戦部長、ロックリア（一九七七年卒）太平洋軍司令官も出身者だ。

ハリスは、ここで基礎工学を専攻し、一九七八年に卒業した。

アナポリスに入学したのは父親の影響でもあった。先述したように、ハリスの父は米海軍の下士官で朝鮮戦争に従軍し、退役後に地元のテネシー州に戻り、農場を営んだが、いつも海軍時代の思い出話（海軍の人たちは「Sea Story」と呼ぶ）をしていたため、ハリスが海軍を目指したのは「ごく自然の成り行きだった」という。

一方、個人的な体験とは別に、ハリスが幼少期と思春期を過ごした一九六〇～七〇年代の激変するアメリカの国内事情や世界情勢も、進路に影響しただろう。

アメリカは一九六〇年代、ベトナム戦争への介入を本格化していく。正規軍の派兵を決断したジョン・F・ケネディ大統領は、一九六三年に暗殺された。アメリカ黒人の公民権運動が盛んになり、一九六四年、選挙権などの差別をなくす公民権法が制定された。

米ソ冷戦の真っ只中、大陸間弾道ミサイル（ICBM）開発に直接つながる米ソ間の宇宙開発競争が進み、一九六九年にアポロ一一号が人類初の月面着陸に成功、ソ連からの後れに追いついた。アメリカが自信を取り戻した瞬間だった。

一九七一年にはヘンリー・キッシンジャー大統領補佐官が電撃訪中し、翌七二年にリチャード・ニクソン大統領が中国を訪問。一九七三年のベトナム撤退という建国以来の不名誉な経験を経て、一九七六年に建国二〇〇周年を迎えた。ハリスが海軍士官学校を卒業した時期、アメリカは政治、社会、経済が大きな転換期を迎えていた。

アナポリスは当時もいまもエリート難関校であり、ハリスの入学が決まったとき、母は大喜びした。

アナポリスでは四年間の大学課程と軍事教育を通して、軍人、特にリーダーとしての知識や技能、統率力を身に付ける。学生は「ミッドシップマン（海軍士官候補生）」と呼ばれ、海軍軍人としての身分が付与され、給与も支給される。

上：設立者、第17代米海軍長官の名を冠するバンクロフト・ホール。約4400人の士官候補生が生活する世界最大の寮だ。廊下の総延長は８キロメートルにも及ぶ。
左：バンクロフト・ホール正面玄関ホールの頭上にある壁画。1942年10月26日の南太平洋海戦（Battle of the Santa Cruz Islands）が描かれている。ミッドウェー海戦の４ヵ月半後に米海軍が危機に陥った海戦。
右：大日本帝国海軍の93式酸素魚雷の展示。当時の最先端技術を駆使した航跡が見えない魚雷は、米海軍将兵を恐怖に陥れた。軍学校に他国の兵器を展示するのは稀《まれ》なこと。隣に展示されている91式航空魚雷とともに、その先進性が確認できる。

二〇一六年の入学生のデータでは、一万七〇〇〇人超が応募している。全国統一大学進学適性試験（ＳＡＴ）の英語と数学の成績、小論文、体力試験、推薦状、面接などで審査される。応募者のうち八〇〇〇人弱が現・元大統領からの、五〇〇〇人以上が連邦議会議員からの推薦状をたずさえてきている。また、戦死者の遺族は原則として推薦状を必要としないなどの措置《そち》もとられている。女性の応募者も二五％を占める。

アナポリスが公開しているデータによると、このうち入学できたのは、わずか一三五五人であり、合格率は一割にも満たない。アメリカのビジネス雑誌「フォーブス」による二〇一六年のアメリカの大学ランキングでは、全米二四位にランクインしている。

一九七八年のアナポリスの卒業式で、ハリスを含む士官候補生を前にスピーチをしたのは、ジミー・カーター大統領である。カーター大統領自身、この三二年前に、アナポリスを卒業している（ちなみに大統領が卒業した一九四六年の卒業式でスピーチをしたのが、第二次世界大戦中にアメリカ太平洋艦隊司令官兼太平洋戦域最高司令官だったチェスター・ニミッツ元帥《げんすい》だった）。

カーター大統領はスピーチのなかで「ソビエト」に三七回触れている。ハリス候補生はアナポリスを巣立つ若きエリートたちのなかに交じって、大統領の言葉に耳を傾け、脅威に立ち向かう海軍の使命感を新たにしたことだろう。

二〇一六年の卒業式では、アシュトン・カーター国防長官が演説した。時代は変わり、長官は二九回「中国」に触れ、五回「日本」との同盟関係を強調した。

❖パイロットではない航空士とは何か

ハリスは卒業後、Ｐ－３Ｃ哨戒機のフライトオフィサー、「海軍航空士官＝航空士」になった。

「航空士」は操縦士ではない。戦闘機では「バックシーター」と呼ばれ、後席に座り搭載対空武器の管制を、攻撃機では航法と攻撃武器管制を担当する「ボムバディア・ナビゲーター」、哨戒機では後部キャビンにおいてセンサー情報を統括した対潜戦術管制（ＴＡＣＣＯ）を、早期警戒機（エア・インターセプター）では要撃機管制を専門とする士官だ。ハリスは航空士として四つ星（大将）のランクになった初の人物でもある。

就任式の演説で触れた「ダウンイースター」というのはアメリカ北東部のニューイングランド地方、特にメイン州の人々を指すことが多い。

メイン州には、ハリスが航空士官として過ごしたブランズウィック海軍航空基地があった（二〇一一年に閉鎖）。彼にとっては初任地に当たり、ひときわ思い出深い土地であるのはもちろん、航空士として歩んだ海軍軍人としての原点なのである。

また、ハリスが司令官就任演説で触れた「Ｐ－３Ｃの兄弟たち」とは、戦友に類する用語である。ハリス司令官が着任演説のなかで、あえてこの言葉を使ったのは、米海軍内での心理的なランク付けとして、艦上戦闘機、攻撃機、偵察機の下に位置づけられる洋上哨戒機P－3Cであるがゆえの、要員の強い団結心を意識したのだろう。

ある航空士経験者は、「ハリス海軍大将の登場で航空士に対する見方と士気が、がらりと変わった」と筆者に語った。

ハリスは一九九〇年八月にイラクのサダム・フセインがクウェートを侵略した際、侵略排除作戦の兵力蓄積段階「砂漠の盾作戦」でペルシャ湾とサウジアラビアに展開し、その後、一九九一年一月に開始された実際の侵略排除作戦である「砂漠の嵐作戦」にも、引き続きイギリス、フランス、湾岸諸国で作る多国籍軍の一員として参戦している。

総飛行時間数四四〇〇時間、そのうち四〇〇〇時間以上が戦闘任務で、戦闘地域での任務功績により、二度、ブロンズスター勲章を授与されている。

❖「イラクの自由作戦」で得た師

二〇〇二年、ハリスは米中央軍司令部に配属され、作戦、計画、軍事政策担当主任参謀部長（N3／N5）に就任し、二〇〇三年三月からの「イラクの自由作戦」における海軍の作戦計画の立案と実施を担当した。「イラクの自由作戦」は、二〇一一年まで続いたいわゆるイラク戦争のことで、その始まりのころに関わったことになる。

このころ、ハリスののちのキャリアに大きく影響する二人のリーダーに仕える。

一人はバーレーンのアメリカ中央海軍と第五艦隊の司令官だったティモシー・キーティングである。彼は二〇〇七年に太平洋軍司令官（海軍大将）になる人物だ。

ハリスは筆者によるインタビュー（二〇一六年八月）で、キーティングが「バーレーンで初めて一緒に働いて以来、ずっとメンター（指導者、助言者の意味）である」と語っている。

キーティングと出会ったこの時期は、「『イラクの自由作戦』の初期のころで、ものすごいスピードで情勢が変わっていった」難しい時期だった。にもかかわらず、彼はつねに「行動する司令官」だったという。「『動』によって物事を成し遂げようとする姿勢を教えてもらった。どんなときも、考えて立ち止まってはいけない。決断し、前に進み、次の課題に挑戦していくことの重要さを教えてもらった」とインタビューで語っている。

もう一人、影響を受けた上司は、二〇〇三年一〇月から二〇〇五年一一月までキーティングと同じくアメリカ中央海軍・第五艦隊の司令官を務めたデイヴィッド・ニコルス海軍中将である。

このころ当初の活発な航空攻撃は終了しており、アフガニスタンのタリバン、イラクのフセイン派に対して、それまでの主要任務とは違う、より難しい複雑な任務が求められていた。ニコルスは作戦レベルの知識と経験に富んでおり、ハリスはこのとき作戦レベルの実践を積んだ。

ニコルスはハリス司令官と同郷、テネシー州の出身であり、海軍航空士官（攻撃機のボムバディア・ナビゲーター）だったという共通点もあった。ニコルスはその後、二〇〇五年から退役する二〇〇七年まで、アメリカ中央軍の副司令官を務めた。

ハリスはニコルスから「戦術を学んだ」という。

「ニコルスに教わったことは、解決できない問題というものが存在するということ、そして、それらのことについて悩む無駄な時間は我々にはないということ。自分が実際にできることだけに集中する、すべてのことに優先順位をつけなければいけない、ということを教えてもらった」。さらに「それは軍を率いるためのリーダーシップとは何かという挑戦的な問いかけでもあった。リーダーシップについて、それまで私はまったく考えておらず、ニコルスは私の知らなかった世界に火を灯《とも》してくれた存在だった。人を指導するのは難しく、リーダーは自分の力で解決できる問題だけに焦点を当てるべきだ」と語っている（筆者インタビュー）。

❖グアンタナモ収容所で見せた危機管理術

ハリスを知る多くの軍人は、グアンタナモ収容所での危機対応時の手腕が高く評価されたことがキャリアの転機になった、と口をそろえる。

グアンタナモ収容所は、キューバのグアンタナモ湾に位置するアメリカ海軍の基地で、アメリカ南方軍の管理下にある。かつてキューバの周囲はイギリスやフランスの植民地だった。アメリカにとっては自国の前庭ともいえるカリブ海を扼《やく》する戦略的要衝であり、キューバ革命以後は対ソ連の戦略的スポットの意味合いも加わり、そこに位置するグアンタナモは、アメリカ合衆国とアメリカ軍にとって、有用な軍事基地だ。

もとは不法入国者の収容所として建設された施設ではあるが、二〇〇一年九月一一日の同時多発テロ以降、アフガニスタンやイラクで拘束したテロリストを収容するキャンプとなり、ハリス司令官は二〇〇六年三月、この収容所を指揮下に収める統合任務部隊の司令官に就任した。

――発端は、着任から三ヵ月後の二〇〇六年六月、収容されていたサウジアラビア人二人とイエメン人一人の計三人が、独房内でシーツや衣類を裂いて作った紐《ひも》で首を吊って自殺しているのが発見されたこと。彼らは、具体的な容疑の伴わない「敵性戦闘員」という分類で、司法手続きにかけられないまま、期限を切らずに拘束されていた（「朝日新聞」二〇〇六年六月一二日）。この年、グアンタナモでは、複数の自殺未遂事件やハンガーストライキが続いていたが、収容所内で自殺した最初のケースとなった。

以前からこの収容所に対し、「超法規的な捕縛や悪質な尋問《じんもん》があり、正式の起訴もなく裁判を受ける見込みもない状況で、四年以上も収監者の拘禁状態が続いている」と、人権組織を中心に施設の閉鎖を求める声が広がっており、ジョージ・ブッシュ大統領も閉鎖に言及していた収容所である（「ニューヨーク・タイムズ」紙、二〇〇六年六月一一日）。

捕虜についてはは人道的待遇を定めたジュネーブ条約があるが、アメリカはテロリストを軍人の身分を持つ戦時の捕虜ではなく、犯罪者とみなしたため、同条約の適用除外と解釈した。また、グアンタナモ収容所がアメリカの統治下でありながら、国内ではなくキューバにあるため、犯罪者が裁判を受ける権利を持つアメリカの法も適用しないという特殊な事情があった。

このころの様子を、ロバート・ゲーツ国防長官は、回顧録『イラク・アフガン戦争の真実／ゲーツ元国防長官回顧録』（朝日新聞出版）のなかで、「何年もあとになり、グアンタナモの収容所や尋問方法など当時の対応を批判する場合なら、国を守らなければならないというやむにやまれぬ気持ちや恐れを冷静に分析できるが、当時は、人身保護法を停止したリンカーンや日系アメリカ人を強制収容したフランクリン・D・ルーズベルトがとらわれていたのと同じ恐怖、この国は生き残れるのかという恐怖にとらわれていたのだ」（九七頁）と振り返っている。

アメリカが直面していた当時のテロに対する「恐怖」と、非人道的だという国際社会からの圧力のはざまで、冷静に対応したのが、グアンタナモ基地所在部隊のトップ、当時は海軍少将だったハリスである。ハリスはマスコミに、「（彼らの自殺は）絶望からではなく、『聖戦』を推進する戦闘行為としての行為だと思う。自分たちの大義のためなら何でもする危険人物だった」（「朝日新聞」二〇〇六年六月一二日）と述べ、メディアに批判されながらも、彼らから逃げたり隠れたりせず、傷口を最小限に抑えた。そのことによって軍のあいだで広く名を知られるところとなるのだ。

当時のことをワシントンDCでの軍事記者・編集者との会合（二〇一五年一〇月）で振り返

ったハリスは、グアンタナモ収容所で連日ニュースを発信した「マイアミ・ヘラルド」「ロサンゼルス・タイムス」紙やロイターの個別記者の名前を挙げ、「私は彼らから敵対関係を築くことは誰のためにもならないということと、『自分たち vs. 彼ら』というレンズで見るのではなく、お互いプロ意識を持って仕事をしていることを学んだ」「『狂気の沙汰』『非人道的』といった見出しが躍ったときでも、内容自体はよく取材されていて公平だと感じ、プロのジャーナリストには真実を伝えるための強い意志があると感じ、尊敬していた」と述べている。

報道の自由はアメリカの民主主義の根幹であること、そして、軍幹部にはアメリカ一般市民が「軍がどのように税金を使っているか」「息子や娘たちを軍がどのように扱っているか」を伝える義務があるということもハリスは強調し、グアンタナモでの経験が太平洋軍司令官としての姿勢につながっていると、この会合で語っている。

グアンタナモ収容所の閉鎖はオバマ大統領の選挙公約でもあったが、議会で共和党の反発があり、グアンタナモ収容所に拘置されている外国人の国内の刑務所など一三施設への移送に反対の声が上がり、実現に至っていない。

❖コロンビアの人質救出作戦では

ハリスが就任演説で「マイアミの人たち」のことを挙げた。アメリカ南方軍（ＵＳＳＯＵＴＨＣＯＭ：サウスコム）の本部がある、フロリダ州マイアミの仲間たちのことだ。グアンタナモでの危機管理能力が評価され、二〇〇七年から二〇〇八年にかけて南方軍の作戦部長に補職された。

ここでも上司に恵まれた。アメリカを代表する公共政策大学院、タフツ大学フレッチャースクールの学長である、ジェームズ・スタヴリディス海軍大将との出会いである。

スタヴリディスはハリスよりも二年先に海軍士官学校を卒業した先輩に当たり、二〇〇六年一〇月から二〇〇九年六月まで南方軍司令官を務め、その後、欧州軍司令官兼NATO軍最高司令官になった。アメリカ海軍では「第二次世界大戦後、最も頭脳明晰《めいせき》であり、最も優れた戦略家」ともいわれており、実務面でも、豊富な現場指揮官の経験に裏付けられた包容力で、伝説的な評判を有する人物である。

フレッチャースクールで修士号と博士号（法律と外交）を取得しているスタヴリディスは、海軍作戦本部や統合参謀本部における戦略と長期計画の主務部長、そして国防長官の上級軍事補佐官としての勤務を通じ、その能力と手腕が高く評価された。部隊勤務でも、イージス駆逐艦艦長と空母打撃部隊司令官として、アフガニスタン作戦やイラク作戦の実戦における卓越したリーダーシップを発揮した。これらの秀《ひい》でた能力から、南方軍司令官と、太平洋軍と並ぶ最も重要な実戦部隊である欧州軍司令官に、ともに初の海軍軍人として任命された。

ハリス司令官はスタヴリディスのもと、二〇〇八年、コロンビアにおけるアメリカ人の人質救出作戦に参画した。

この作戦は、コロンビアのゲリラ組織、コロンビア革命軍が、長年にわたり人質にとっていた一五人全員を無事に救出した軍事活動である。

人質のなかには、二〇〇三年に麻薬撲滅のミッションのため情報収集飛行中にコロンビアで墜落したアメリカ人三人のほか、コロンビア大統領選の遊説《ゆうぜい》中に人質になった女性も含まれていた。コロンビア軍がゲリラ側にスパイを送り込み、人質全員をヘリコプターに乗せて無血で救出した。このことが国際的に注目され、日本でも、当時の高村正彦《こうむらまさひこ》外相が救出の成功に寄せて談話を発表している。

具体的な内容は明らかにされていないが、作戦の計画段階で、アメリカ軍がコロンビア軍に特別なサポートをしていたと関与を認めている。

ハリスはこのころから何度かスタヴリディスと仕事をともにしているが、「自分よりずっとスマートな人物であり、頭が切れ、大きな戦略を描け、深い洞察力がある」と評し、「ワシントンＤＣの政治と、どう向き合うかを教えてくれた」と筆者に語っている。

❖クリントン国務長官との出会い

ワシントンでは、二〇〇八年から指揮管制（Ｃ４ＩＳＲ）担当海軍作戦部次長、二〇一一年からは統合参謀本部幕僚幹事兼議長補佐官として勤務した。就任演説で触れた「オプナビアン（ＯＰＮＡＶｉａｎ）」と「ペンタゴニアン（ペンタゴンは国防総省）」は、この時代のことを指している。

作戦、計画、軍事政策を担当する部門、いわゆる「N3/N5」が「筋肉系」といわれるのに対し、指揮管制の仕事は「脳神経系」といわれる。神経をすり減らす細かい仕事である。

また統合参謀本部幕僚幹事兼議長補佐官は、膨大かつ複雑な軍事中枢組織たる統参本部各幕僚部間の業務調整役としての重責に加え、議長らのスピーチ作成責任者でもある。後者は、スピーチライターと呼ばれる中堅将校に対してスピーチの主題を示し、スピーチの原案の最終承認官となり、責任者でもある。この業務の実態は、国防政策全体を描く事実上のシナリオライター、あるいはアメリカと世界の安全保障の演出者でもあるのだ。

これらワシントンDCでの勤務経験は、ハリス司令官が国務省との関係を大切にし、ワシントンDCに毎月足を運んでホワイトハウス、議会、連邦政府とのパイプを築いて太平洋軍の意向を伝え、政策決定などに影響を与えるようになった、のちの姿の原点となった。

太平洋軍は、その地理と時差の関係で、アメリカの首都ワシントンとも、アジアとも、ほぼ同時に仕事ができるし、また、そうしなければならない環境にある。その司令部が所在するハワイは、アジアに最も近いアメリカの州(第三章参照)。しかしながら、オアフ島のキャンプ・スミスにある太平洋軍の司令部での仕事は、予算の獲得と、それを裏付ける戦略の策定に多くの時間と人員が費やされ、「西を見るより、東を見て仕事をしているのが現実」といわれている。

その「東」、つまりワシントンでは、そのころ何が起きていたか——。

当時は、イラクとアフガニスタンでの二つの戦争を抱えていた。そこでは国防総省と国務省の路線が対立しており、ドナルド・ラムズフェルドから引き継ぎ二〇〇六年にロバート・ゲーツが国防長官になったときには、「国務長官と国防長官はこのところ口もきかない関係にあることが多かったが、それが国によってよい状態のはずがない」（ゲーツ、前掲書、九五頁）状況だった。

二つの省のあいだの関係修復に乗り出したゲーツ国防長官は、当時の国務長官コンドリーザ・ライスとは良い関係を築いた。「米国を代表して語る人物は、まず、国務長官であるべきだと私は思うし、コンディと私の関係がよければ、それは、両省にも、ひいては政府全体にもいい影響を及ぼすはずだと思った」。むろん、その背景には「国防長官にずば抜けた力と資源が与えられている（中略）。それはつまり、周りを押しのけて前に出る必要が国防長官にはない、そういう力関係が省庁間にあるということだ。国防長官なら控えめであることも可能。体重400キロのゴリラが同じ部屋にいて、それを無視できる人などいるはずがないからだ」（ゲーツ、前掲書、九五－九六頁）という確固たる自信があった。

ハリス司令官がC4ISR担当海軍作戦部次長をしていた二〇〇八～二〇〇九年は、このようなゲーツ国防長官による軌道修正の時期と重なっている。国家の舵《かじ》取《と》りの難しさを外交・軍事面から目《ま》の当たりにし、実務を積んだのである。

リビア作戦の後（後述）、二〇一一年に再びワシントンDCに戻って就いた統合参謀本部幕僚幹事兼議長補佐官というポストは、国務長官の海外出張時には軍の代表として同行することが常であり、国防総省と国務省との政策を擦り合わせて調整、連携の橋渡しをする重要な役に抜擢《ばってき》されたことになる。中東和平プロセスのロードマップの担当もしながら、外交の最前線にも立ち、ヒラリー・クリントンとジョン・ケリー両国務長官とともに世界中の要人との会談に同席し、さらに経験を積んだ。

クリントン国務長官はハリスとウマが合い、信頼関係で結ばれた。クリントンがアジア重視の姿勢を打ち出したことも大きい。

また、ハリスがそれまでの海軍士官としての実務に加え、一九九三年にはハーバード大学ケネディ行政大学院で、一九九四年にはジョージタウン大学院で修士を修め、一九九九年にマサチューセッツ工科大学でフェローになるなど、アジア情勢や安全保障の研究をしてきたため、アジアやロシアへの歴訪に同伴し、クリントンに的確な助言とサポートができたからだ。アメリカの軍事関係者は将校であっても修士を取得している人も多く、さらに博士号を持ち、戦略立案や法制など、専門性の高い分野で活躍している人も多い。

クリントンとの出会いとそのときの功績は、二〇一三年一〇月の大将への昇格、世界で最強の太平洋艦隊の司令官というポストへとつながっていく。

軍ではこのような言い方をするときがある。

「あなたが何をできるかを誰が知っているか（who knows what you can do）」

　実力があることはもちろんだが、その能力を誰が知っているか、つまりどういう上司と巡り合うかが、その後のポジションを決める、という意味だ。裏を返せば、たとえ実力があったとしても、それを見いだし認めてくれる上司と巡り合わなければ、超巨大軍組織の頂点に立つことはできない。ハリスはその点、クリントンをはじめ、多くの有能とされるリーダーたちに仕えるという運も持ち合わせていた。

❖リビアで遂行した困難な任務

　二回のワシントンＤＣの勤務のあいだ、二〇〇九年から二〇一一年まで、ハリスはイタリア・ガエタを定係港とする「マウント・ホイットニー」が旗艦の、在欧州アメリカ海軍部隊隷下、第六艦隊司令官を務めた。

　二〇一一年三月といえば、日本人にとっては東日本大震災の記憶があるが、アメリカ軍にとってはこの月は、カダフィ大佐との戦いが始まった歴史的な月として記憶されている。大規模な反政府デモを発端《ほったん》とする武装闘争が二月中旬から始まり、最初は消極的だったオバマ大統領も、三月中旬には、リビアに対する攻撃を決断した。

　この「オデッセイの夜明け作戦」は、リビア上空の飛行禁止区域設定を実行するため、国連安保理の決議に基づいて行われたアメリカ軍の軍事作戦で、首都トリポリなどのリビア軍防空・通信施設を標的に、一〇〇発以上のトマホーク巡航ミサイルを発射した。カダフィは、その約半年後に反政府側に身柄を拘束され、殺害された。

アメリカ軍、とりわけ海軍にとっては、本来主力となる空母打撃部隊が他地域の情勢のため投入できなかったことから、この作戦は、ＮＡＴＯ諸国を中心とする空軍兵力と、アメリカ海軍のトマホーク巡航ミサイルおよび空軍攻撃機に頼らざるを得ないものとなった。

このため、強襲揚陸艦搭載の海兵隊垂直離着陸攻撃機「ハリアー」まで動員した。こうした投入可能な兵力総掛かりの対地攻撃作戦は、それまで経験のない困難な作戦となったが、ハリス司令官は統合海上部隊指揮官として任務を達成したのである。

つまりアメリカは、日本において「トモダチ作戦」をするかたわら、中東との二方面での実戦を遂行していたのだ。

このころ、ハリスの運命を決定づける大事な出会いが再び訪れる。

フランスやイタリアなどの「ＮＡＴＯ部隊」と対リビアの軍事作戦を指揮・調整していたのが、欧州・アフリカ地域担当指揮官だったロックリアだった。

内戦はいったん終結が宣言され、一連の作戦の功績が認められたロックリアは太平洋軍司令官に任命された。そして、彼の指揮下で働いたハリスはのちに大将に昇任し、太平洋艦隊司令官となり、再びハワイで同じ顔ぶれで軍を率いることになった。その後、今度はロックリアの後任者として、太平洋軍司令官のポストを引き継ぐという流れになっていく。

❖ハリスが心の友とする日本人国会議員

ハリスはかつて神奈川県上瀬谷《かみせや》にあった第一哨戒偵察航空団や、横須賀の在日米海軍司令官付きの副官として、日本での勤務経験がある。そのため若いころから、日本とのつながりがあり、自衛隊員たちとも深い親交を結んでいる。

ハリスに「ブラザー」といわれたのは、のちに自衛艦隊司令官となる鮒田英一《ふなだえいいち》である。東京大学卒で、一九九〇年代に海上自衛隊からハーバード大に派遣された。このとき鮒田は、入学手続きの受付で、ハリスが米海軍の制服を着用していることから軍人だと気づき、言葉を交わした。これがきっかけとなり、授業やキャンパスでは、いつも一緒に過ごした。

元海上自衛隊の香田洋二《こうだようじ》も、若いころから家族ぐるみの付き合いをしており、いまもハワイに仕事で招かれると、必ず会うという間柄だ。

日本からは、政府高官や自衛隊、安全保障・防衛関係者による、ハリスへの表敬訪問の要望は非常に多い。「彼のバックグラウンドに日本人は親近感を感じている。彼との面会のリクエストはつねにあり、ものすごい数にのぼっており、彼はほとんどセレブのようだ」（ハワイ日米協会のエド・ホーキンズ退役空軍大佐、「サンディエゴ・ユニオン・トリビューン」紙、二〇一四年七月一二日）といわれるほどだ。

一方、日本での勤務を通して出会ったのが、のちに妻となるブルーニ・ブラッドリーである。彼女もハリスと同じ海軍士官学校の出身で、二五年間、海軍で勤め上げた。ブルーニはマンスフィールド財団のフェローとして来日しており、ハリスと二人で茅ケ崎《ちがさき》の海岸を歩いているときに海の遭難者を救出した（残念ながら助からなかったが）というエピソードもある。

ブルーニは防衛政策局次長などを務めた統合幕僚監部総括官の鈴木敦夫《すずきあつお》と防衛省で机を並べるなど、防衛省職員の人脈も広い。太平洋軍司令官の妻としてハリスを支える一方、転勤の多い海軍の妻や子どもを支援する活動を続けている。

太平洋軍司令官の交代式に招待された自民党の武田良太の場合は、防衛副大臣時代にハリスと初めて会い、すぐに打ち解けた。自民党衆院議員による日本ハワイ友好議員連盟（会長は河村建夫《かわむらたけお》元官房長官）の幹事長でもあり、また衆院安全保障委員長、防衛政務官、防衛副大臣と要職に就いた国防族の一人である武田。ハワイを訪れると必ずハリスと日本酒を酌《く》み交《か》わし、ハリスが日本を訪れる際には東京の米軍宿泊施設「ニュー山王」まで足を運んで、再会を楽しむこともあった。

ゴールデンウイーク中は、多くの日本人国会議員が首都ワシントンDCなど本土を目指すなか、ハワイを選んで太平洋軍幹部たちと親交を深めていることから、ハワイ側から最も歓迎されている日本の国会議員である。

二〇一三年、小野寺五典《おのでらいつのり》防衛相がハワイを訪れ、ロックリア太平洋軍司令官をはじめ、ハーバート・カーライル太平洋空軍司令官、セシル・ヘイニー太平洋艦隊司令官と個別会談したが、在任中の防衛庁長官・防衛相によるハワイ訪問は、二〇〇二年の中谷元《なかたにげん》防衛庁長官以来だった。政治家の往来が少ないなか、武田への招待状は、ハリス本人たっての希望であった。

この二人は、どこか価値観が似ている。武田の伯父は「ろくさん」という愛称で呼ばれたハト派で知られる自民党派閥・宏池会《こうちかい》（現岸田派）の田中六助《たなかろくすけ》幹事長。田中は戦時中は海軍大尉（航空）だった。

戦後は早稲田大学を卒業し、日本経済新聞のロンドン特派員や政治部次長となり、海軍予備学生時代からの知り合いで毎日新聞記者でもあった安倍首相の父・晋太郎とも「心の通う間柄だった」という。その後、池田勇人《いけだはやと》の番記者を経て、衆議院議員になり、大平正芳《おおひらまさよし》内閣の官房長官、鈴木善幸《すずきぜんこう》内閣の通産相などを歴任した。

派閥の実力者でもあり、田中の気性や行動は、よく選挙区の遠賀川《おんががわ》流域で筑豊炭田から石炭を運ぶことを生業とする「川筋者《かわすじもの》」にたとえられることがあった。

甥に当たる武田も、若者の世話を積極的に引き受けるなど、面倒見が良いことで知られる。早稲田大学卒業後、自民党の亀井静香《かめいしずか》代議士の秘書を経て伯父の地盤（旧福岡四区）を引き継いだが、初出馬から三度落選し、二〇〇三年の初当選まで一〇年もかかった。一人娘を残し妻が若くして急死して以来、独り身で苦労も多い。

太平洋軍と自衛隊との関係を重層的なものにしている二人には「義理」「人情」「恩」という共通項があるようだ。

❖司令官の世界観によって

太平洋軍の幹部たちとの議論のなかで、「太平洋軍を形作っている要素は何だろうか」という疑問を投げかけると、大抵の人は、ちょっと困った顔をする。ただ、即答した人物が一人だけいた。

それが太平洋艦隊の司令官、スコット・スイフト海軍大将である。

「それはコマンダー（司令官）の世界観である」と、スイフトは筆者に語った。その意味するところは、司令官が持つ世界観が大組織を動かしている、ということだ。

ハワイ生まれのスイフトは、典型的な「ネイビー・ブラット」である。

「ネイビー・ブラット」とは、海軍の親の都合で世界を転々とする家族や子どもたちのことを指す。同盟関係をよく理解し、日本を故郷として懐かしむ人たち、とも言い換えられるだろう。父親がパールハーバーから出港した艦船に乗船中、スイフトは、ハワイの病院で誕生した。そのあと、父の勤務地、横須賀でも過ごしている。

その後、サンディエゴ州立大学を卒業し、一九七九年に海軍航空予備役士官候補生プログラム（AVROC）を経て、ロードアイランド州ニューポートにある海軍大学校で修士を取得している。

そして、パイロットになろうと最初は空軍を志したが、父と同じ海軍に入隊した。のちに第七艦隊の司令官も務めた。

太平洋軍は、もともと太平洋という大洋を担当するという成り立ちからして、海軍が中心の軍組織だ。そして、その中心を担うのは太平洋艦隊である。

一九八六年のゴールドウォーター・ニコルス法（第三章参照）制定の前、太平洋艦隊は太平洋軍よりもはるかに強力な存在であり、太平洋艦隊司令官は、海軍のなかでも「最強の司令官」といわれた。加えて、太平洋軍司令官よりも圧倒的な権限を持っていた。

陸軍、海軍、空軍、海兵隊という四つの軍種を束ねる太平洋軍司令部に、いまでこそ指揮権は集中しているが、太平洋艦隊には、その歴史と伝統が受け継がれており、兵力や影響力は現在も世界最強である。スイフトは有力な次期太平洋軍司令官候補として注目されていたが、二〇一七年に相次いだ艦艇事故を受け、同年九月に退役の意思を示した。

背が高く、ガタイが良く、分厚い髭《ひげ》――見るからに強面《こわもて》のイメージがあるが、実際に話すと大変おだやかで、深い教養と鋭い視点を持ち、アジア太平洋、日米関係の歴史に対する造詣《ぞうけい》が深い。

このスイフトは、スタッフのいうことにもよく耳を傾け、謙虚でもある。自らを、欧州連合軍最高司令官などを歴任したタフツ大学フレッチャースクール学長のジェームズ・スタヴリディス海軍大将の著書『The Accidental Admiral: A Sailor Takes Command at NATO』になぞらえて、「自分はアクシデンタル・アドミラル。『たまたま』太平洋艦隊司令官になった」などと謙遜してみせ、人々の笑いを誘うのである。

しかし、その仕事ぶりは高く評価されている。特に、第三艦隊と第七艦隊のそれまでの担当海域の線引きをなくしたことは、大きな功績だ。その結果は当然、日本にも大きく影響している。

海軍ではこれを「線をぼかす(blur the line)」という言い方で表す。

これまで太平洋艦隊は、国際日付変更線以東の東太平洋(第四艦隊担当の南米西岸海域を除く)が担当海域の第三艦隊(司令部はカルフォルニア州サンディエゴ)と、国際日付変更線以西の西太平洋・インド洋(中東地域を除く)が担当海域の第七艦隊(司令部は横須賀を母港とする揚陸指揮艦「ブルー・リッジ」艦上)の二つから構成されてきた。第三艦隊は戦力を錬成し、第七艦隊が前方展開する、という区分けになっていたのだ。

つまり、同じ船であっても、違う担当海域に入ると指揮権が移るという仕組み。野球にたとえれば、第三艦隊はプロ野球のスプリングキャンプで基礎体力錬成からチームプレー習得、そしてオープン戦までを戦う一軍候補者集団、そして第七艦隊は選抜されたメンバーによってリーグ戦を戦う一軍チームに相当する、そんなイメージである。

第三艦隊も第七艦隊も、それぞれの担当海域の範囲が変わったことはこれまでにもあるのだが、海域の明確な区分けをなくそうという試みは初めてのことだった。

冷戦時代から湾岸戦争期まで、現実的な安全保障の問題自体は、東太平洋には存在しなかった。そのことから、日付変更線の西側を担当する第七艦隊を戦闘部隊とする任務区分自体は妥《だ》当《とう》なもので、大きな疑問が出ることもなく、ここに両艦隊のあいだの地理的境界線が定着した原点がある。

しかし、中国の台頭によるアジア地域の安全保障環境の激変と、冷戦終了後、急速に安全保障環境が不安定化した湾岸地域への継続的なアメリカ軍のコミットは、必然的に任務の増大と多様化を招くこととなった。

兵力と予算が削減される一方、任務は増加し、第七艦隊の兵力だけでは、南シナ海での中国の動きや、核・ミサイル開発を進める北朝鮮に対応できない。太平洋艦隊において第三艦隊は訓練に専従し、第七艦隊のみが限られた兵力で各種の事態に対応するという、それまでの二個艦隊体制の限界が顕在化した。結果、それをスイフト司令官が強く認識するようになったのである。

スイフトは区分けをなくすこの決断について、筆者とのインタビュー（二〇一六年九月）で、以下のように答えている。

まず手続きについては、「第三艦隊と第七艦隊を率いる太平洋艦隊司令官としての権限の範囲で変更が可能なので、ハリス太平洋軍司令官やグリナート海軍作戦部長の承認は不要であり、難しいことではなかった」という。そして、「むしろ大変だったのは、第二次世界大戦以降、ずっと別々に育まれてきたそれぞれの艦隊のカルチャーを変えるほうだった」と振り返った。

その「カルチャー」が意味するところは、「それぞれの艦隊に対する忠義であり、人工的に作られた日付変更線の概念が、第三艦隊と第七艦隊の壁を作る境界線になっていたことが問題だったのだ」という。

具体的にいえば、編制から配員までのすべてが訓練部隊として整合された組織としての第三艦隊、そして第三艦隊における錬成訓練を終え、実任務従事資格が認定された部隊のみで構成される作戦即応組織としての第七艦隊とのあいだの、物理・精神両面の違いである。もちろん、両者に優劣はないが、これこそが両艦隊の固有かつ独特の「カルチャー」の根源であった。

境界線撤廃という措置は彼の発想ではあるが、同司令官と強い信頼関係で結ばれているハリス太平洋軍司令官や、ハリスが抜擢《ばってき》した同郷のテネシー州出身の女性ノーラ・タイソン海軍中将が第三艦隊司令官だったことは、大改革の遂行にプラスに働いた。

「二つの兵力をブレンドすることで能力を二倍にする」（海軍幹部）狙いは、二〇一五年一〇月に日本で行われた自衛隊の観艦式に、第七艦隊司令官ではなく、初めてタイソン第三艦隊司令官が招待されたことにも象徴されている。また二〇一六年一〇月、南シナ海における「航行の自由作戦（ＦＯＮＯＰｓ）」に、第七艦隊ではなく、初めて第三艦隊が当たったことにも表れている。

第2章

中国「核心的利益」VS.アメリカ「航行の自由」

❖日本に対しても実施――「航行の自由作戦」とは

第二次世界大戦後、アジアでの局地的な戦争を除いて、太平洋を舞台とした戦争は起きていない。それは日米同盟を基軸とした安定的な秩序が保たれてきたからである。

しかし、アジア太平洋の海はいま、武力攻撃を伴う有事ではないが、純然たる平時でもない、いわゆる「グレーゾーン」の事態が続いている。

中国は、低潮時でも海面上に岩礁《がんしょう》やサンゴ礁がまったく現れない、国連海洋法条約（UNCLOS）上は領有権が主張できない単なる浅瀬までも、埋め立てて人工島を建設し、南シナ海を自分たちの聖域にしようとしている。力による現状変更を目論んでいるのだ。

もし、アメリカがそれを許さず、米中が軍事的に衝突すれば、戦いの指揮を執るのは統合軍たる太平洋軍であり、在日米軍基地を抱える日本は、その最前線を担うことになる。

この章で紹介する軍事作戦「フォノップス（FONOPs）」と呼ばれる「航行の自由作戦」は、中国の軍拡に対するアメリカ軍からの、最初の段階の「警告」に当たる。

カーター政権で始まり、レーガン政権で多く実施されてきたこの軍事作戦は、独立後、海洋を最大限に活用して世界の大国となったアメリカが、連綿と守り続けた「航行の自由」の基本理念がバックボーンとなっている。現在は、国連海洋法条約に基づいて、アメリカが世界規模で行っている軍事作戦でもある。

実はアメリカは、国連海洋法条約を批准《ひじゅん》していない唯一の先進国だが、国際慣習法としてこの条約を受け入れ、国内法を整えている。この「航行の自由」は単なる航海の自由と誤解されやすいが、人類の海上活動の経験、その歴史を凝縮した財産ともいえる、公海における自由な活動という普遍の大原則を指すものだ。広い解釈なのである。

アメリカが「航行の自由作戦」という場合、この大原則を深く尊重する自国の立場を明確にするため、この大原則に挑戦する国に対して軍艦を使用して実施し、相手国にアメリカの立場を明確に伝達する活動になる。

国防総省が公開しているデータをもとに計算すると、一九九一年からの二六年間では、年平均して一四ヵ国に、多い年には三〇ヵ国近い国々に対し、海洋の自由な利用の原則に反する「過剰な海洋権益の主張をしている」との認識に基づき、「航行の自由作戦」を実行している。それは同盟国である日本に対しても例外ではなく、一九九九年、二〇一〇年、二〇一二年、二〇一六年度に実施している。「日本の領海を規定する基線の引き方がＵＮＣＬＯＳに反している」という理由である。

その作戦の手順は、まずは外交手段で抗議を申し入れるが、その後、太平洋軍と太平洋艦隊レベルで同作戦実施の細部を決定する。

南シナ海のような高度の政治的な判断が必要なケースは、太平洋艦隊から軍事作戦の詳細が太平洋軍を通して国防総省に上げられ、国防総省と国務省とのあいだで作戦の意義や、外交的なメリットとデメリット、法律上の課題などについて、政府内の法律家、政策アドバイザー、技術専門家たちを交え、沿岸国の主張と国際法とを照らし合わせて検討する。

そして、国際法を含む技術上の問題がなく、アメリカの国益に合致すると判断されれば、最終的にホワイトハウスが承認する。ホワイトハウスの承認が下りるまで六ヵ月かかることもあるが、緊急の場合は一週間もかからない。

太平洋軍は、いつの時点でも、この軍事作戦を遂行する準備ができている軍である。

航行の自由（作戦）には三つの意義がある。①海上のあらゆる海洋活動（航行・海洋資源開発等）の自由、②公海上の軍事活動の自由、③アメリカ以外の二国間による紛争が自由な海上交通を妨げる状況がアメリカの国益侵害につながる場合に介入する自由——これらを確保するためである。

地理的に南シナ海の域外国であるアメリカは、沿岸国の領土紛争などの問題に軍事介入する根拠に乏しいものの、この③の理念を根拠にして、戦闘行動には至らない海軍活動を行い、アメリカの国家意思を明確に表明することができる。

❖ 中国の南シナ海支配を黙認したオバマ

しかしオバマ大統領は、自らの八年間の任期中、中国による南シナ海での人工島建設などの強圧的かつ国際法を無視した一方的な海洋活動に対する介入を躊躇《ちゅうちょ》した。冷戦後、アメリカの対中政策は、中国が脅威にならないようにする「エンゲージ（関与）」と、脅威になったときに備える「ヘッジ（防護）」の二つの政策を組み合わせてきたが、オバマはエンゲージを重視していた。

軍事衛星などによる画像情報で、少なくとも二〇一四年以降の二年間、中国の人工島の造成活動を把握していたにもかかわらず、二〇一二年を最後に、人工島の周辺海域での「航行の自由作戦」を中止していた。再開までに生じた三年の空白……中国に対し、具体的な行動をとらなかったことは、事実上、中国の南シナ海における複数の環礁の埋め立てと、人工島建設による軍事拠点化を、黙認していたといっていい。

それだけではない。二〇一四年六月には、ハワイ沖での多国間演習リムパックに人民解放軍を招待するなど、埋め立てによる人工島造成問題などまるで存在しないかのような態度で、交流を進めてきたのだ。

中国がフィリピンなどと領有権をめぐって対立する南沙（スプラトリー）諸島では、ファイアリー・クロス礁、スビ礁、ミスチーフ礁などの浅瀬を埋め立てて人工島を造り、滑走路や港湾施設を造成している。ファイアリー・クロス礁では、二〇一六年、大型旅客機が離着陸を開始した。また、ベトナムと対立が続く西沙諸島のウッディー島には二七〇〇メートルの滑走路が完成し、地対空ミサイルや地対艦ミサイルが配備された。

最深部の水深が四〇〇〇メートルにまで達する南シナ海を支配すれば、中国の潜水艦の基地である海南島《かいなんとう》から、潜水艦発射弾道ミサイル（ＳＬＢＭ）を搭載した潜水艦の動きを他国に知られることなく、潜航したままＳＬＢＭの発射海域である太平洋の中央部やインド洋の西側へ展開することが可能であり、アメリカ全土を射程に入れることができる。

この章では、オバマがなぜ、このような事態を黙認し、軍事作戦を躊躇したのか、そして「航行の自由作戦」再開までのワシントンでの動きと、ワシントンとハワイとのあいだのプロセスを、時計の針を戻して追ってみる。

❖世界に衝撃が走った画像

二〇一五年二月一八日、ワシントンＤＣに本部を置くシンクタンク戦略国際問題研究所（ＣＳＩＳ）は、運営するウエブサイト「アジア海洋情勢透明性イニシアティブ（ＡＭＴＩ）」に、「南シナ海のビフォー・アフター」と題した画像を複数掲載した。南シナ海、南沙（スプラトリー）諸島のファイアリー・クロス礁上に中国が造成した人工島の衛星画像である。

「特ダネ」「独占的」を意味する「exclusive」と掲げ、「かつて一度も発信されたことがなかった画像」とコメントした。アメリカはもちろんのこと、日本の新聞やテレビもこれを大きく取り上げ、またたく間に世界に衝撃が広がった。

ＣＳＩＳの画像による発信力は、それまでの比ではなかった。なぜなら南シナ海をめぐって

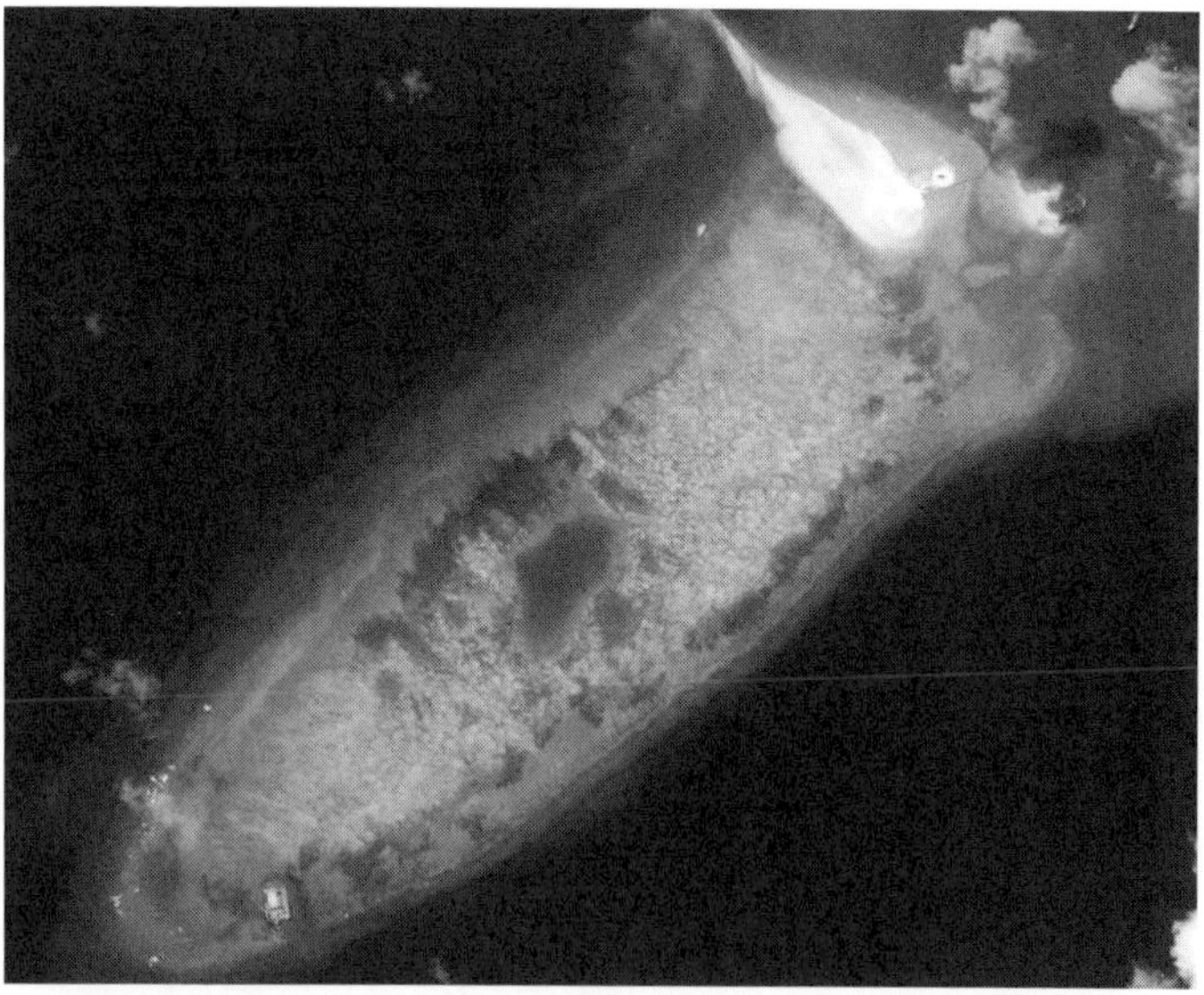

2014年８月時点のファイアリー・クロス礁（CSIS Asia Maritime Transparency Initiative/Digital Globe）

2016年６月時点のファイアリー・クロス礁（CSIS Asia Maritime Transparency Initiative/Digital Globe）

は、自国が実効支配する岩礁等を奪われたフィリピン政府が、すでに二〇一三年一二月、画像を公表していた。にもかかわらず、世界の注目を集めるまでには至らなかった。というのも、その画像は撮影手段と技術の未熟さから、質・量ともに不十分であったことに加え、アメリカが沈黙を貫いたこともあり、全世界の専門家を納得させる説得力に欠けていたのである。

しかし、このときの発信元はＣＳＩＳである。ＣＳＩＳは一九六二年に発足した外交・安全保障分野の超党派の有力なシンクタンク。政権交代で政府を出た人たちが、その経験を生かし、あるいは次の政権交代で復活するまでのポストとして、政府の調査・研究を請け負い、政策提言をまとめ、アメリカの政治や軍事政策、もちろん日米関係にも大きな影響力を持つ。

所長のジョン・ハムレは、かつて国防次官や国防副長官を務めた人物だ。理事や顧問には、ヘンリー・キッシンジャー元国務長官、ズビグネフ・ブレジンスキー元大統領補佐官（二〇一七年五月死去）、リチャード・アーミテージ元国務副長官らがいた。上級副所長には、ジョージ・Ｗ・ブッシュ政権の国家安全保障会議（ＮＳＣ）で日本・朝鮮担当部長やアジア上級部長を歴任したマイケル・グリーンらが名を連ねる。また財源には、企業からの寄付金などのほか、連邦政府からの補助金も入っている。

アメリカのシンクタンクは、日本と違い、政治任用で政府高官として政権に入り、その知見を再びシンクタンクで生かすという、政府と民間の「回転ドア」が定着しており、予算や人的な交流の面からも、政府との結び付きは強い。ＣＳＩＳの画像公開とそのタイミングの判断は、政権側と事前に擦り合わせた可能性が高い。

ＣＳＩＳによる鮮明な複数の画像の公開は、予想以上のスピードで人工島を造成する中国に危機感を持った政権が、政権発足から七年目にして、ようやく動き出す端緒となった。

❖南シナ海の「砂の万里の長城」

シンクタンクの画像公開によって実態が世界に報道されると、次は太平洋艦隊が動いた。「浚渫《しゅんせつ》船やブルドーザーでここ数ヵ月、中国は砂の万里の長城を築いている」——当時、太平洋艦隊の司令官だったハリス大将は、二〇一五年三月三一日、オーストラリアの首都キャンベラでの会議で講演し、中国を名指しで批判したのだ。

「中国は砂をくみ上げ、水中に沈んだものも含めサンゴ礁を埋め立て、コンクリートで固めて人工島を建設している」と指摘し、「人工島建設の範囲やペースをみれば、中国の意図に重大な疑問を呈しても不思議ではない」と強い懸念を示した（「朝日新聞」二〇一五年四月一一日）。

二〇一五年二月にＣＳＩＳが画像を公開しても、中国は埋め立て工事を中止しなかった。ハリスは初めて「砂の万里の長城」という表現を使い、世界遺産であり宇宙からも観測できる巨大な壁、万里の長城になぞらえた。

この時点で、すでに四平方キロを埋め立てたスケールの大きさを容易に連想させる。それとともに、長城が外敵の侵入を防ぐためだったという目的が、いまの中国の狙いと重なり合い、その後、あらゆるところで使われる表現となった。

ハリスにとってオーストラリアは、この演説の時点で四度目の訪問となり、太平洋艦隊司令官になってからの一五ヵ月で最も多く足を運んだ国である。海洋国家・オーストラリアは、アメリカが掲げるリバランス政策にとってカギとなる同盟国だ。太平洋とインド洋に面しており、南シナ海にも近いという地政学的な重要性に加え、国防費の大幅な削減に直面しているアメリカにとっては、日本やオーストラリアなど主要同盟国と地域や任務を分担していかなければならない。同盟全体として戦力を強化することが急務となっているのだ（第五章で太平洋軍とオーストラリアとの関係について触れる）。

共同演習「タリスマン・セーバー」などを通して両国のインターオペラビリティ（相互運用性）が進み、太平洋軍司令部の幹部ポストにオーストラリア軍人が就くなど、軍事面での一体化も顕著である。

ハリス大将は、演説の最後を、こう締めくくった。

「公海を航行する三つの偉大なシップ（船）がある。フレンドシップ（友情）、パートナーシップ（連帯）、リーダーシップ（統率）である」

中国の軍事的台頭、南シナ海での振る舞いを「砂の万里の長城」と呼んで、訪問先の同盟国オーストラリアで批判したことには、アメリカは単独ではなく、同盟国と協調している姿勢を中国に対して見せるという重要な意味合いがあった。

ＣＳＩＳが再び衛星写真を公開した。今度は南シナ海にある南沙（スプラトリー）諸島のミスチーフ礁の北側で撮影されたものである。一〇隻を超える中国船が岩礁に砂を盛り、人工島に造り替えていく様子をとらえている。

アメリカ国務省のジェフ・ラスク副報道官代理は、四月九日、「南シナ海での前哨基地として軍事化を進めるのではと、地域の重大な懸念材料になっている」と表明した。

オバマ大統領も同日、訪問先のジャマイカで、「我々が中国について懸念しているのは、周辺国に隷属《れいぞく》を強いるようにその腕力を使うことだ」とし、「フィリピンやベトナムが中国ほど大国ではないからといって、ひじで押しのけていいというものではない」と中国の行動を強く牽制《けんせい》した。

❖米海軍哨戒機にＣＮＮが同乗して

シンクタンクの次は、マスコミである。世界初の二四時間ニュース専門のテレビ局として、湾岸戦争で多国籍軍によるイラクへの空爆を実況生中継して一躍有名になったＣＮＮだ。

国防総省はＣＮＮの安全保障担当記者に独占的に哨戒機への搭乗を認めるという異例の対応をした。ＮＢＣ、ＣＢＳ、ＡＢＣといったアメリカの三大ネットワークではなく、ＣＮＮを選んだのは、アジアでの視聴率も意識したからだ。南シナ海上空の緊迫感は、瞬時にして、世界中を駆け巡った。
アメリカ海軍は二〇一五年五月二〇日、哨戒機Ｐ－８ポセイドンを飛ばし、南シナ海の南沙（スプラトリー）諸島で中国が埋め立てを続ける岩礁周辺を飛んだ。偵察機は最も低いときで一万五〇〇〇フィート（約四六〇〇メートル）の高度を飛行。ペンタゴンが中国の人工島造成の映像や警告の音声を公開したのは、これが初めてのことである。
この哨戒機Ｐ－８は、飛行中だけでも、中国海軍から無線通信で八度にわたる警告を受けた。無線のやりとりは中国側に特有のアクセントがあり、以下のようなものだった。

中国側「こちらは中国海軍だ。軍事区域に近づいている。直ちに退去せよ」
Ｐ－８哨戒機「国際法で認められている公海上空を飛行している」

アメリカ海軍に対するその警告音声は、いかに緊張した地域であるかを伝えるのには十分な臨場感があった。Ｐ－８およびＰ－３Ｃで編成される偵察飛行部隊の指揮官、マイク・パーカー大佐は、Ｐ－８の監視カメラがとらえたファイアリー・クロス礁を拡張した埋立地に建設された早期警戒レーダー基地を指しながら、「三〇分前にも中国海軍から警告された。陸上のこの施設から発信されていることは間違いない」「毎日こんな様子だ。週末も働いているのだろう」と、この状態が日常化していることを示唆した（ＣＮＮ、二〇一五年五月二一日）。

南沙（スプラトリー）諸島のファイアリー・クロス礁など、いくつかの環礁は、一部を除き前年までは低潮時でさえ海中に没したままの浅瀬のサンゴ礁に過ぎなかったが、この時点で、埋め立てによって造成された人工島に、三〇〇〇メートル級の滑走路や、水深の深い港の原形が完成し、数十隻の船が埋め立て作業をしていることが確認された。

CNNの映像が流れたのは、ジョン・ケリー国務長官が訪中し、習近平国家主席と会談した三日後である。南シナ海の問題で懸念を伝えるケリーに習は、「広大な太平洋は米中の2大国を受け入れるのに十分な空間がある」と従来の立場を伝え、議論は平行線に終わっていた（「朝日新聞」二〇一五年五月一八日）。

さらに映像公開日から九日後には、アシュトン・カーター国防長官とハリス太平洋軍司令官が参加するシャングリラ会合が、シンガポールで控えていた。

オバマ政権はこうした日程をにらみつつ、民間シンクタンクに続いてメディアを通し、改めて警告を発したのである。

すると中国外務省の洪磊《こうらい》報道官は、五月二一日の定例記者会見で、米軍機が南シナ海の海域を飛行したことに対し、具体的な事実は把握していないとしたうえで、「関係国家は、中国が南シナ海地区で有する主権を尊重し、争いを複雑にして拡大する行動を取らないよう望む」と反発した（「産経新聞」二〇一五年五月二二日）。

❖カーター国防長官が中国を痛烈批判

シンクタンクやマスコミと地ならしをしたあと、今度は政権の中枢が、アジア太平洋地域の安全保障問題を論じる最も発信力のある外交の場に舞台を移した。

二〇一五年五月二七日、前章でも触れた通り、ハワイで太平洋軍と太平洋艦隊の司令官の交代式があった。

南シナ海を担当地域に含む太平洋軍の司令官は、アジアでの実務経験がほとんどなかったロックリア司令官から、アジア情勢の専門家であり、五つの地域軍すべてでキャリアを積んだハリス司令官に交代した。また後任の太平洋艦隊司令官には、世界最強の第七艦隊を率いた経験のあるスイフトが就いた。

式が終わると、太平洋軍司令官になったばかりのハリスとカーター国防長官の二人は、そのままシンガポールへと飛び立った。イギリスの国際戦略研究所が年一回、シンガポールで主催し、各国の首脳や防衛大臣が出席するアジア安全保障会議、通称「シャングリラ会合」に出席するためだ。ハリス司令官にとっては、太平洋軍司令官としての外交デビューの場でもある。

カーター国防長官は、この会議で、力を込めてこう演説した。

「アメリカは、中国が早いペースと大きな規模で埋め立てをしている南シナ海について憂慮しており、今後、軍事化や（軍事衝突を誘発しかねない）誤算のリスクが高まり、最終的に関係国で衝突が起きることを深く憂慮している。太平洋国家として、貿易国家として、国際社会の一員としてアメリカは、この懸案事項に関わる権利がある。また、これはアメリカだけの問題ではない。地域全体、そして世界全体が、埋め立てする中国の意図に懸念の声を上げている」

「南シナ海で島やサンゴ礁等の海洋地物の領有権を主張している国々が何年も前から建造物を造っているのは事実であり、南沙（スプラトリー）諸島ではベトナムは四八、フィリピンは八、マレーシアは五、台湾が一つの前哨基地を持っている。しかし、それとは別の一つの国はやり過ぎであり、勢いが強過ぎる。それは中国だ。中国は他の国の分を全部足した以上に当たる二〇〇〇エーカー（約八平方キロ）の埋め立てを、たった一八ヵ月でやった。中国がどこまでやるかは不明だが、それが南シナ海の緊張を高め、世界でニュースの一面を飾っている理由だ」

カーター国防長官はこう述べて、埋め立ての中止を求め、領有権争いの平和的解決を訴えた。また、アメリカがこれまでしてきた通り国際法の基準に沿って飛行し、航海し、作戦を続けること、水面下の岩礁を埋め立てても主権は認められず、航海や飛行の自由を妨げることはできないことを強調し、あらゆる機会を使って地域安全保障の話し合いを進めていくとした。

さらに、東南アジア諸国の海洋能力構築のための海洋安全保障イニシアティブを発表、五年度にわたって総額四億二五〇〇万ドル（約四六八億円：一ドル＝一一〇円）を拠出することを発表した。

こうして、この会議の三ヵ月前に国防長官に就任したばかりのカーター国防長官による「国際法が許す限り、世界中のいつでもどこでも、飛行し、航行し、作戦活動を行う」宣言は、ひときわ注目を集めたのだ。

カーターは、ロバート・ゲーツ、レオン・パネッタ、チャック・ヘーゲルに続くオバマ政権で四人目の国防長官である。その一週間前にCNNを通じて世界に中国の埋め立ての映像が流れたばかりだということもあり、アメリカの出方を、日本の安全保障関係者を含め、多くの国が見守っていた。

しかし、埋め立ての中止を求めるカーター長官のスピーチのあとも、中国が自制することはなかった。軍事化を達成すれば、艦艇や戦闘機の前方展開など、南シナ海全域に及ぶ戦力展開能力の向上が可能となり、東シナ海のように、南シナ海にも防空識別圏（ＡＤＩＺ）を設定する可能性もあるだろう。また、漁民など民間人の入植を進めて経済活動を続け、水面下のサンゴ環礁を埋め立てた人工島に過ぎないものを、国連海洋法条約が規定する「島」であると主張して既成事実化していく可能性も高い。

❖ Ｇ７が強い反対を示してもオバマは

カーター国防長官が中国を批判しても、オバマ大統領はまだ「航行の自由作戦」の決断を下せなかった。しかし、外堀は埋まっていく。

二〇一五年六月七日、ドイツで開かれた主要七ヵ国首脳会議（G7サミット）では、安倍晋三首相が南シナ海などにおける中国の海洋進出に懸念を表明、「東シナ海や南シナ海での一方的な現状変更の試みを放置してはならない」と訴えた。

他の国も賛同し、威嚇《いかく》や武力の行使、大規模な埋め立てなどによる一方的な現状変更に強く反対し、紛争の平和的解決や、海洋の自由で円滑な利用の重要性を強調することで一致した。

アメリカのジョシュ・アーネスト大統領報道官も、記者会見で、「南シナ海での『航行の自由』が混乱したら、アメリカ、そして世界経済に深刻な影響が及ぶ」と強調した（「朝日新聞」二〇一五年六月八日）。

二日間の議論の結果、中国による南シナ海の岩礁埋め立てに関し、直接の名指しは避けたものの、「現状の変更を試みるいかなる一方的行動にも強く反対する」と明記し、首脳宣言として採択された。シンクタンク、マスコミ、国防長官の発言で流れが生まれ、ここに来て主要先進国の足並みもそろった。にもかかわらず、アメリカは何をためらっているのか――日本の安全保障関係者たちは、煮えきらないアメリカの態度に、いらだちを募らせていった。

❖南シナ海上空を飛んだスイフト司令官

七月一八日、太平洋艦隊は、P‐8ポセイドンを使って南シナ海上を偵察飛行した。今度は、二〇一五年五月に太平洋艦隊司令官に就任したばかりで、フィリピン、韓国、日本の三ヵ

P-8ポセイドン内のスイフト司令官（米太平洋艦隊提供）

国を四日間で歴訪中のスイフトが同乗。飛行は七時間にも及んだ。

飛行後、マニラでの記者会見に応じ、飛行は哨戒機P－8の高い性能を確認するための「通常の作戦（routine operation）」であることを強調した。

――今後もこの海域の上空を飛行し続けるという、アメリカの意思を表したものだ。

その数日後、ハリスは、コロラド州アスペンで開かれた、世界の有識者が集まるアスペン安全保障フォーラムに参加した。

ここでは、南シナ海で人民解放軍と戦闘に陥るシナリオにも言及し、「そうした施設を米軍が標的にすることは簡単だ」と牽制、アメリカにとっても「安全保障と経済を支えた国際ルールや規範がゆがめられ、大きな打撃を受ける」と語った。

❖オバマ政権の失政を追及するマケイン上院議員

ＣＳＩＳによる最初の画像公開から八ヵ月が過ぎても、オバマ大統領は躊躇していた。九月一七日の米上院軍事委員会の公聴会で、マケイン上院軍事委員長は、「五月にカーター国防長官は、国際法が認めるいかなる場所も、飛行し、航行し、作戦を実施すると発言したが、その演説から四ヵ月が経った現在でも、オバマ政権は中国の人工島から一二カイリ（約二二キロ）以内で米海軍が行動するのを制限し続けている。これは、中国が人為的に生み出した主権要求を認めるという既成事実を生み出す危険な誤りである」と述べた。

この公聴会のなかで、デイヴィッド・シアー国防次官補（アジア太平洋安全保障問題担当）の発言によって、南シナ海の係争海域一二カイリ以内における米艦船の航行が二〇一二年から行われていないことが明らかになった（アメリカ議会上院軍事委員会での公聴会、二〇一五年九月一七日）。

米「ブレイキング・ディフェンス」は、カーター国防長官について、「今月になって威勢のよい発言をしたが、実は空虚な言葉ではないのかとの疑義が生まれそうだ」と書いた（二〇一五年九月一七日）。カーター国防長官は、九月一日にも、「国際法の許す限りで飛行、航行、作戦実施を続ける」と発言していたからだ。

しかも、この公聴会では、はじめシアー国防次官補が「当該地の航行、飛行を毎日のように繰り返し実施している」と説明し、マケインが「埋立地から一二カイリ以内では運用しているのか」と追及。シアー国防次官補は「航行の自由作戦を実施している」とだけ答え、一二カイリ以内の航行の有無について答えるのを避けようとした。

マケイン議員は少しいらだった様子で、「埋め立て地点から一二カイリ以内に入ったのか、入っていないのか。入っていないなら、いつが最後か」と、しつこく問いただした。埋め立てた岩礁の半径一二カイリ以内に艦船を派遣することは、その海域が「公海」であって、決して中国の領有権を認めないというメッセージになるからだ。シアー国防次官補はしつこい追及に観念し、「一二カイリ以内での航行の自由作戦は二〇一二年が最後だった」ときまりが悪そうに答えた。

隣に座っていたハリス司令官は、「太平洋軍として、大統領と国防長官には南シナ海におけるあらゆる可能性を含む軍事オプションを提示しており、指示を受ければ作戦を実施する準備もできており、指示を待っている」と述べた。これは平たくいえば、軍はいつでも作戦を遂行できるのに、政治的な決断がなされていない、ということ。それに対するいらだちをも含んでいる。しかし、軍人として発言できるのはここまで……一線を越えないギリギリのところでの微妙な言い回しだった。

またハリス司令官は、このまま建設が進めば「ミサイル発射、第五世代戦闘機運用、警戒監視活動の拠点になる」と説明し、「中国は事実上の南シナ海の支配を戦闘なしで確立してしまう」とも述べた。そしてアメリカの技術優位性を維持するために、第五世代機の「F－22」や「F－35」の配備、あるいは既存の第四世代機「F－15」「F－16」「F－18」の能力向上も必要だと訴えた。

この空白についてマケインはのちに、「朝日新聞」の加藤洋一《かとうよういち》編集委員と佐藤武嗣《さとうたけつぐ》ワシントン特派員に問われ、「オバマ大統領や国務長官、国防長官といった閣僚が発言しても、それは実際、何の意味も持たないということだ。実際の行動で示さないのであれば、最初から言わないことだ。米国が自ら宣言した政策を行動で裏付ける意図、あるいは能力がないと露呈する結果になった」と厳しく批判している（「朝日新聞」二〇一五年一一月二五日）。

❖米中首脳会談――大統領を決断させた日

オバマ大統領は九月二五日、ワシントンDCで、習近平国家主席を国賓《こくひん》待遇で迎えた。オバマは政権発足当初、中国と新しい二大国関係を築いていけるものと踏んで、「エンゲージ（関与）」に重きを置いていた。経済的な強い結び付きを重視し、事態のエスカレートや衝突を回避しようとした戦略は、結果的には中国を勢いづかせ、「法の支配」を無視して海洋進出を進めさせることになった。

またオバマは、国防総省による軍事的なアドバイスには耳を傾けたがらず、大統領直属の国家安全保障会議（NSC）のスタッフを信用したことで知られている。スタッフの数はジョージ・W・ブッシュ政権当時の二倍に当たる四〇〇人に膨らみ、国防総省に細かな注文をつけることも多くなり、国防総省とたびたび対立する存在になっていた。

三度目となる首脳会談はホワイトハウスで行われ、二時間にわたった。オバマ大統領は埋め立てや軍事拠点化をやめるよう中国に促した。この機会を利用して、自ら中国に対し、埋め立てをやめるよう説得するつもりでいたのだろう。

しかし、会談は平行線のままで終わった。それを象徴しているのは、会談後の共同会見である。

オバマ大統領は「中国が争いのある南シナ海の海域で埋め立てや建設、軍事拠点化を進めていることに深刻な懸念を伝えた」と述べると、習国家主席は「南シナ海の島々は古来、中国の領土で、我々は領土主権と正当な海洋権益を守る権利を持つ。南沙諸島の工事はいかなる国にも影響を与えず、軍事拠点化するつもりもない」と述べた。

米中会談は不発に終わった。それを自分自身で確かめて、ようやく軍最高司令官たるオバマは、「航行の自由作戦」に舵を切る決心をした。一貫性を欠いた煮え切らない対中政策に、ようやく終止符が打たれたのだ。

❖終始一貫性がなかったオバマの政策

太平洋軍が動いた。

太平洋軍第七艦隊に所属し、横須賀基地を事実上の母港とするイージス駆逐艦「ラッセン」が、一〇月二六日夜（日本時間二七日午前）、寄港していたマレーシアから出港した。そして、中国が南シナ海の南沙（スプラトリー）諸島で埋め立てを行い、三〇〇〇メートル級の滑走路を建設しているスビ礁から一二カイリ（約二二キロ）内の海域を横切って航行したのだ。

ロイター通信によると、「ラッセン」はスビ礁の一二カイリ内を北から南西に抜け、フィリピンとベトナムが領有権を主張する岩礁の一二カイリ内も航行したという。

国際法では領土から一二カイリ内が領海とされるが、スビ礁は中国が埋め立てる前は、満潮時に岩が海面下に沈む暗礁だったため、一二カイリ内でも領海にならない。中国は自国の「領海」内に入る外国軍艦に対して事前許可を得るよう要求しているが、アメリカは人工島の周辺海域を「領海」とは認めず、「公海」として航行している。

しかし、「この作戦は公式に発表してはいけない」という指示が、ホワイトハウスから国防総省に出されていた。「もし報道機関から問い合わせがあった場合にはオンレコでは答えないように」との指示もあったという（「ニューヨーク・タイムズ」紙、二〇一五年一〇月二七日）。

国防総省が認めたのは、米上院軍事委員会の公聴会の席だった。ジョン・マケインの追及によって、カーター国防長官が明らかにしたのだ。

中国外務省は同日、「強烈な不満」を表明し、「米艦船を追跡した」と発表。中国国防省も同日の談話で、「中国海軍のミサイル駆逐艦と巡視艦が米艦船に警告した」と明らかにした。そのうえで、「国家主権と安全を守る意思は堅固で、自らの安全を守るためにあらゆる必要な措置をとる」と強調した（『朝日新聞』二〇一五年一〇月二八日）。

一方、ハリスは、「我々は数十年にわたり世界中で航行の自由作戦を展開してきた。いまさら意外に思うべきではない。わが軍は今後とも、国際法が許すなら、どこでもいつでも飛行し航行し活動する。南シナ海は例外ではないし、今後も例外にはならない」（ハリス司令官の中国・北京大学での講演。BBC、二〇一五年一一月三日）と述べ、中国に国際法上の根拠はないという立場をとった。

しかしながら、アメリカは一一月七日、以前から決まっていた中国の海軍艦船との合同訓練を、フロリダ沖の大西洋上で初めて実施している。南シナ海問題の平和的解決のためにも軍事交流は続ける、という理由だ。しかし、政権末期まで「航行の自由作戦」を中断していたことは、中国に対して終始弱腰だったオバマ政権を象徴しているといえる。

❖「航行の自由」とハワイの悲劇

ここまで、南シナ海で「航行の自由作戦」再開に踏み切るまでのワシントンとハワイの動きを追ってきた。オバマ大統領が再開に踏み切れずにいた背景には、もともと軍事作戦による介入に否定的であったこと、NSCと国防総省とのあいだに温度差があり、中国の意図や軍事拠点化のスピードを十分に認識できていなかったこと、そのうえで自分自身がトップ会談で直談《じかだん》判《ぱん》するまで決断できなかったこと、などが挙げられる。

そして、マスコミ、シンクタンク、アジアの国々の反応などで外堀が埋まりつつあるなか、太平洋軍も可能な範囲で中国に対してメッセージを送り続けたが、すでに機を逸しており、中国の南シナ海での行為は、もう後戻りできないところまで来てしまっていた。

そもそも、なぜアメリカは「航行の自由」を掲げ、世界の海を航行し、各国に同じ価値観を求めているのだろうか。その答えは建国以前まで遡《さかのぼ》らないといけない。

――一七七八年にイギリス人のジェームズ・クックがハワイに到着する以前から、ハワイの先住民には、洗練された言語、文化、宗教があり、共有地での自己充足的な社会システムが成り立っていた。アメリカも一八九三年のハワイ共和国建国までは、ハワイ王国の独立を認識しており、通商と航海に関する条約も締結していた。

このころ、アメリカの対中国貿易は拡大しており、中国からの輸入の中心である茶は、一八四五年からの一〇年間の平均輸入量が年間九〇〇〇トンを超え、生糸も増加傾向にあった。一方、アメリカから中国への主要輸出品は金銀の地金と綿製品だった（西川武臣『ペリー来航　日本・琉球をゆるがした412日間』中公新書）。

マシュー・ペリーが率いるアメリカ海軍東インド艦隊が、一八五三年、琉球の那覇沖や日本の浦賀沖に遠征したのは、カルフォルニアから中国に至るまでの太平洋を航行する捕鯨船や商船が嵐などの際に避難をしたり、水や食料の補給をしたりするための拠点の確保であった。そして同時に、最新鋭の蒸気船によってアメリカの軍事力を見せつけ、いわば「航行の自由」を体現したのだった。

このペリーの「砲艦外交」により、日本では二〇〇年以上続いた鎖国政策が幕を閉じた。アメリカの最恵国待遇を認めた日米和親条約を締結。四年後の一八五八年には、居留地内の治外法権の承認、兵庫などの開港、自由貿易の実施などを含む日米修好通商条約を結んだ。こうしてアメリカは、太平洋に、日本という海外交易の足場を作ったのである。

南北戦争（一八六一〜六五年）では海軍が増強され、艦船は七〇〇隻を数えた。しかし、戦争が終わると軍備は縮小されていき、五年後にアメリカの艦船は二〇〇隻に減った。

一八九〇年、海軍戦略家アルフレッド・マハンが登場した。マハンは『海上権力史論』のなかで、海外市場と商船隊を保護するのが海軍の任務だと位置づけ、公海を「偉大なハイウエイ…あるいは共有物」として、排他的な利用を否定した。そして、商船隊や漁船、海軍、それらを支える港や造船所などが「シー・パワー（海上権力）」であり、それこそが国家の繁栄と富の源であると唱えた。

独立以降、西へ西へと開拓を進め、領土を広げてきたアメリカだが、ちょうどマハンの『海上権力史論』が世に出た三年後には、歴史家のフレデリック・ターナーが発表した論文「アメリカ史におけるフロンティアの意義」がきっかけとなり、アメリカのフロンティアは消滅した

ハワイ王国の最後の女王が幽閉されたイオラニ宮殿

という認識が広まる。

ところが、木造帆船から鋼鉄の蒸気船への技術革新で大量・高速輸送が可能になり、かつ風に頼らない遠洋航海も可能になっており、再びアメリカ海軍は拡大した。そして、イギリス海軍に次ぐ世界第二位の規模へと成長していく。

こうして大陸から太平洋の大海原《おおうなばら》へと新天地を求めたアメリカは、米西戦争（一八九八年）で、スペインの植民地だったグアムやフィリピンを獲得した。

マハンは本土防衛のため、そして太平洋を横断する際の食料や物資の補給、あるいは船の修理のため、シーレーンの中継基地として最適だったハワイの地政学的重要性を訴え、結果的にハワイの歴史を変えてしまった。

アメリカは海兵隊を上陸させるなどして白人勢力による共和国を樹立し、リリウオカラニ女王をイオラニ宮殿に幽閉し退位させ、一八九三年に王国を滅亡させた。ウィリアム・マッキンリー大統領は、一八九八年、ハワイ共和国を併合してアメリカの自治領とし、一九五九年には正式にアメリカの州とした。「我々にはカルフォルニアよりもずっとハワイのほうが必要だ。これは明白な天命なのだ」とマッキンリーは述べている。

このハワイ併合にはもう一つの意味があった。

慶應義塾大学の土屋大洋《つちやもとひろ》教授によると、アメリカ西海岸からハワイやグアム経由で日本やフィリピンにつながる通信の大動脈が築かれたことによって、それまで世界の通信ケーブルを牛耳《ぎゅうじ》っていたイギリスに対し、大西洋と太平洋という二つの大洋を結ぶ大国へとアメリカが台頭するきっかけとなった。ハワイ経由の海底ケーブルの存在は、いまのアメリカの繁栄につながっていったのだ。

マハンの理論を評価し、強力に支持し、国策として実現したのが、第二六代大統領セオドア・ルーズベルトである。ルーズベルト大統領は、一九〇五年までに、戦艦を二五隻、装甲巡洋艦一二隻を建造し、強力な艦隊の整備を実現した。また、太平洋と大西洋に二分されている海軍戦力を短時間で行き来できるよう、パナマ運河の建設にも乗り出した。

一九〇七年からは、通常の軍艦色である灰色を白に塗った「グレート・ホワイト・フリート」による遠洋航海を実施した。世界一周をして海軍力を誇示し、その翌年には日本も訪問した。アメリカはアジア太平洋に利権を持つ海洋国家へと変貌したのである。

序章で述べたように、現代の中国はアメリカとの攻防のなかで、たびたびハワイの存在に触れてきた。中国の意図は、武力でもってハワイ王国を滅亡させ、無理やり併合したアメリカの歴史を引き合いに、自分たちの南シナ海や東シナ海での行動を正当化しているという側面がある。

ハワイにとっての悲劇は、過去のものではない。ハワイではいまも、先住民たちによるアメリカからの「独立運動」が続いている。

ハワイ王国の滅亡から一〇〇年を経た一九九三年、ハワイ出身のダニエル・イノウエ上院議員らの働きによって、王国の転覆とハワイ先住民の自決権剝奪《はくだつ》に対する謝罪決議が議会を通過し、ビル・クリントン大統領が署名した。謝罪文には、こう記されている（一部抜粋）。

「議会は、合衆国人民の行動により、一八九三年一月一七日のハワイ王国の転覆およびハワイ先住民の自己決定の権利の剝奪についてアメリカ国民を代表し、ハワイ先住民に謝罪する」

太平洋軍や州のイベントや式典では、国歌に続いて「ハワイ・ポノイ」の旋律《せんりつ》が流れる。いまは州歌である「ハワイ・ポノイ」は、かつてハワイ王国の国歌だった。作詞は王国最後の女王リリウオカラニの兄、第七代カラカウア王である。初代カメハメハ王らハワイの国王たちを讃えている歌だ。

マニフェストデスティニー（明白なる運命）によって北米大陸のフロンティアを東から西へ進め、そして大陸を越えて海のフロンティアへと突き進んできた海洋国家・アメリカの歴史と現在が交差するのがハワイであり、アメリカの「航行の自由」を体現するのもまた、ハワイなのである。

❖冷戦時代に「航行の自由作戦」は

それでは、その後「航行の自由」という理念は、どのように具現化され、軍事作戦へと発展していったのだろうか。

第一次世界大戦中の一九一七年一月二二日、ウッドロー・ウィルソン大統領は上院演説のなかで、「いかなる国も世界の通商の開かれた交通路への自由なアクセスを遮断《しゃだん》されてはならない。海上交通路は法律上も事実上も同様に自由でなければならない。海洋の自由は平和と平等そして協力の必須条件である」と述べた。

翌一九一八年一月八日には、連邦議会の場で、公正かつ永続的な平和の基本前提となる「一四ヵ条の平和原則」を発表した。

その二番目に、「平時も戦時も同様だが、領海外の海洋上の航行の絶対的な自由。ただし、国際的盟約の執行のための国際行動を理由として、海洋が全面的または部分的に閉鎖される場合は例外とする」と盛り込み、外交政策の基盤は自国の利益のみならず、道徳や倫理であり、航行の自由は「中立国の権利としてだけではなく、アメリカの考える世界秩序において、重要な意味を持つようになった」のである（新田紀子「オバマ政権の東アジア政策と航行の自由」久保文明、高畑昭男、東京財団「現代アメリカ」プロジェクト編著『アジア回帰するアメリカ：外交安全保障政策の検証』、七四頁）。

一九四一年八月には、アメリカのフランクリン・ルーズベルト大統領とイギリスのウインストン・チャーチル首相の発表した大西洋憲章の第七条で、「すべての人々に妨害を受けることなく公海を航行することを保障するものでなければならない」と記している。

長年、「航行の自由」の概念を基本に掲げてきたアメリカが、「航行の自由作戦（ＦＯＮＯＰｓ）」と称して作戦を始めたのは一九七九年、カーター政権のときである。その時代背景にあったのは、「海の憲法」と呼ばれる国連海洋法条約（ＵＮＣＬＯＳ）に向けた交渉である。

ＵＮＣＬＯＳ（アンクロス）とは、目の前に広がる海がどこまで「自国の海」なのかといった海をめぐる国際法をまとめた条約である。条約の発効は一九九四年までずれ込んだが、海洋の全般を規律する大部分は一九八二年に採択されており、多国間での作業はさらにその一〇年前に遡る。日本は一九八三年に署名、一九九六年に批准《ひじゅん》し、発効した。世界では二〇一七年三月時点で、一六八の国などが締結している。

まず、陸と海の境は潮の満ち引きで変わるため、基準となる線は、通常、潮が最も引いている大潮の干潮時の海岸線で、これを領海基線と呼び、ここから一二カイリ（約二二キロ）までが「領海」で、沿岸国の主権が及ぶ。しかし陸の領土とまったく同じではなく、沿岸国の安全が脅かされなければ、外国の船の通航を認めなければならない。ただし、通航する側は潜水艦なら浮上しなければならないし、船籍国の国旗を揚げなければならない（無害通航という）。

領海の外は二四カイリ（約四四キロ）まで「接続水域」となり、密輸や密入国などが領海で起きるのを防いだり、起きたあとの処理等の目的に限り、違反した船を沿岸国が取り締まったり罰したりできる。

そして、海岸線から二〇〇カイリ（約三七〇キロ）までが排他的経済水域（ＥＥＺ）である。沿岸国は、水産資源を含む海中の天然資源の開発や管理、海洋の科学的な調査などを行う権利を持っている。海底についても、沿岸国は二〇〇カイリまでは大陸棚として、その地下も含めて天然資源を独占的に探査・開発できる。

向かい合う国との距離が四〇〇カイリ未満の場合は互いのＥＥＺが重なってしまうが、その場合、境界は当事国の合意で決まる。

どの国のＥＥＺなどにも含まれないのが「公海」で、いかなる国も自由に使えるが、たとえば生物資源の保存に協力することが求められていたり、公海であっても漁業を規制する条約もあったり、制限がある。つまり、それまでの「狭い領海」「広い公海」の二つの伝統的な区分が見直されたことにより、条約発効の一九九四年以降、「公海」の領域は大幅に狭まったのである。

さて、カーター政権下で「航行の自由」プログラムがスタートしたのは、こうした世界の海洋をとりまく環境が、自由の時代から「管理」する時代に変わろうとする端境《はざかい》期《き》という背景があった。

特にアメリカにとって、広大なEEZのなかで沿岸国に主権的権利や管轄権が認められたとしても限定的なものに過ぎず、アメリカを含むすべての国にEEZ内で航行や上空飛行の自由などが認められていることを明確にする狙いがあった（都留康子「アメリカと国連海洋法条約〝神話〟は乗り越えられるのか」『国際問題』第六一七号）。

一九七九年には、イランのアメリカ大使館人質事件や、ソ連軍によるアフガニスタン侵攻があった。カーター大統領は「ソ連の侵攻および影響力増大阻止と西側への石油の安定供給という二つの目標」を達成するため、一九八〇年一月の一般教書演説で、「我々の立場を絶対的な形で明確にする。ペルシャ湾地域のコントロールを得ようとするいかなる域外の武力による試みも、アメリカ合衆国にとって死活的重要性を持つ利害への攻撃と見なされることになり、そのような攻撃は、軍事力を含む必要とされるいかなる手段をもってでも撃退されることになる」と述べた。

一九八〇年九月二四日、緊張が高まっているイランとイラクに関するホワイトハウスでの記者会見で、カーター大統領はアメリカの中立の立場に言及し、「ペルシャ湾での航行の自由は国際社会全体にとって最重要課題である。ペルシャ湾海域を利用する船の通航の自由に対して違反がないようにしなければならない」と、航行の自由の観点から語っている（カーター大統領の記者会見、一九八〇年九月二四日）。

❖「海洋戦略のバイブル」とは何か

世界の半分の海を担当していた太平洋軍と太平洋艦隊にとって重要だったのは、「強いアメリカの復活」をスローガンに、大統領選でカーター大統領を打ち破り、軍拡を進めたロナルド・レーガンが明確に打ち出した海洋戦略である。

海軍力が中核となって、陸空兵力を陸上に投入することで統合作戦に最大限寄与するという戦略であり、具体的には主要作戦艦艇六〇〇隻を目指し、一九八〇年代末にはほぼ目標に近い数字が実現した。

この「海洋戦略」は、もとはというと、海軍作戦部長（一九七八～八二年）だったトーマス・ヘイワードらによるアメリカ海軍大学校での戦略研究が下地になっている。ヘイワードは第七艦隊司令官を経て太平洋艦隊司令官を務めたときに、「シー・ストライク（Sea Strike）」と名づけられた旧ソ連との戦争時の海軍兵力のコンセプトを作った。一番の特色は、海軍の世界戦略のなかに太平洋艦隊をソ連との戦争で最も有効な手段として位置づけることであり、防御型ではなく攻撃型の計画を重視するものだった。

これは、日本の政策担当者らに、ソ連攻撃の際の拠点になるアメリカ軍基地の維持をさせる狙いもあった。そして「シー・ストライク」後の戦略作りは海軍大学校で結成した戦略研究グループに託された。彼らは、アメリカには「ソ連に勝利するための首尾一貫した世界戦略がない」と考えた（John B. Hattendorf, "The Evolution of the U.S. Navy's Maritime Strategy, 1977-1986, "Naval War College Newport Papers, no.19, 2004)。

このころは、海軍は海軍のみで戦争計画を策定し、陸軍、海軍、空軍、海兵隊の全兵力を網羅した包括的な計画にはなっていなかった。一九八三年に研究グループの指摘が海軍の新たな戦争計画に反映され、海軍作戦部長と空軍参謀総長は、統合による戦力投射を約束した。グループは数ヵ月おきに、識見に優れ経験豊かな海軍の将官を交え、実際の作戦と指揮を想定した「ウォー・ゲーム」と呼ばれる戦争シミュレーションを実施した。

ジェームズ・Ｄ・ワトキンズ海軍作戦部長はジョン・レーマン海軍長官とともに、一九八六年一月、「海洋戦略（The Maritime Strategy）」の内容の一部を米海軍協会発行の『プロシーディングス』で公表した（James D. Watkins, "The Maritime Strategy," Proceedings, vol.112/1/995, January 1986, pp. 3-17）。

当時の米ソの主戦場は、北大西洋条約機構（ＮＡＴＯ）とワルシャワ条約機構が対峙《たいじ》するヨーロッパであり、アメリカ海軍の役割は、ＮＡＴＯの地上部隊、特に主戦場となる中部ヨーロッパにおける地上作戦を支えることだった。そのため大西洋においてソ連艦隊を壊滅させ、海上戦の主導権を握り、米欧の海上交通路を維持するとともに、バルト海の北部およびトルコの黒海南部の両面からソ連に圧力をかけ続けることを主眼とした。

そして同時に、第二戦線と目される西太平洋においてもソ連太平洋艦隊を撃破し、海上優勢を確立すること。ソ連極東部を強烈に圧迫し、欧州と極東両正面における攻勢作戦の相乗効果により、ソ連軍を中心とするワルシャワ条約軍に勝利することだった。

この「海洋戦略」は、そこに国家戦略における海軍の役割が詳細に位置づけられ、マハンの戦略に沿った最も明瞭な現代版海洋戦略として知られた。当時はアメリカ軍のみならず、日本を含む各国で、「海軍戦略のバイブル」と位置づけられた。

一九七〇年代から一九八〇年代にかけての一連の流れは、アメリカが海上交易の保護などのために掲げてきた「航行の自由」という国家の基本的理念をベースにしつつも、冷戦という時代背景にあって、制海権を維持することが最大の任務となった。そして、ソ連に対して統合作戦を可能とする海軍力の優位性をどう構築していくか、そうした意味合いが加わってきた。

こうして、必ずしも米ソ対立の最前線ではないと見られていた太平洋において、太平洋艦隊が統合作戦の中核に位置づけられ、現在の「世界最強の艦隊」へと成長していくきっかけとなったのだ。

❖「航行の自由作戦」に対し中国は

近年、中国の活動によって注目が集まっている「航行の自由作戦」だが、それまでに世界の注目を集めたのは、冷戦末期の黒海で起きた事件と、南シナ海の問題が顕在化する少し前の二〇〇九年の事件である。

一九八八年二月、アメリカ軍は、ソ連黒海艦隊の本拠地であるクリミア半島付近の領海内に入った。すると、ソ連のフリゲート艦がアメリカのミサイル巡洋艦「ヨークタウン」に対して体当たりするという事件が起きた。

アメリカ海軍は、「航行の自由の範囲であり、無害通航権の行使だ」と主張したものの、このときは行き過ぎた行為だとして、アメリカ国内からも批判を浴びた。明確な敵国が存在した冷戦時代の「航行の自由作戦」の意味合いは現在のそれとは異なるものの、根底には、海は公共財であるという価値観が横たわっている。

二〇〇一年の九・一一同時多発テロ以降は中東での戦争を抱えたため、作戦自体は縮小しながらも、途切れることなく毎年、淡々と遂行されてきた。

リチャード・マッキー元太平洋軍司令官（任期は一九九四〜九六年）によれば、太平洋軍は一九九〇年代半ばから、南シナ海の動きを警戒していた。スカボロー礁は密輸人の通過地点になっていること、フィリピンと中国のあいだには領有権をめぐる認識の相違があったことなどから、どちらの国にも肩入れをせず、両国にそれぞれ問題を解決するよう促していたという（筆者インタビュー、二〇一六年九月）。

またマッキーは、「そのころ太平洋軍は『航行の自由作戦』という特別な意識はなく、通常のオペレーションとして南シナ海を航行していた」と語っている。マッキーは当時、統合参謀本部議長だったジョン・シャリカシュヴィリ陸軍大将に対し、何度か南シナ海の状況について話をしたというが、「DCのレーダーには引っかからなかった」（筆者インタビュー）といい、ワシントンの関心を集めることはなかった。

再び注目を集めたのは、二〇〇九年三月の「インペッカブル事件」である。太平洋軍司令官はキーティング。中国・海南島の一二〇キロ沖の南シナ海の公海上で、米海軍の調査船「インペッカブル」が五隻の中国艦船に取り囲まれ、立ち退きを求められた。これは「航行の自由」を妨害されたことを意味したため、中国艦船に放水したが、緊急回避行動を余儀なくされた。

そして、いま世界が注目する南シナ海は、まるで中国の内海のような海になりかねない。国際法上は、平和や安全を害さない限り領海を自由に航行できる「無害通航権」が認められているが、中国は国内法で軍艦が領海を航行する場合は事前の許可が必要という立場をとる。また、排他的経済水域（EEZ）についても国内法で独自の権利を主張しているためだ。

ハリス太平洋軍司令官は、二〇一六年一二月、オーストラリアのロウイー研究所で「アメリカのアジア太平洋への関与は変わらない」と強調した。中国が南シナ海で人工島に基地をいくつ建設しようとも、同海での自由な海洋活動を一方的に封殺する行為は容認できないという、これまで通り国際法の厳守を求める立場を繰り返したのだ。そのうえで、「中国と協力できるときはするが、必要であれば対立する用意もある」と明言した。

二〇一六年に就任したフィリピンのロドリゴ・ドゥテルテ大統領は、前任のベニグノ・アキノ三世大統領に比べると、中国との経済的な協力関係を重視している。

国連海洋法条約に基づき、アキノ前大統領が中国の行動の違法性を問うた常設仲裁裁判所の判決（二〇一六年七月）は中国にとって不利な判決だったものの、ドゥテルテ政権へ経済支援を行うことで、うまく懐柔した。中国の思惑通りに進んでいるかのようにも見える。

第3章

米軍のなかで輝く太平洋軍

❖世界を六つの戦域に分けて

前章では南シナ海で「航行の自由作戦」を展開するまでのオバマ政権内部と、その周辺の動きを追った。この章では、その作戦を遂行するなど、アメリカの軍事戦略を支えている太平洋軍について詳述する。軍組織全体のなかでどのような位置づけなのか、その機能や任務を比較することで、太平洋軍が持つ特徴を分析していく。

アメリカ国防総省の二〇一七年六月末現在のデータによると、約一三三万人の現役兵、約八一万人の州兵と予備役、約七三万人の文民がいる。二九〇万人近い雇用は「世界第一位の雇用主」(ブルームバーグニュース、二〇一六年三月九日)に当たる。そして、二〇一六年の国防予算は、五八五〇億ドル(約六四・四兆円)にものぼる。

英国国際戦略研究所(IISS)が発行する国際軍事年鑑『ミリタリー・バランス 二〇一七年版』によると、中国人民解放軍は、陸軍一一五万人、海軍二三・五万人、空軍三九・八万人、戦略ミサイル軍一〇万人、戦略支援部隊一五万人の計約二〇三・三万人から成る。また国防予算は一四五〇億ドル(約一六兆円)だ。ただし、予備役などや文官職員が含まれていないため、アメリカ軍と人民解放軍の正確な比較は困難である。

またアメリカ国防総省の「基地構成報告書」の二〇一五年度版によれば、アメリカ軍は国外と属領にあわせて、七〇〇ほどの基地など軍事関連施設を展開している。国外は四二ヵ国にわたり、ドイツは一八一、日本は一二二、韓国は八三にものぼる。

このうち、地域や機能別に一軍単位にまとめているものを統合軍という。米軍は世界を六つの戦域（theater）に分けており、それぞれを海軍、空軍、陸軍、海兵隊などを束ねた地域軍が担当している。

①アジア太平洋地域を担当する太平洋軍「USPACOM（US Pacific Command）」（通称ペイコム）
②中東・中央アジア地域を担当する中央軍「USCENTCOM（US Central Command）」（通称セントコム）
③中南米地域担当の南方軍「USSOUTHCOM（US Southern Command）」（通称サウスコム）
④北米地域担当の北方軍「USNORTHCOM（US Northern Command）」（通称ノースコム）
⑤アフリカ地域を担当するアフリカ軍「USAFRICOM（US Africa Command）」（通称アフリコム）
⑥ヨーロッパ方面を担当する欧州軍「USEUCOM（US European Command）」（通称ユーコム）

太平洋軍によると、同軍の兵力は、二〇一六年九月現在、軍人と文民をあわせて約三八万人で、その内訳は、太平洋艦隊が一四万人、太平洋陸軍が一〇万六〇〇〇人、海兵隊が八万人、空軍が四万六〇〇〇人、太平洋特殊作戦軍が一万二〇〇〇人である。アメリカの海軍戦力の六割が太平洋軍に配備されている。

地球すべてを地域別に分けて、これだけの軍が展開している国は、もちろんアメリカ以外に存在しない。

こうした地域軍は、戦闘軍という本質を反映させて、ココム（COCOM：Combatant Command）とも呼ばれる。地域軍の下には、サービス・コンポーネントと呼ばれる軍種別の構成部隊などがある。

次に、それぞれの地域軍の成り立ちを見てみる。

❖パナマ運河のため生まれた南方軍

中南米とカリブ海を担当する南方軍は、もともと大西洋と太平洋を結ぶパナマ運河周辺地域の安定のため、一九一〇年代から米軍が駐留したことに始まる。

パナマ運河の建設によって、アメリカは太平洋と大西洋の二つの大洋を結ぶ最短水路を得たが、同運河は艦船や商船などの移動に欠かせない生命線となり、アメリカそして世界の安全保

図表1　アメリカの統合軍の構成

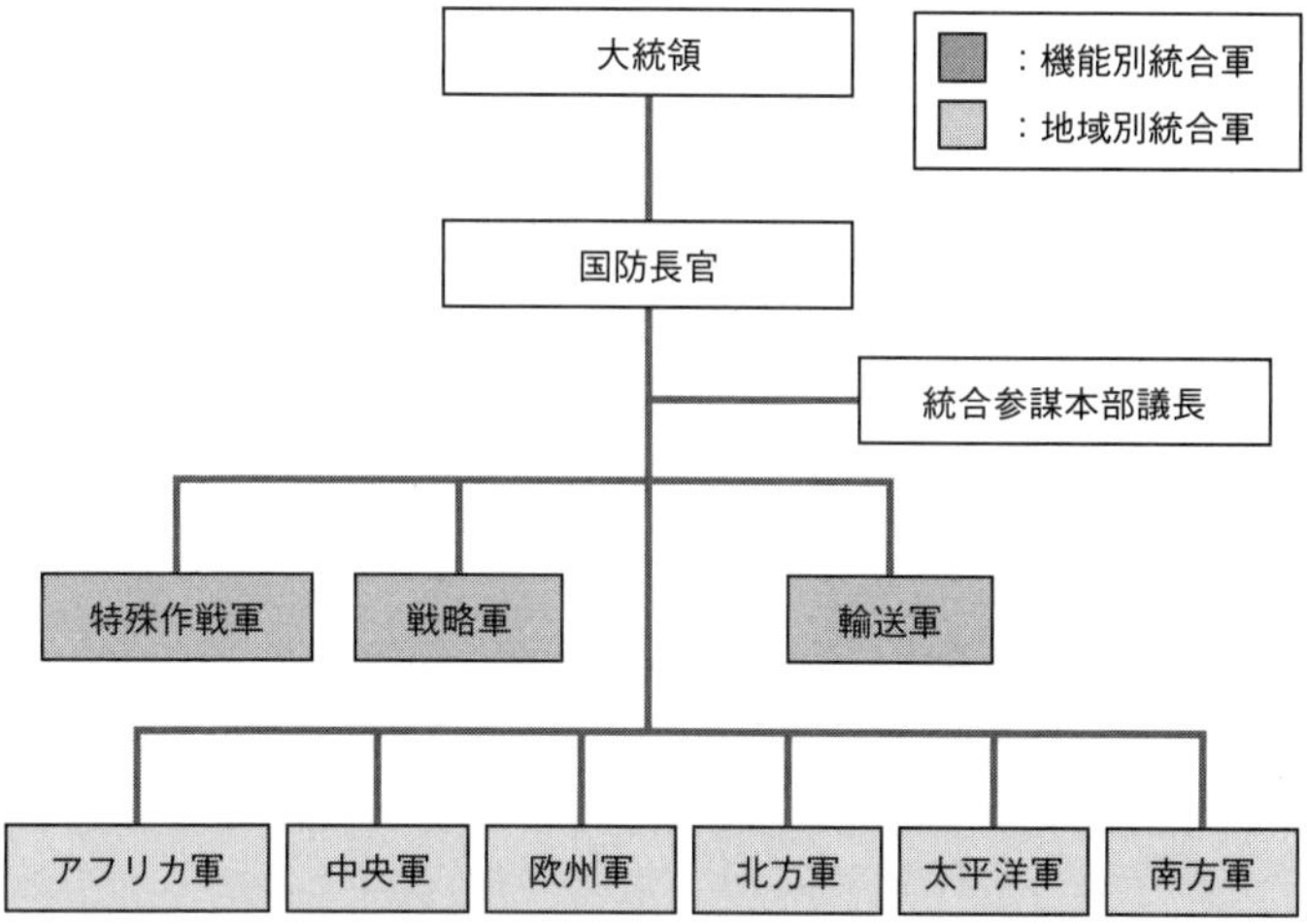

図表2　アメリカの各地域別統合軍の戦域

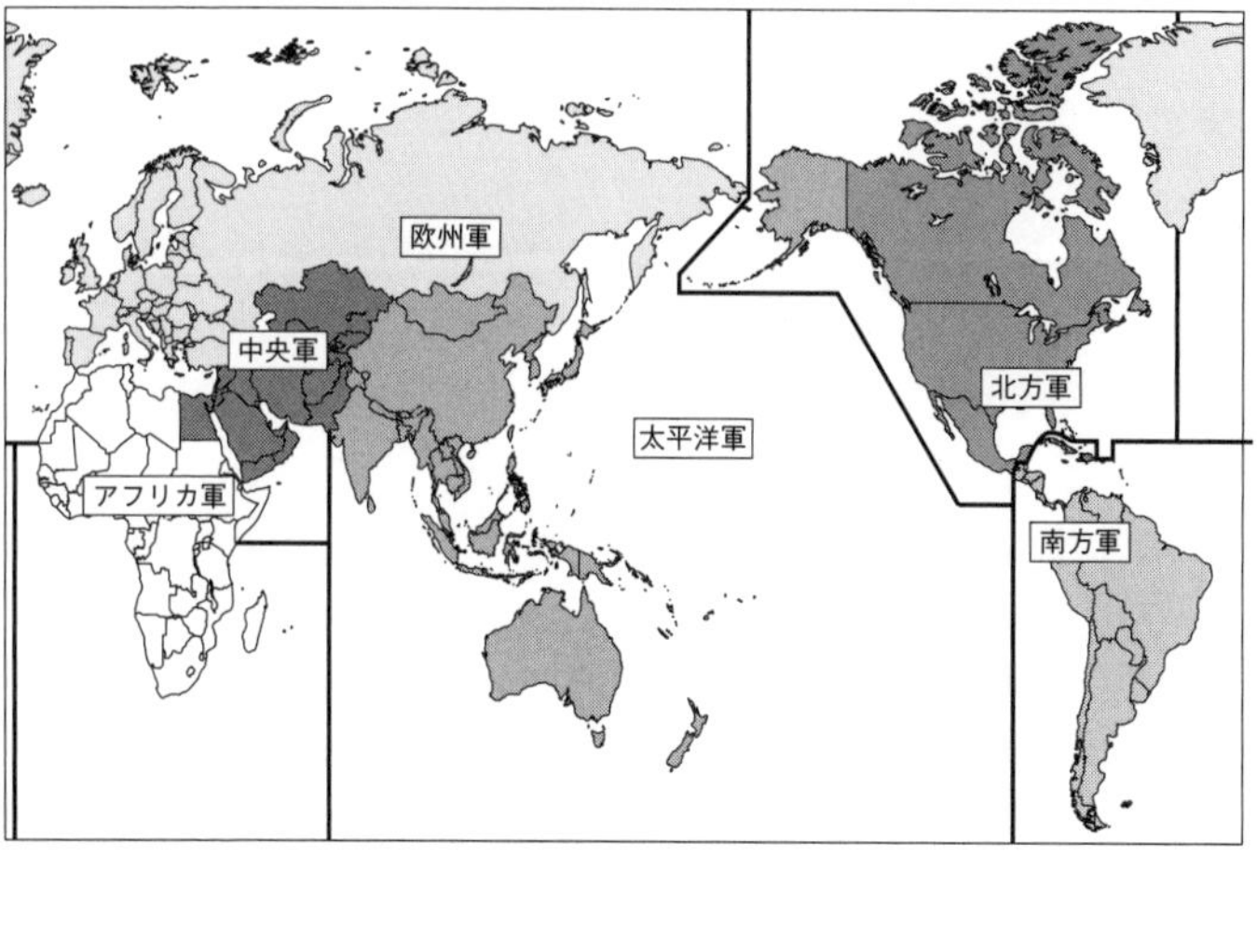

障上、重要な意味を持つ。アメリカは第二次世界大戦後、運河の防衛を主目的とするカリブ防衛軍をパナマに創設し、これを拡大するかたちで、一九六三年、中南米担当の地域軍として創設されたのが南方軍である。

東西冷戦が終わると、南方軍の主任務は麻薬取引対処や人道支援などに変わり、また中南米政策を遂行するための拠点にもなった。

その後、アメリカの租借地であるパナマ運河の位置づけを定めた条約の改定に伴って、運河地帯を返還することになったため、軍司令部は一九九七年にマイアミに移された。こうして一九九九年、運河一帯をパナマに完全返還した。現在の担当地域は、アメリカやヨーロッパ諸国の保護領を含め、三一ヵ国と地域である。

南方陸軍（ARSO）はテキサス州、南方空軍（AFSOUTH）はアリゾナ州、南方海軍（NAVSO）はフロリダ州、南方海兵隊（MARFORSOUTH）もフロリダ州に司令部を置く。

先述のように、キューバの南方軍グアンタナモ基地（JTF-GTMO）内に設けられたグアンタナモ収容所は、イラクやアフガニスタンの戦争で捕らえられたタリバンやアルカイーダの戦闘員を収容している。裁判の機会がないまま、法的な手続きなしに勾留や尋問が行われ、人権を侵害していると、赤十字国際委員会やアムネスティ・インターナショナルからの指摘があり、閉鎖を求める声が高まり、世界的に知られるようになった。このときのグアンタナモ基地の統合任務部隊司令官が、のちに太平洋軍のトップとなるハリー・ハリスだったことは先に触れた。

❖冷戦時代の最前線を担った欧州軍

欧州軍は、冷戦時代には旧ソ連軍を中心とするワルシャワ条約機構軍との全面対決を視野に入れ、最前線を担っていた。このため陸軍を中心とした構成だったが、一九五二年に本格的な統合軍になった。

一九五二年に在欧空軍、東大西洋地中海艦隊が加わり、二〇〇二年には、それまで米統合参謀本部が直接担当していたロシアも対象国に加わり、いまの責任区域はトルコ、アイスランド、ウクライナ、アゼルバイジャンなど五〇ヵ国を超える。司令官は北大西洋条約機構（NATO）軍の欧州連合軍最高司令官を兼ねる。

それまで欧州軍が担当していたアフリカは、一部を除き、二〇〇八年のアフリカ軍の創設によって移管された。日本が一九九四年、国際平和協力法（PKO法）に基づき、ルワンダ難民救援活動に陸上自衛隊を派遣した際は、アフリカ軍創設前だったため、必要な情報は欧州軍から得ていた。

旧ソ連との大規模な陸上戦闘が想定された冷戦時代の名残から、司令官は長らく陸軍出身者だったが、二〇〇〇年代に入ってからは空軍、海軍、海兵隊の出身者も就いている。

司令部はもともとフランスにあったが、一九六六年にフランスがＮＡＴＯの軍事機構から離脱した際、フランスを追い出されてドイツに移った。フランスは二〇〇九年に軍事機構へ完全復帰を果たしたものの、司令部はドイツ・シュトゥットガルトのままである。

欧州陸軍（ＡＲＥＵＲ）、欧州空軍（ＡＦＥ）、欧州海兵隊（ＭＡＲＦＯＲＥＵＲ）の司令部はドイツ、欧州海軍（ＮＡＶＥＵＲ）はイタリアに司令部を置く。太平洋軍に次ぐ兵力を持ち、イラクやアフガニスタンに戦力を派遣してきた。二〇一七年現在、文民もあわせて五万人いる。

❖最も新しい地域軍はアフリカ軍

アフリカ軍は二〇〇八年に創設され、六つの地域軍のなかで最も新しい地域統合軍である。担当地域は五三ヵ国にものぼる。もとは中央軍の管轄であった地域だが、ホットスポットと呼ばれるイラン、イラク、アフガニスタンなどの作戦に中央軍を専念させることになった。こうしてエジプトを除くアフリカの国々との安全保障上の関係を強めることも狙い、アフリカ地域を担当する地域統合軍が構成された。

アフリカ軍といっても、その要員は約二〇〇〇人。そのうち一五〇〇人は、アフリカではなく、司令部を置くドイツのシュトゥットガルトに勤務している。アフリカ陸軍（ＡＲＡＦ）と、アフリカ海軍（ＮＡＶＡＦ）の司令部はイタリア、アフリカ空軍（ＡＦＡＦＲＩＣＡ）とアフリカ海兵隊（MARFORAF）の司令部がドイツにある。

すべての司令部がアフリカ大陸の外にあるということは、要するに、アメリカはアフリカに政治的な足がかりや軍事的な橋頭堡《きょうとうほ》を築けていないことを意味する。つまり上陸作戦後の足場となる場所を持っていないに等しいというのが実状なのである。

司令部ではないが、アフリカにある唯一のアメリカ軍基地が、アフリカ東部の国、ジブチのキャンプ・レモニエだ。ここには「合同統一タスク・フォース・アフリカ・ホーン岬」（通称CJTF－HOA）を置いている。ジブチには、二〇一一年に自衛隊が初めて作った事実上の海外基地もあり、ソマリア沖・アデン湾で急増している海賊行為への対処のための拠点となっている。

アフリカ軍は、紛争の抑止や戦闘よりも、現地の軍や治安機関の育成・強化を重視し、国家としての能力構築を図りながら、アフリカがテロ組織の温床になるのを防いでいる。他の地域統合軍とは異なる性格を有しているのだ（『軍事研究』二〇一一年一一月号）。

このため、軍人よりも文官の数が多いのが他の地域軍と違う大きな特徴であり、なかでも研究者が多い。国防総省以外の一〇以上の連邦機関から三〇人以上の代表も在籍している。

しかし創設はしたものの、現地に足場も持たず、安全保障問題についてもイギリスやフランスなど旧宗主国の活動が中心となるため、アメリカ軍の出番は少ない。外交中心の地域軍ということになる。

チュニジアに端を発した「アラブの春」は、その後、二〇一一年三月に行われたリビアでの「オデッセイの夜明け作戦」へとつながった。それは、もともと戦闘を前提としていなかった新しいタイプの地域軍が、どのようにして多国籍の枠組みのなかで作戦を進めるかという挑戦だった。

この作戦を中心となって率いたのが、欧州軍とアフリカ軍のなかの海軍（NAVEURとNAVAF）だった。イタリアのナポリに司令部を置く欧州海軍と、同国ガエタに旗艦を置く第六艦隊は、北大西洋条約機構（NATO）の一部としての任務も併せ持っている。第六艦隊は、地中海と大西洋の東半分を受け持つ。

二〇一六年に入り、ジブチには、中国人民解放軍が初めての海外基地として、海軍の「補給施設」の建設を始めた。アメリカをはじめとする欧米諸国が警戒を強めている。

❖いま最も忙しい中央軍

ソ連崩壊後、アメリカが最も多くの軍事力を投入し、いま最も忙しいのが、中央軍だ。「中央」が示すように、ユーラシア大陸の中央に位置するカザフスタン、パキスタン、イラン、アフガニスタン、イラク、サウジアラビア、シリアなど、二〇ヵ国を含む地域を担当する。アフリカ大陸のうち、スーダン、エリトリア、エチオピア、ジブチ、ケニア、ソマリアは、二〇〇八年のアフリカ軍創設に伴い移管され、エジプトだけが引き続き残った。

もともとは、一九七九年のイラン革命のあとのイラン人質事件、旧ソ連のアフガニスタン侵攻を受けて、当時のカーター大統領が緊急展開部隊として編成した部隊などがルーツで、一九八三年にレーガン大統領が地域統合軍として改組した。

創設された当時は存在意義の薄い統合軍といわれ、廃止も噂されていたというが、脚光を浴びたのは、一九九〇年八月、イラクによるクウェート侵攻のときだろう。その後の中央軍ノーマン・シュワルツコフ司令官の指揮で展開した一九九一年一月の「湾岸戦争」は、アメリカの二四時間放送テレビ、CNNを通して、全世界に戦場の光景が実況中継された。歴史上初めて戦争がリアルタイムで放映されたことで有名になった。

その後、一九九〇年代にはソマリアの内戦にも部隊を投入したが、思いがけない苦戦を強いられ、任務達成に失敗するという苦い経験も持つ。

二〇〇一年の九・一一同時多発テロ後は、ジョージ・W・ブッシュ大統領の「テロとの戦い」宣言に基づき、テロを実行したアフガニスタンのタリバン政権転覆のため、「不朽の自由作戦」を展開した。その後、イラクが大量破壊兵器の疑惑払拭《ふっしょく》に協力的でないとして、有志連合軍を率い、「イラクの自由作戦」を遂行した。

中央軍の司令部はフロリダ州タンパにある。中央陸軍（ARCENT）と中央空軍（AFCENT）はサウスカロライナ州、中央海軍（NAVCENT）はバーレーン、中央海兵隊（MARCENT）はフロリダ州に司令部がある。

多忙な中央軍だが、実は自前の戦闘組織は小さく、実際に兵力提供に大きく貢献しているのは、地域軍として最大の兵力を誇る太平洋軍である（具体的には第四章を参照）。

❖米同時多発テロで誕生した北方軍

二〇〇一年の九・一一同時多発テロを受け、アメリカ本土のテロ対策や災害派遣などを目的とした北方軍は、二〇〇二年に創設された。二〇〇〇年代に入るまで、国土防衛のための軍がアメリカに編成されていなかったことは、意外かもしれない。

そもそも独立戦争や南北戦争などを除く一九世紀後半から、アメリカは、国内ではなく外国における戦争に勝利することによって、自国の安全、すなわち国防という国家目的を達成してきた。

また、実質的には世界第一の軍事力および「大規模な島国」といわれる四面環海の大陸という地理的条件により、ソ連などのＩＣＢＭを除き、アメリカ国土・国民に対する直接的な脅威さえ存在しなかった歴史そのものが、九・一一同時多発テロ以前の国民の国防意識であったといえる。

北方軍の原形は、冷戦時代、旧ソ連からの爆撃機に備え、一九五八年にカナダ軍と設立した北米航空宇宙防衛司令部（ＮＯＲＡＤ）であるが、このころはまだ、国内でのテロなども連邦捜査局（ＦＢＩ）の対応の範疇《はんちゅう》とされていた。

「ＮＯＲＡＤ」の任務は、のちに弾道ミサイル警戒や人工衛星監視にまで、その任務が拡大された。

また二〇〇一年九月一一日、ハイジャックされた民間航空機が首都ワシントンＤＣ郊外にある国防総省やニューヨーク・マンハッタンの世界貿易センターなどに突っ込み、三〇〇〇人以上の犠牲者を出した。この全世界に衝撃を与えた史上最大のテロ事件以降、北方軍に限ったことではないが、アメリカ国内のテロの未然防止や対応は、重要なミッションとなっている。

いま現在も、北方軍の司令官は、「ＮＯＲＡＤ」の司令官を兼務している。

北方軍司令部はコロラド州にある。北方陸軍（ＡＲＮＯＲＴＨ）はテキサス州に、北方空軍（ＡＦＮＯＲＴＨ）はフロリダ州に、艦隊総軍（ＦＦ）はバージニア州に、北方海兵隊（ＭＡＲＦＯＲＮＯＲＴＨ）はルイジアナ州に司令部を置いている。

二〇一七年一〇月時点での司令官は、初の女性地域軍司令官として注目を浴びたローリ・ロビンソン空軍大将である。

ロビンソン空軍大将は、前職で、ハワイに司令部を置く太平洋軍のコンポーネントの一つ、太平洋空軍（ＰＡＣＡＦ）の司令官に女性で初めて就いたとして脚光を浴びている。これは、女性ということだけでなく、戦闘機パイロット出身ではない、航空機の管制などを担う要撃管制官（空中指揮管制機：ＡＷＡＣＳ搭乗員）出身という、異例づくしの人事だった。

❖インド洋から太平洋まで守る太平洋軍

さて、太平洋軍が責任を持つ「担当地域（ＡＯＲ：Area of Responsibility）」と呼ばれるエリアは広大である。

アメリカ本土の西海岸から、太平洋を挟んでインド洋まで、そして北極海まで、また南氷洋までの広大な海と、三六の国々がある。米軍の地域統合軍のなかでも最も広く、地球表面積の半分に相当するエリアを受け持つ。

① 北東アジア（五ヵ国）＝日本、中国、韓国、北朝鮮、モンゴル

② 南アジア（六ヵ国）＝バングラデシュ、ブータン、インド、モルディブ、ネパール、スリランカ

③ 南東アジア（一一ヵ国）＝ブルネイ、ミャンマー、カンボジア、インドネシア、ラオス、マレーシア、フィリピン、シンガポール、タイ、東ティモール、ベトナム

④ オセアニア（一四ヵ国）＝オーストラリア、フィジー、キリバス、マーシャル諸島、ミクロネシア連邦、ナウル、ニュージーランド、パラオ、パプアニューギニア、サモア、ソロモン諸島、トンガ、ツバル、バヌアツ

その広さを、前太平洋軍司令官のロックリアや現司令官のハリスたちが、「ハリウッドからボリウッドまで」と表現することがあることはすでに紹介した。さらにハリス司令官は、「ハリウッドからボリウッドまで」のあとにユーモアを交えて、「北極グマから南極ペンギンまで」と付け加えることもある。

正確にいえば、北極海は欧州軍の管轄だが、太平洋軍は欧州軍とともに、ロシアにも深く関与している。また、アラスカを拠点とするアラスカ軍が太平洋軍の指揮下にあることなどから、北極海も担当地域に近い扱いになっている。

❖多様性が群を抜く太平洋軍

また、太平洋軍を他の地域軍と比べて特別な存在にするのは、単に担当地域の広さだけではない。その多様性が群を抜いている。

この担当地域のなかには、世界人口の半分以上が暮らしている。アメリカ、日本、中国という国内総生産（GDP）で世界トップ3《スリー》が入っている一方、国内総生産の下位レベルの九ヵ国（ツバル、キリバス、マーシャル諸島、パラオ、ミクロネシア連邦、トンガ、バヌアツ、サモア、ソロモン諸島）、および世界最小の共和国（ナウル）までも含んでいる。

国の数は三六ヵ国にのぼり、その域内では、計三二〇〇もの言語が話されている。

人口が一三億人と世界一位の中国と、一二億人の第二位で「世界最大の民主主義国家」といわれるインドに加え、二・五億人という「世界最大のイスラム国」インドネシアも含まれる。世界の軍事力のトップ10《テン》（主として陸軍兵力量の比較）のうち、七つの国（中国、アメリカ、インド、北朝鮮、ロシア、韓国、ベトナム）が、太平洋軍の担当地域に入る（ロシアは正式ではないが、太平洋軍の管轄ともみなされている）。核を保有する四ヵ国（アメリカ、中国、インド、ロシア）と、核保有国に向けて邁進《まいしん》している北朝鮮も含む。

また、世界で最も混雑しているシーレーン（マラッカ海峡、南シナ海）を含み、世界で最も活動が盛んな港トップ10のうち、九つがこの地域に所在する。

また担当地域には、アメリカが結んでいる七つの軍事同盟のうち、五ヵ国（日本、オーストラリア、韓国、タイ、フィリピン）がある。

具体的には、オーストラリアとのあいだには太平洋安全保障条約（ANZUS《アンザス》条約）、冷戦期に締結され、ベトナム戦争終結後の一九七七年に東南アジア条約機構（SEATO）が解散したあとも維持されているタイとの相互防衛義務、フィリピンとの米比相互防衛条約、韓国との米韓相互防衛条約、そして日本との日米安全保障条約である。

太平洋軍の担当地域以外でアメリカが同盟を結んでいるのは、北大西洋条約機構（NATO）と米州相互援助条約（リオ条約）である。

アメリカ、オーストラリア、ニュージーランドによるアンザス条約のうち、ニュージーランドはアメリカの核持ち込みを認めない非核政策を採ったため、アメリカが防衛上の義務を一九八六年に打ち切った。が、防衛協力について取り決めた「ウェリントン宣言」（二〇一〇年）、「ワシントン宣言」（二〇一二年）によって、事実上の軍事同盟を復活させている。

　また、フィリピンに駐留していた米軍は、世論の反対を受け、一九九二年までに撤退した。しかし二〇一四年、新たに防衛協力強化協定（ＥＤＣＡ）を結び、米軍が再び条約に基づく展開部隊として駐留するようになった。

　一方、タイでは、米軍にとってアジアの主要な演習である多国間演習「コブラ・ゴールド」などを共催している。

❖距離と時差が育んだハワイの世界観

　ハワイに司令部を置く太平洋軍の、朝は早く、夜は遅い。

　朝が早い理由の一つは、ハワイとアメリカの首都ワシントンＤＣとの地理的な距離、それに伴う時差である。

　太平洋のほぼ真ん中に位置するハワイ州は、アメリカ合衆国に最も遅く加わった五〇番目の州で、オアフ島、ハワイ島、マウイ島、カウアイ島、モロカイ島、ラナイ島の、六つの主な島から成る。ワシントンＤＣからオアフ島までの距離は、約七七〇〇キロもある。

　アメリカは東部、中部、山岳部、太平洋、アラスカ、ハワイの、六つのタイムゾーン（標準時帯）がある。ハワイは夏時間、いわゆるサマータイムは採用していないので（常にサマータイムという人もいるが）、東部時間のワシントンＤＣが夏時間のとき、時差は六時間、冬時間のそれは、五時間である。

つまり、ハワイで朝六時すぎから仕事を始めたとしても、ワシントンＤＣでは、すでに正午を回っている。そのため、太平洋軍の人たちは、太陽が昇る前のまだ暗いなかを出勤しなければならない。緊急でなくても、会議の開始が午前六時などということも、ざらだ。

一方、ハワイから西側に目をやると、日本とのあいだには日付変更線が通っている。ハワイから見て日本は一九時間進んでいるため、ハワイが夜六時でも、日本は（翌日の）昼すぎの午後一時……つまり、一日違いの五時間差、ともいえる。

こうした広大な太平洋に浮かぶ孤島という地理的な条件のため、勤務時間内に時差を利用して、米本土とアジア両方との仕事が可能になる。朝はワシントンとのあいだで、午後はアジアとのあいだで仕事をする、といった具合だ。

デニス・ブレア元太平洋軍司令官は、筆者とのインタビュー（二〇一六年四月）で、この「大きなアドバンテージ」を利用し、「毎晩、オフィスを去る際に、朝を迎えるワシントンの統合参謀本部議長たちに太平洋軍管轄の地域の状況と、我々の計画や予定をメッセージとして送っておくのが日課だった。官僚組織的には、我々が常にワシントンに先行していることになり、ワシントンは我々の考えに基づき、ゴーサインを出す、という順序だった」と語っている。

キャンプ・スミスの太平洋軍司令部の建物（米海軍提供）

ホワイトハウス（大統領府）やペンタゴン（国防総省）のある首都との地理的な距離と時差、それに伴う心理的な距離感は、太平洋軍のいまの姿を形作る決定的な要因である。

ワシントンでは大統領が一期四年、ないしは二期八年で交代していき、政策が大きく変わることがある。ワシントンの住人たち、すなわち政府高官やシンクタンクなどの専門家たちは、リボルビングドア（回転ドア）といわれるように、がらりと入れ替わってしまうのである。

その点、ハワイは地理と時間に阻まれ、いや守られて、といったほうがいいかもしれないが、首都の政治に振り回されることなく、時間が流れている。太平洋軍はこれまで、たとえば、人事を巡って政府内でもめたり、議会と対立したり、圧力がかかったりということを、多く経験せずに済んだ。その分、エネルギーを、アジア太平洋の国々との関係を醸成することや、地域別、テーマ別の専門家たちを育てることに注いできた。

近年、内外の要因が重なって、太平洋軍は、次第に米政府や米議会から、アジア・太平洋に関しては最も詳しい専門家集団として一目置かれる存在となった。いまではワシントンの軍事外交政策の判断や決定に影響力を持つようにすらなってきている。ロシアや中東など、世界をまんべんなく見渡さなければならない「ワシントン・ビュー」と呼ばれるワシントンDC中心の世界観とは違い、東のアメリカ大陸、西のユーラシア大陸に挟まれた、ハワイを中心とする「ハワイ・ビュー」なる独自の世界を作り上げてきたのだ。

またアメリカ軍内では、近年、「DIME（Diplomacy, Information, Military, Economics）」という概念が広がってきている。国家が影響力を行使するために必要なのは、外交、情報、軍事、経済という四つのパワーであるという意味で、ハワイはこの四つの分野のバランスが実に良くとれているということが分かる。

❖「ジ・アジア・チーム」とは何か

アメリカでは、その政権にもよるが、普通、アジア戦略政策を担う人たちを「ジ・アジア・チーム」と呼ぶ。二〇一六年秋のオバマ政権では、次のような顔ぶれを指した。

①ダニエル・クリテンブリンク国家安全保障会議（ＮＳＣ）アジア上級部長
②ダニエル・ラッセル国務次官補・東アジア・太平洋担当
③デイヴィッド・シアー国防次官補・アジア太平洋担当
④ニシャ・ビスワル国務次官補・南・中央アジア問題担当
⑤ハリー・ハリス太平洋軍司令官

この五人の顔ぶれを見て分かるとおり、太平洋軍の司令官は、アメリカのアジア戦略を担う一角を占める重要なポジションにいる。さらに、このなかで訪日した際、安倍首相が単独で面会するのはハリス司令官のみ……別格なのである。

もちろん、国家安全保障に関わる重要な問題に対処するときに、最終的には、大統領、副大統領、国務長官、国防長官、統合参謀本部議長、国家情報長官、ＣＩＡ長官、国家安全保障問題担当大統領補佐官といったメンバーで国家意思を決めていく。

また、この「チーム」は正式なものではなく、定期的に顔をそろえるようなチームでもない。その時々の政権によって、アジア戦略に関わる人の範囲や関与の仕方、あるいは影響力の濃淡はまちまちではあるが、オバマ政権下で、この五人は、アジアでの軍事・外交政策の中核を担っていた。

特にクリテンブリンクは、東京のアメリカ大使館や札幌のアメリカ総領事館に勤務した経験があり、日本語も堪能《たんのう》な知日派で、日本の外務省からの信頼も厚い。国務省の中国・モンゴル部長や国務次官補代理代行（東アジア・太平洋担当）などを歴任し、二〇一三年から、北京のアメリカ大使館ナンバー2《ツー》の首席公使を務めていた。

またシアーは、アメリカの外交官として日本や中国に勤務した経験があり、日本での人脈も幅広い。

この五人のうち四人は、ワシントンDCをベースにしている。このためハリス太平洋軍司令官は頻繁にワシントンに出張し、これらメンバーと直接会って意見を交わし、考え方を共有している。ハリス司令官は就任直後から、オーストラリア、日本、韓国、中国など、域内を精力的に回りつつ、月に数回はワシントンに足を運んだ。電話やテレビ会談は常に行っているものの、「直接会って話す意味は非常に大きい」と、その意義について筆者に説明している。

❖軍全体に広がったオバマへの不満

アメリカ軍の組織編成は、予算や行政面に関わる管理系統と、訓練や作戦など軍の運用をする作戦指揮系統の、二つの系統に分かれている。陸・海軍省が主として担当した「軍政」と、参謀本部・軍令部が所掌した「軍令」に分かれていた、日本軍のイメージに近い。

管理系統は大統領をトップに、文民である陸軍長官、海軍長官、空軍長官の下、それぞれ陸空軍の参謀総長、海軍作戦部長、海兵隊総司令官、そして、それぞれの部隊へと至る。

一方、作戦指揮系統は、米軍の最高司令官である大統領がやはりトップで、その下に国防長官、そして六つの戦域の戦闘指揮官となる。

太平洋軍でいえば、トランプ大統領の下にマティス国防長官、その下に太平洋軍司令官のハリスがおり、ハリスは作戦指揮のラインではナンバー３に当たるということだ。国防長官は統合参謀本部の助言を受けるが、指揮命令権は、副大統領にも統合参謀本部議長にもない。下から上がってくる情報を、日々、国防長官を通じて大統領に報告するポジション、それがハリスの仕事でもある。

ハリスは筆者とのインタビュー（二〇一六年八月）のなかで、「司令官は大統領に対して軍事政策の選択肢を示すのであり、最終的に決めるのは政治である。しかしながら、戦域内の地域情勢を把握している立場として、どのオプションをより強く推すかということは、司令官の裁量や判断による」と話している。

つまり、司令官の言葉をどのように受け止めるかは、司令官との個人的な信頼関係も影響してくるのだ。たとえば、ブッシュ、オバマ政権で、四年半も国防長官を務めたロバート・ゲーツ。彼は、オバマ政権下、アフガニスタンへの治安権限の委譲時期を巡って、デイヴィッド・ペトレイアス中央軍司令官とマレン統合参謀本部議長が非難されたとき、「大統領は、ご自分の司令官を信頼しておられない」（ゲーツ、前掲書）とつづった。信頼関係を築くことの大切さを物語る一例といえよう。

オバマ政権の八年間は、ゲーツ、パネッタ、ヘーゲル、カーターと、四人の国防長官が交代した。オバマは国防総省とのあいだに良い関係を築けず、軍人らの情勢判断には常に懐疑的であった。いわばオバマ大統領の「子飼い」的なシビリアンで構成される国家安全保障会議（NSC）の助言や判断を優先する姿勢は、国防総省のなかに不満を生んだ。

特に中東問題を中心に、大統領と意見の異なる軍人は最高位の中央軍司令官を含む大将でさえ次々と更迭《こうてつ》したのに対し、「子飼い」組に属する上級文民は一人も更迭されなかった。国のために命を懸けて戦い、実際に相当の損害を出している米軍……それに対して余りに配慮を欠くオバマは不公平な最高指揮官だという不満が、政権後半には、伏流水のように軍全体に広がっていた。

❖レーガン政権下で起きた大転換

太平洋軍の担当地域は拡大の一途をたどってきた。一九七二年には、南アジア、そしてインド洋や北極海が加わった。さらに一九七六年にはアフリカ大陸の東海岸まで広がり、この時点で太平洋軍の担当地域は、世界の表面積の五〇％を超えた。一九八三年には、その担当地域として、中国、北朝鮮、モンゴル、そしてマダガスカルが加わった。

統合軍の大きな転換は、レーガン政権下で起こった。

一九八六年、ゴールドウォーター・ニコルス法が成立。これは、バリー・ゴールドウォーター上院議員とビル・ニコルス下院議員による提案で、米軍の指揮系統の再編と合理化による戦闘能力の向上と強化が目的である。

この法によって、軍の指揮系統は、大統領から国防長官を経てそれぞれの統合軍司令官へ、という流れになり、統合参謀本部は、政権の助言者の地位にとどめられることになった。

一九八九年にはアラスカ軍が、太平洋軍の下位の統合軍として結成された。

しかし、その後、一九八九年から二〇〇〇年にかけて、その担当地域は若干狭《せば》まった。一九九一年の湾岸戦争で、太平洋軍が管轄していたオマーン湾とアデン湾が、陸軍出身のシュワルツコフ司令官が指揮する中央軍へと移されたためだ。

二〇〇〇年一〇月には、タンザニア、モザンビーク、南アフリカ沿岸のインド洋が、欧州軍へと移された。この措置は、ハワイに司令部を置く太平洋軍が中東の戦いを指揮することの限界を、適切に評価したものとされた。

二度目の大きな変革は、二〇〇一年九月一一日の、九・一一同時多発テロがきっかけだった。このときアメリカは、初めて、地球すべてを地域ごとに分けて統合軍を置き、本土防衛のための北方軍を誕生させた。こうして、現在のアメリカ軍組織の原形が、ほぼ形成された。

このとき、北アメリカの西海岸は、太平洋軍から北方軍へと組み込まれた。またアラスカ軍は、通常は太平洋軍のもとで、本土防衛の際には北方軍の指揮下で動くことになった。

また、南極大陸が太平洋軍の担当になるなどの変更も、二〇〇二年から運用された。二〇〇八年には、インド洋の一部がアフリカ軍担当になり、それに伴い、マダガスカルなどが太平洋軍の担当を離れた。

このように、世界の情勢に柔軟に合わせて、いかに統合軍を編成するかは、歴代政権の課題である。その流れを汲《く》んで、太平洋軍も、また姿を変えてきた。が、担当地域における影響力は常に拡大させてきている。

❖今後の米軍の在り方を示す三つのキーワード

二〇一六年――この年、一九八六年のゴールドウォーター・ニコルス法の運用開始から、三〇年を迎えた。地球を戦域別に分けて、それを統合してきた軍のあり方そのものが、現代の戦闘にふさわしいかどうか、そんな根本的な問いが生まれた。また、国防費の削減の圧力を受けて、その見直しの議論が活発になった。

その議論をリードしているのは、上院軍事委員長を務めるマケイン議員を中心とする議会である。特にイスラム国のような国境や地域を超えたテロ組織との戦いをはじめ、情報・サイバー活動、弾道ミサイル技術などの変化によって、戦場の形態や戦闘の質が激変している。こうして地域ごとの計画策定や編成、あるいは指揮系統が最適なのかという疑問や指摘が生じた。

また、アメリカ軍全体で四一ある「四つ星」大将の階級を一四減らす動きもある。

二〇一五年一〇月、統合参謀本部議長に就任したジョセフ・ダンフォード海兵隊大将は、その理由をこう説明している。

「いま必要なのは、世界で展開するすべての地域統合軍を理解し、国防長官に対して複数の地域をまたぐ完全な作戦図を提示できる人たちであり、それはいまの統合参謀本部ではない」「軍の構成の根本的な見直しをしない限り、柔軟に対応できないし、事態に即応した意思の決定ができない」

そして北朝鮮を例に挙げ、以前なら朝鮮半島で収まっていた事態が、弾道ミサイルの完成によって、太平洋軍の担当域外まで影響することを指摘した。

今後のアメリカ軍の在り方を考えるうえで、ダンフォードが指摘するように、「トランスリージョナル」「マルチドメイン」「マルチファンクショナル」はキーワードになってくる。

太平洋軍でいえば、極東ロシアについては太平洋軍が関与できる枠組みがある。ただロシアは、シリア問題を巡ってアメリカと路線が対立するなど、中東問題にも影響を及ぼしているため、欧州軍だけでなく、中央軍にも深く関わる国である。

また、たとえばインドは太平洋軍、パキスタンは中央軍の管轄である。両国には複雑な歴史的な対立があるため、一つの統合軍下に含まれてしまうと、太平洋軍は身動きが取れなくなってしまう事態が発生する。同時に、アジア太平洋問題に対するインドの役割が急速に増大している今日、いろいろな意味でインドと関わりの深いパキスタンが枠外にいることは、太平洋軍の対応をより複雑にしている。

また中国は太平洋軍の担当だが、ロシアは欧州軍の管轄である。広大な極東ロシアの位置および中国とロシアの深い関係を考慮すれば、これらの問題に関しては太平洋軍管轄事項とするほうが実利的とも考えられる。しかしながら、両地域統合軍が並立する現状では、ロシアと中国の関連案件に関し、太平洋軍と欧州軍は緊密な連携が必要になる。同じ地域統合軍でないことで手間や時間がかかっているのも事実である。

地域情勢のみの観点からは、インドとパキスタンの場合も、中国とロシアの場合も、それぞれの国が互いに密接に関わっているため、本来一つの地域統合軍の指揮下に置くことが望ましい。ただし、各国の利害がアメリカ軍の地域統合軍の担当範囲をはるかに超えて複雑に絡み合っているグローバルな世界で、このような国と国との関係などを考慮し始めたらキリがない。ますます線引きが難しくなるのだ。

議会での議論はしばらく続く見込みだが、「世界の警察官ではない」というオバマ大統領の世界観に基づき、アメリカ軍の役割や規模をどうするかという課題は、トランプ政権でも引き継がれている。

要するに、「アメリカ・ファースト（アメリカ第一主義）」を掲げるトランプ大統領には、世界の安全保障におけるアメリカの国益は何か、アメリカ軍の役割は何か、と規定することが求められている。その結果として、太平洋軍の存在そのものも含め、アメリカ軍がどのように変化するか、同盟国の日本にとっても注視すべきことなのだ。

ただ、地域統合軍というかたち、あるいは担当地域が仮に変わったとしても、ハワイが米軍の最重要軍事拠点として残るのは間違いない。

太平洋のほぼ真ん中に位置しているという地理的な条件によって、アジアに最も近い州、また軍の補給・造修拠点などとして、アメリカの世界戦略や安全保障政策、そして国土防衛を支える重要な地点であることは変わらない。そのことは長い歴史が証明しているといえよう。

❖ 司令官ポストは常に海軍から

太平洋軍を特徴づけているのは、歴代の司令官に、一貫して海軍大将（四つ星、提督）が就いていることである（過去には陸軍中将と空軍中将が司令官の代行を務めたことが二例あるものの、いずれも数週間で海軍大将に引き継いでいるピンチヒッターだった）。

別の統合軍では、主力となる軍以外に、統合軍に所属する他の軍種からも司令官を出している。たとえば一九五二年に発足した欧州軍では、陸軍大将が司令官を占めてきたが、二〇〇〇年代に入ってからは、空軍→海兵隊→陸軍→海軍→空軍→陸軍と、出身母体が広がっている。

これはバランスをとることもさることながら、個人の能力を重視する人事の表れである。と同時に、欧州軍における陸軍の存在感の低下や、専門化やハイテク化が進み、軍種を超えて戦いの指揮をする必要性が増えているからだ。

そんな時代の流れのなか、太平洋軍が、唯一、司令官ポストに海軍大将を置き続けているという事実は、その担当地域がインド洋から太平洋に至る、いわゆる海洋領域であることに起因する。いわば軍事的な必然である。太平洋軍は広大な海を担当地域に抱え、海軍が伝統的に最も強いのだ。

同時に、司令官人事が政権内の力関係や議会承認といった政治的要素に左右されることを考えれば、太平洋軍はワシントンの政治やしがらみから最も離れたところで独立性を保ってきたという見方もできる。

たとえばゲーツ国防長官の下では、戦後の歴史上まれに見るほど多数の軍幹部が解任されている（菊地茂雄「政軍関係から見た米軍高級幹部の解任事例　マッカーサーからマクリスタルまで」『防衛研究所紀要』第一三巻第二号）。しかし、いずれも太平洋軍とは関係がなかった。その多くは、イラクやアフガニスタンの戦争を担当している中央軍の人事を巡ってのことだ。

具体的には、二〇〇八年、ディック・チェイニー副大統領と対立した中央軍のウィリアム・ファロン司令官を解任し、ファロン司令官の部下だったデイヴィッド・ペトレイアス・イラク駐留多国籍軍司令官を中央軍のトップに据えている。余談だが、ファロン司令官は、二〇〇五年二月から二〇〇七年三月まで太平洋軍司令官を務めたあと、それまで陸軍が中心だった中央軍の司令官に海軍出身として初めて就任したことで注目された人物だった。

また二〇〇九年、オバマ大統領の就任直後のアフガニスタンやパキスタンの軍事戦略の変更に伴って、デイヴィッド・マキャナン国際治安支援部隊司令官を更迭し、スタンリー・マクリスタルを充てた。しかし、そのマクリスタルも、オバマ大統領やホワイトハウスのスタッフら文民指導者に対する批判や侮辱的《ぶじょくてき》な発言を理由として、就任わずか一年で解任されている。

ただ、こうしたワシントン政治とは離れたところで、伝統的に太平洋軍司令官のポストを海軍が維持したことに対し、不満がないわけでもない。過去には、この慣習を崩そうという試みがあった。

ブッシュ政権時には、トーマス・ファーゴ司令官の後任にグレゴリー・マーチン空軍大将が指名され、初の空軍出身の太平洋軍司令官が誕生するかと思われた。

しかし、上院軍事委員会での承認のための公聴会で、共和党のマケイン上院議員が、米航空・軍事大手のボーイング社と空軍職員による金銭スキャンダル（汚職事件）へのマーチン空軍大将の関与を取り上げたため、直後に国防総省が彼の指名を撤回した。

この汚職事件を追及した共和党の重鎮であるマケイン議員の家系は、三世代が海軍の一家である。

マケイン自身、海軍パイロットとしてベトナムでの爆撃作戦に参加し、撃ち落とされて捕虜になった。そうして五年以上をベトナムの収容所で過ごした経験がある。

その時期にベトナム戦争を戦域としていた太平洋軍の司令官になったのが、父であるジョン・マケイン・ジュニア海軍大将だ（任期一九六八年七月三一日〜一九七二年九月一日）。また、やはり同名の祖父ジョン・マケイン・シニアも、旧日本軍と戦った海軍大将である。祖父は一九四五年九月二日、戦艦「ミズーリ」の艦上で日本が降伏文書に調印するのを見届けてからアメリカに戻り、四日後に自宅で亡くなっている。

マケイン上院議員はこの事件に絡み、国防総省の他のポストの指名についても追及しているので、太平洋軍司令官だけを狙い撃ちしたわけではないだろうが、結果的に空軍がこのポストを得るのを阻止した背景には、太平洋軍は海軍が中心だという海軍一家としての誇りや経験があったのかもしれない。

このとき海軍側は、マーチン空軍大将が太平洋軍司令官になった場合、太平洋軍副司令官としてゲイリー・ラフェッド海軍中将を充てる予定にしていた。

最終的には空軍出身の司令官は実現しなかった。そうして当時、太平洋艦隊司令官だったウィリアム・ファロン海軍大将が、太平洋軍司令官として二〇〇五年二月から二〇〇七年三月まで務めた。

一方、人事に振り回されたラフェッドは、三つ星として、四つ星のマーチン空軍大将を支えることになっていたのだが、マーチン空軍大将の指名が撤回されたことを受けて、ラフェッドは急遽《きゅうきょ》、四つ星の大将に昇進、太平洋艦隊司令官になった。その後、海軍作戦部長となり、二〇〇七年の「二一世紀の海軍力のための協力戦略」という、冷戦期の一九八六年に作られた海洋戦略以降の新しい戦略づくりに手腕をふるい、アメリカ海軍史に功績を残した。

二年後さらに、空軍は、ファロンが太平洋軍司令官から中央軍司令官に就任する際、再びその後釜を狙ったため、後任がなかなか決まらないという事態に陥った。そのため、当時の太平洋軍副司令官だったダニエル・リーフ空軍中将が、二〇日だけだが、司令官代行の職を務めている。このときも結局、空軍出身の太平洋軍司令官は誕生せず、海軍出身のティモシー・キーティング海軍大将で落ち着いた。

さて、結果的に二〇日のみのリリーフだったが、リーフはこのとき、どれくらいの期間、司令官を代行するかはまったく見当がつかなかった。リーフは三〇代で沖縄の嘉手納《かでな》基地や在韓米軍に駐留した経験のある、戦闘機パイロット出身である。一九九一年の湾岸戦争後の「ノーザン・ウォッチ作戦」や「イラクの自由作戦」に参画したほか、セルビアとコソボでも活躍した。

二〇〇八年に退役したあと、「ノースロップ・グラマン情報システム」の副社長を経て、筆者が在籍した国防総省アジア太平洋安全保障研究センター所長を二〇一七年一月まで務めた。太平洋軍司令官になると決まり、一体どんな気持ちだったのか。本人に聞いてみると、「何げなく見ていた目の前の太平洋が、自分の担当する海になるということ、その責任の大きさに身震いし、同時に感動もした」という。

なお、二〇一七年一一月現在、次の太平洋軍司令官に空軍出身者の名も取り沙汰《ざた》されている。

❖四軍の司令部が集中する太平洋軍の強み

太平洋軍司令官は四つのサービス・コンポーネント（軍種）に支えられている。太平洋陸軍（USARPAC・ユサパック）、太平洋艦隊（PACFLT・パックフリート）、太平洋空軍（PACAF・パカフ）、太平洋海兵隊（MARFORPAC・マフォパック）——いずれも司令部がハワイのオアフ島にある。

太平洋軍と太平洋海兵隊はキャンプ・スミスと呼ばれるオアフ島の基地に、太平洋陸軍はフォート・シャフター基地にある。

太平洋空軍と太平洋艦隊は、二〇一二年、基地管理の合理化を目指して海軍のパールハーバー基地と空軍のヒッカム基地を統合し、「パールハーバー・ヒッカム統合基地」という名称にした。空軍の滑走路はホノルル国際空港（現在はダニエル・K・イノウエ国際空港）と共有しているので、日本からの観光客も、飛行機の離着陸の際に軍用機を目にする機会が多いだろう。

この他に、下位の統合軍として、常設統合任務部隊の中核を担う太平洋特殊作戦軍（SOCPAC）、在日米軍（USFJ）、在アラスカ米軍（ALCOM）、在韓米軍（USFK）などがある。

自らの担当地域内に司令部を置いているのは、アメリカ本土の防衛を目的としている北方軍を除くと、欧州軍と太平洋軍のみである。その他の地域統合軍は、司令部の設置を外国に受け入れてもらえないなどの事情、あるいは歴史的経緯から、域外に置いている。

また、陸海空軍および海兵隊、四軍の司令部が一ヵ所に集中しているのは、太平洋軍だけである。州都ホノルルのあるオアフ島は面積が一五四八平方キロで、大阪府より若干小さく、日本で一番小さい県である香川県（一八七七平方キロ）よりも、やはり一回り小さい。そのオアフ島という小さな島に、太平洋軍司令官と、太平洋軍の下に置かれているそれぞれの軍種のトップがそろう。

ハリスは、「ハワイはすべての米軍の軍種が地理的に近接しているところであり、それは共同での訓練や作戦を可能にし、もちろん直接、顔を合わせることができる」と述べ、それが太平洋軍の最大の強みであることを強調している。

二〇一三年、太平洋陸軍は司令官を中将から大将に格上げしており、これで現在は太平洋軍司令官と、太平洋軍を構成する太平洋陸軍、太平洋艦隊、太平洋空軍の司令官の四人が大将になっている。太平洋海兵隊司令官だけが中将だ。ただ海兵隊は、海軍と同じ海軍省の監督下にある。

二〇一四年一〇月には、先述したように、太平洋空軍司令官に女性として初めてとなるローリ・ロビンソン空軍大将も着任した（同大将は二〇一六年に北方軍司令官に就任）。

❖日本降伏文書に二人の署名があるわけ

ハリス司令官が陸海空および海兵隊の密接な連携の重要性を指摘している背景には、これまでそれぞれの軍種が縄張りを意識し、結果的に連携がうまくいかずに苦労し、失敗も犯したケースが後を絶たなかったことがある。

たとえば第二次世界大戦では、海軍は海軍省から、陸軍は陸軍省から、という独立した指揮系統が存在していた。そのため、海軍出身のチェスター・ニミッツが「アメリカ太平洋艦隊司令長官兼太平洋戦域最高司令官」として、陸軍出身のダグラス・マッカーサー大将が「連合国軍南西太平洋方面軍最高司令官」として、両者が作戦の主導権を譲らず、戦略の違いで対立した。この話は有名である。

このため、戦艦「ミズーリ」で行われた日本降伏文書の調印式では、ニミッツがアメリカ合衆国を代表し、マッカーサーが連合国軍を代表して、二人が署名している。

その反省などから、戦後、一九四七年に国家安全保障法によって国防総省が設立され、文民の長官をトップとして、各軍種が統合されたのだ。

しかし、その後も、ベトナム戦争では米軍の抱える組織的課題が次々と露呈した。それぞれの軍種のバランスを考えた将校の派遣や、それぞれの関与が突出しないように考慮された現地の軍司令部に対する命令などが、ベトナム戦争の長期化や実質的な敗北の原因の一つとして挙げられている。

また一九七九年、イスラム革命が勃発したイランで、シーア派の神学生たちがアメリカ大使館に乱入、五三人を人質にして立てこもる事件が起こった。このときも、アメリカ軍は同じ過ちを犯した。

翌年の陸海空と海兵隊の四軍の混成部隊の奇襲による人質救出作戦は、砂嵐に巻き込まれたこともあったが、海兵隊のパイロットが操縦する海軍のヘリが、誤って空軍所属の輸送機と衝突して炎上……作戦は失敗に終わった。結局、周辺国の仲介などによって人質が解放されるまでに、四四四日もかかった。

一九八三年にも、カリブ海に浮かぶ島、グレナダの共産化を恐れたアメリカが、自国の学生の救出などを名目にした軍事作戦を行った。が、統合司令部の要員が作戦内容とは関係なく選ばれたために混乱。海軍出身の司令官が陸軍出身の副司令官に、事実上、指揮権を渡している。

こうした統合運用の理想と運用面での現実のギャップを埋めようとしたのが、ゴールドウォーター・ニコルス法で、これによって統合参謀本部議長の権限が強化され、各軍が集約されたわけだ。

このように米軍は、現在に至るまで、軍種の壁を乗り越えて作戦を立てスムーズに遂行することが大きな課題となっている。

その点を考えると、各軍トップがいつでも会える距離にいる太平洋軍は、ひときわ恵まれた環境にあるといえる。

第4章

太平洋軍——鋼の編制

❖ ニミッツ元帥のDNAを受け継ぐ司令部

太平洋軍はアメリカの軍組織のなかでも海軍が中心の地域軍として地球の半分を担当し、域外の戦争に兵力を出している最強の軍であることに触れた。この章では太平洋軍がどのように構成され、その内部はどのようになっているかについて見ていこう。

まず四軍のなかでも、太平洋軍を支えているのは太平洋艦隊。ハリス太平洋軍司令官も太平洋艦隊司令官から昇格している。

このような密接な関係から、この章では、太平洋軍と太平洋艦隊の話が行ったり来たりするが、実際にオアフ島で至近距離に位置する司令部のあいだでは、司令官はもとよりスタッフの往来は頻繁にあり、日々、意思疎通が行われている。

パールハーバー（真珠湾）にあるパールハーバー・ヒッカム統合基地から直線距離で約五キロ、車で十数分ほどの小高いところに、太平洋軍と太平洋海兵隊の司令部が入る「キャンプ・スミス」がある。

周辺は大きな林や軍関係者が多く暮らす低層の住宅に囲まれた静かな環境で、司令部の建物の上からは、正面にパールハーバー、左にワイキキのホテル群やダイヤモンドヘッドを一望できる。ここはパールハーバーの海面よりも一八〇メートルほど高台にあり、以前はサトウキビ畑だった。

かつてはここにアイエア海軍病院があった。真珠湾攻撃のあと病院は拡張され、けがをした水兵や海兵隊員がたくさん運び込まれた。一九四五年二月から三月にかけての硫黄島《いおうとう》での戦いのあとには六〇〇〇人近くの患者であふれた。

海軍病院が新しい場所へと移り、一九五五年、キャンプ・スミスに太平洋艦隊海兵軍が入った。「スミス」は、第二次世界大戦中の同軍のリーダーであるホランド・マックタイヤー・スミス大将の名に由来する。

真珠湾の海軍基地近くのマカラパという場所に司令部を置いていた太平洋軍は、一九五七年、この場所に司令部を移した。現在の太平洋軍司令部の建物は二〇〇四年に建てられた。

第二次世界大戦中の二人の英雄、海軍出身の太平洋艦隊司令長官チェスター・ニミッツ元帥と、陸軍出身の連合国軍南西太平洋方面最高司令官ダグラス・マッカーサー大将の名をとって、「ニミッツ・マッカーサー太平洋軍センター」と名づけられている。

ゲートを通って進むと、右側に太平洋軍司令部の建物、左側のやや小高いところに海兵隊の司令部が位置している。

❖日本との戦いの記憶で強い軍に

太平洋軍司令部から車で一〇分程度のところに、太平洋艦隊の司令部がある。こちらはニミッツ提督の面影一色である。特に印象的なのがスイフト太平洋艦隊司令官の部屋に入る手前にある、ニミッツの執務中の姿を描いた大きな肖像画だ。

筆者が本書を執筆するに当たり、太平洋艦隊はこうした司令部にある海軍の「レガシー」（スイフト司令官）の数々を特別に公開してくれた。

肖像画の前には、絵のなかで描かれている机をはじめ、飛行機などの置物が、そのまま同じ位置で現実の机に置いてある。スタッフがオフィスから異動になる際、絵のなかに描かれているものと同じものを一つ置いていき、絵を再現する慣習が続いているのだという。

その一つが「海軍シービー」(Navy Seabee）の置物だ（左上の写真では右端）。シービーは働き者の海の蜂という意味で、海軍の工兵隊のことを指し、置物はそのロゴをかたどったもの。海軍の制服を着ており、手にはドリルを持っている。

まるで絵の世界と現実の世界の空間がつながっているように見える。そして、ニミッツがいまもそこで執務しているような錯覚、あるいは威圧感のようなものを、司令官を訪ねる人たちは感じるのだ。

この一〇畳ほどの部屋には、日本と関係のあるものも多く飾られている。

たとえば、ミッドウェー海戦で使われた当時の手描きの作戦図の原本である。緯度、経度、日付が、赤字や黒字で丁寧に書き込まれている貴重な資料だ。

ペリーの黒船到来の様子を描いた浮世絵もある。

一九四一年一二月七日（現地時間）、日本海軍による真珠湾攻撃によって戦争の火ぶたが切

太平洋艦隊司令部の壁に掛かるニミッツ提督の肖像画（米太平洋艦隊提供）

太平洋艦隊司令部に再現されたニミッツ提督の机（米太平洋艦隊提供）

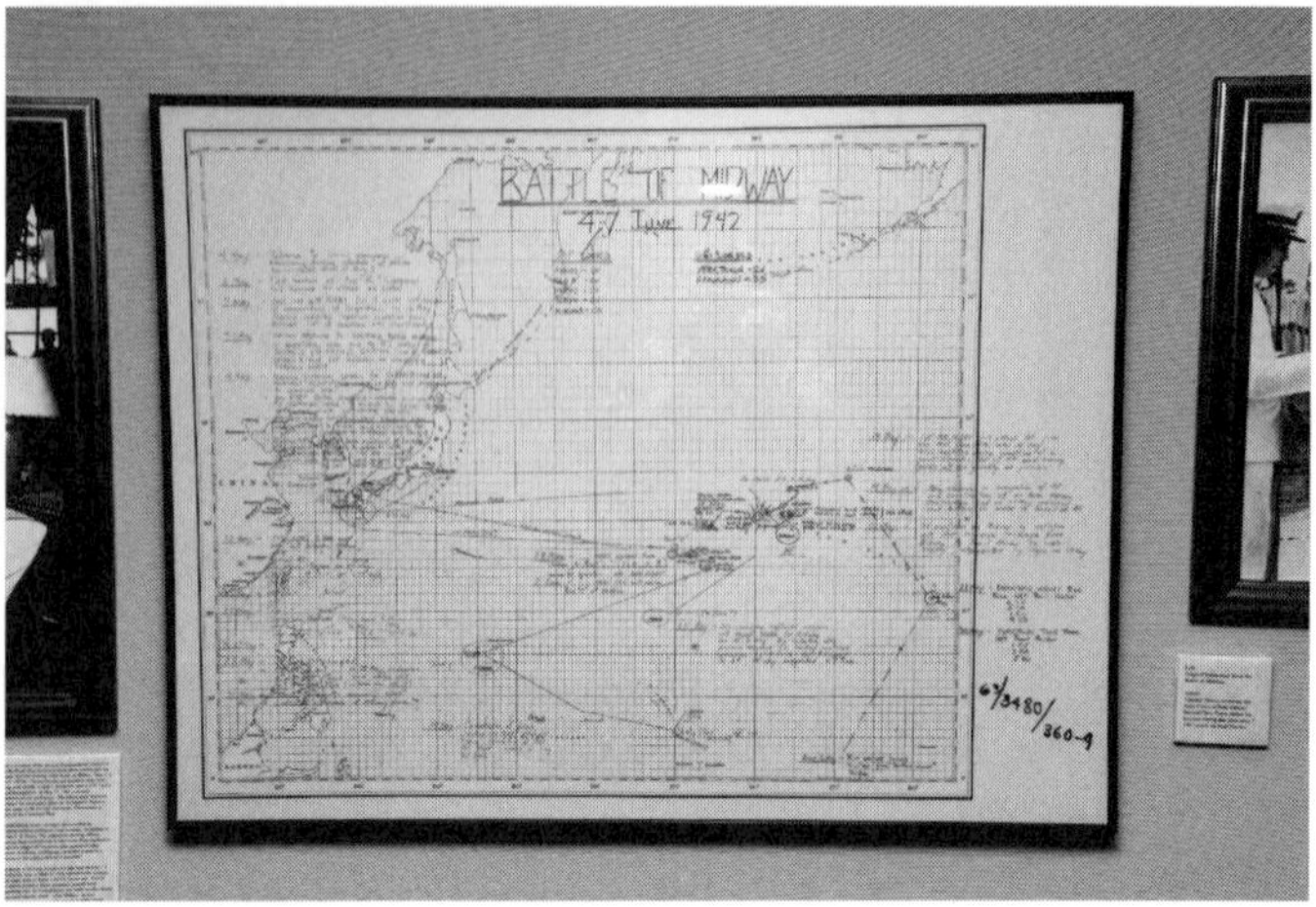

ミッドウェー海戦で使われた当時の手描きの作戦図（米太平洋艦隊提供）

られ、翌一九四二年、米英の連合参謀本部は太平洋をアメリカの担当とし、アメリカは太平洋を三つのエリアに分けた。そしてニミッツは、アメリカ軍と連合国軍の太平洋方面軍の最高司令官となったのだ。

　太平洋軍や太平洋艦隊にとって日米関係は、現在においても第二次世界大戦の記憶がスタート地点であり、日本との戦いの記憶が彼らのいまの存在意義につながっている。

　アメリカの軍事プレゼンスが弱いと、かつての日本のような行動を起こす国が現れてしまう。そうさせないために、米軍は常に強くなければいけない——。これは筆者がハワイ滞在中に何度も聞いた軍人たちの本音だ。

　司令部のスタッフたちが異動で司令部を去るときには、ミッドウェー海戦の作戦図レプリカに、同僚たちがメッセージを書き込んで贈り、門出《かどで》を祝う。

❖ラムズフェルド国防長官の主張

太平洋軍司令官はかつて「Commander in Chief Pacific Command（ＣＩＮＣＰＡＣ）」の頭文字をとって通称「シンクパック」と呼ばれていた。

しかし二〇〇二年一〇月、ブッシュ大統領時のドナルド・ラムズフェルド国防長官が、「最高司令官（Commander in Chief）」を名乗れるのは大統領のみとする、という通達を出した。このため、太平洋軍司令官の正式名称が変わり、「Commander, U.S. Pacific Command」と「チーフ」がはずされるようになった。太平洋艦隊なども同じである。ほかの地域軍や太平洋艦隊を含む地域軍隷下《れいか》の主要部隊などの名称も同様に変更された。

ラムズフェルドがこのような決断をしたのはなぜだろうか？　本人は回想録でこうつづっている。

「四つ星階級の将軍が相当の権力を行使するようになり、ここ何年かは、不適当にも、最高司令官と呼ばれていた。米国には最高司令官は一人しかいない、と私は思っている。それは選挙で選ばれた大統領である」（ドナルド・ラムズフェルド『真珠湾からバグダッドへ』幻冬舎、三四一頁）。

これはブッシュ政権下、ラムズフェルドが強力なシビリアン・コントロールを目指し、国防総省の制服組と対立していたことが背景にある。

たとえばイラク戦争前の二〇〇二年一〇月、統合参謀本部のグレグ・ニューボルド作戦部長はラムズフェルド長官に抗議して辞任した。

二〇〇三年二月には、上院軍事委員会公聴会で、イラクの占領統治に必要な戦力規模を問われた陸軍制服組のトップ、エリック・シンセキ陸軍参謀総長（大将・日系人）が、「戦後処理に数十万人が必要」との見解を示し、少数精鋭論を唱えていたラムズフェルド長官を暗に批判した。結果、そのあと事実上、解任された。

余談ではあるが、投入兵力については、シンセキ大将の見積もりが正しかった。アメリカ軍は追加兵力の投入を余儀なくされたが、大将はこの件に関してはその後、一切触れていない。意見の合わない陸軍のトップを更迭し、イラク戦争を結果的に泥沼化させたラムズフェルドも、沈黙を守っている。この件は、我が国でも議論になる軍隊に対するシビリアン・コントロールのあり方を研究する好材料になるのではないだろうか。

❖太平洋軍と自衛隊の編制

さて、司令官たちがコマンダーインチーフだったころの名残《なごり》は、いまも少なからず見ることができる。

太平洋艦隊の司令部が入った建物には、用済みとなった「Commander in Chief United

States Pacific Fleet」と書かれたプレートが記念に掲げられている。

司令官の正式名称は変わったとはいえ、権限が縮小されたわけではない。太平洋軍司令官が責任を持つアセットは、相も変わらず巨大である。

太平洋軍の指揮下の太平洋艦隊は、西太平洋とインド洋などを担当する第七艦隊、東太平洋やベーリング海などを担当する第三艦隊を有しており、艦艇約一八〇隻を有する。

第七艦隊は通常、一個空母打撃群を中心に構成されており、日本を主要拠点として、空母、強襲揚陸艦、イージス巡洋艦や駆逐艦などを配備し、グアムにも潜水艦と支援部隊を展開している。

司令官が「Commander in Chief」と名乗っていたころの名残のプレート。いまは司令部の建物の外壁に掲げられている（米太平洋艦隊提供）

太平洋艦隊と同じように、太平洋海兵隊は、米本土と日本にそれぞれ一個海兵機動展開部隊を配置している。日本には第三海兵師団と第一海兵航空団および後方支援部隊（全部隊とも本土所在の遠征軍と比較して減勢された編制の部隊）の約一万六〇〇〇人が展開しており、日本人にとってアメリカ軍として一番身近に感じるのは、この太平洋海兵隊の存在だろう。

太平洋陸軍は二個師団から構成されており、ハワイに第二五歩兵師団、韓国に第二歩兵師団と第一九支援コマンドがあり、日本には第一軍団の前方司令部など、二三〇〇人を配置している。

また、太平洋空軍は三個空軍を有し、日本の第五空軍に三個航空団、韓国の第七空軍に二個航空団を配備している（以上、『防衛白書』平成二六年版より）。

太平洋軍司令官の下には、副司令官が一人、司令部を取りまとめる参謀長が一人配置されている。

さてここで、日本の自衛隊の話もしておこう。まず、各国軍の参謀長に相当する「幕僚長」は、二種類が存在する。

ひとつ目は、統合幕僚長と、陸・海・空幕僚長（たとえば陸幕長であれば、Chief of Staff, Ground Self-Defense Forceという肩書になる）だ。これらは防衛大臣に対する軍事面での補佐責任者の位置づけである。補佐責任者であることから、部隊の指揮権はない。三幕僚長は陸自、海自、空自それぞれのトップを指し、統合幕僚長は統合幕僚監部の長であると同時に、自衛官の最高位者である。

次に部隊の司令部幕僚組織の長としての「幕僚長」がいる。この任務は司令官（指揮官）補佐および司令官らの意を受けた司令部業務の統括。各省庁の部局間の連絡調整を行う官房長のような存在に近い一面も有するが、司令部業務に関してのみ指揮権に近い権限を有している。部隊の幕僚長にも指揮権はなく、これは軍隊・自衛隊を問わず、世界各国共通である。米軍太平洋軍の参謀長の機能も自衛隊と同様である。

アメリカ軍では、これらの幹部（司令官、副司令官、参謀長）をまとめて「リーダーシップ」と呼んでいる。日本語での使い方と少し異なり、「リーダーシップの判断を仰ぐ」「リーダーシップと相談する」といった言い方をしている。

リーダーが人を指し、リーダーシップはリーダーの資質や技量などを指すというのは日本語と英語のあいだに大きな違いはないはずだ。が、それをあえて区別しないということは、「リーダー＝リーダーシップ」であり、リーダーはリーダーシップを発揮して至極《しごく》当然、そこに一寸のぶれもなく、リーダー以外の人がリーダーシップをとる事態を一切想定していない軍組織ゆえの用語である。

司令官が登場する式典では、太平洋軍司令官であれば「PACOM arriving」、太平洋艦隊司令官であれば「PACFLT arriving」とアナウンスされ、「リーダー＝軍組織そのもの」として扱うアメリカ軍の長い伝統の一つである。部下たちは「コマンダー」を短くして「コム」と呼ぶことも多い。また幹部は「ブリッジ」と呼ばれることもある。

リーダーシップは「Ｊ０」と呼ばれる。その下にはナポレオン軍に源を発する（諸説あり）、番号によって職能を示す「Ｊ１」から「Ｊ９」までの参謀部署がある。

①Ｊ１（要員・人事部）
②Ｊ２（情報部）
③Ｊ３（作戦部）
④Ｊ４（兵站・技術・安全保障協力部）
⑤Ｊ５（戦略計画・政策部）
⑥Ｊ６（指揮管制情報通信部）
⑦Ｊ７（訓練・演習部）
⑧Ｊ８（兵力整備要求・評価部）
⑨Ｊ９（太平洋諸国との交流・民間交流）

リーダーのうち、司令官は「Ｊ００」、副司令官は「Ｊ０１」、参謀長は「Ｊ０２」というふうに数字で表記される。

第五章で後述するが、太平洋軍などそれぞれの司令部には、同盟国からの軍人を多数受け入れている。

たとえば日本の自衛隊からは太平洋軍、太平洋艦隊、太平洋陸軍、太平洋海兵隊、太平洋空軍すべての司令部に、連絡官（リエゾンオフィサー：ＬＯ）や交換幹部（エクスチェンジ・オフィサー：ＥＯ）が派遣されて、司令部内で自衛官としての所要業務を行っている。

日本にとって特に重要なのは、日米同盟の根幹をなす自衛隊の統幕運用部に当たる「Ｊ３（作戦部）」と、自衛隊の統幕防衛計画部に当たる「Ｊ５（戦略計画・政策部）」だ。

それらと同様に重要な「Ｊ２（情報部）」はインテリジェンス、「Ｊ７（訓練・演習部）」は年に複数回行われている合同演習などの調整に深く関わっている。

日本では「オペレーション」のことを「作戦」とはいわずに、「運用」と訳す。作戦という言葉のイメージが戦争を連想させるからだろう。

❖「ミニワシントン」のような太平洋軍

太平洋軍は軍事政策・作戦を担うだけでなく、経済や外交の重要なアクターでもある。なぜなら軍内部の文官や軍人は、気候変動から人道支援、能力構築、経済開発、難民問題、環境問題、麻薬取引、人身売買など、世界の半分の担当地域で起きているすべてのことを、直接的あるいは間接的に把握し、取り組んでいるからだ。

担当地域には「リング・オブ・ファイア」と彼らが包括的に呼称する、火山、地震、台風など大規模な自然災害の多発地帯を抱えており、また災害の救援や復旧に十分に対処できない国も多いため、災害派遣や人道支援も多い。太平洋軍が実施している業務や活動を日本の管轄に照らし合わせると、内閣府から、環境省、国土交通省、経済産業省、文部科学省まで、多くの省庁をまたいでいる。

そのうえ、常時、最大の兵力を擁する太平洋軍は、イラクやアフガニスタンでのテロとの戦いなどで中央軍に兵力を提供してきており、アメリカ全体の国策のもと、担当地域以外での実際の戦いにも大きく関与している。

こうした実情をふまえて、太平洋軍には連邦捜査局（ＦＢＩ）、国土安全保障省（ＤＨＳ）、エネルギー省など、ほぼすべての連邦政府の職員がワシントンＤＣから出向し、籍を置いている。こうして太平洋軍の足腰となって支えているのだ。

そのため太平洋軍は、さながら「ミニワシントン」のようでもある。他の地域軍にも政府内調整のために出向者はいるのだが、軍に占める割合も、規模そのものも、太平洋軍は群を抜いている。

連邦議会の依頼により業務の評価をしている米会計検査院（ＧＡＯ）が二〇一三年五月に議会に出した報告書によれば、イラクとアフガニスタンの戦争をしている米中央軍以外の五つの地域軍を分析したところ、軍人と文民を併せて最も多くの司令部要員を抱えていたのが太平洋軍だった。

この調査は、国防費の削減に伴い国防総省のスリム化が課題になっているなか行われたもので、地域軍司令部の組織のポストが二〇〇一年から二〇一二年のあいだに五〇％以上増えており、特に二〇〇七年から二〇一二年までは二倍になっているという問題意識に立ったものだ。その報告書によると、太平洋軍のＪ０からＪ９までの軍人のポジションは二〇七〇人、文民は一三一一人で、合計は三三八一人である。

❖外交の「顔」ともなる司令官

太平洋軍は、その担当地域において圧倒的な存在感を発揮しているが、ワシントンＤＣとの関係においても、その影響力は近年、増している。

ハリス太平洋軍司令官が太平洋軍の考えを国家レベルの軍事政策に反映しようと思えば、国防総省だけでなく、国務省との調整が必須になってくる。政治、軍事、外交は、切り離すことができない。

特に海外における米軍のプレゼンスそのものが、アメリカの防衛目的だけでなく、外交や安全保障の役割を果たしており、また反対に、強力な軍の存在なくして国務省も、アメリカの国益をかなえるための有利な外交を展開することはできない。また、かつてケリー国務長官の仕事は、イラク、アフガニスタン、シリアなど、中東の比重がかなり大きかった。このため「アジア太平洋は太平洋軍に任せる」という暗黙の了解が、近年、著しく醸成されてきている。

太平洋艦隊の活動は、平時だと、各国を回る行動が多い。たとえば米海軍横須賀基地（神奈川県横須賀市）を拠点とする第七艦隊（ジョセフ・アーコイン中将、二〇一七年八月からフィリップ・ソイヤー中将）は、横須賀に前方配備された旗艦「ブルー・リッジ」の艦上に司令部を置いているが、アーコイン司令官は二〇一六年のうち約半年間、旗艦をフィリピンやシンガポールなど担当地域内の各国への寄港と出張に充てている。その国の要人と会い、相互理解や交流を深め、ある面、大使のような役割を担っているのだ。併せて艦船や航空機の派遣も頻繁に行われている。

こうしたアメリカ軍による外交は軍独自で行われているのではなく、国務省との綿密な連携のうえに成り立っている。

そのため太平洋軍や太平洋艦隊の司令官には、国務省から「外交政策アドバイザー」「政治アドバイザー」という肩書を持つ職員が、二〇一六年には一〇人在籍していた。内訳は、太平洋軍に三人、太平洋艦隊、太平洋陸軍、太平洋空軍、太平洋海兵隊、太平洋特殊作戦軍、ダニエル・K・イノウエ・アジア太平洋安全保障研究センター、第七艦隊にそれぞれ一人ずつ配置されている。

彼らは頭文字をとって略して「FPA（Foreign Policy Advisor）」、もしくは「POLAD（Political Advisor もしくはPolicy Advisor）」と呼ばれ、司令部内にオフィスを構え、補佐するスタッフたちも存在する。毎日、アジア太平洋の地域情勢と、域外で起きている世界の出来事の全体像を司令官にブリーフし、アジア太平洋戦略について意見を交わす重要なポストである。

彼らは国務省と密に連絡をとりながら、太平洋軍が独自の視点で分析している担当地域での、政治的、あるいは軍事的な情勢の変化が政府全体の政策に反映されるようにする役割を担う。また、太平洋軍の軍事活動が政府の目標と合致しているかどうか、同盟国や友好国への取り組みがどのようにしたら強化されアメリカの影響力を高められるか、という政策的なアドバイスを行う。

軍で行う「ウォー・ゲーム」と呼ばれる机上演習やシミュレーションでも、バトルスタッフ（戦闘要員）として参加し、軍に対して的確なアドバイスを行う。その他、軍司令部を訪れる海外からの要人や国内のリーダーたちとの会議に同席することもあり、司令官の担当地域での外遊、議会証言のための資料づくりなど舞台裏で支えることもある。

❖ワシントンとハワイ、国防総省と国務省の人事交流

アメリカの外交政策を形成する主なアクターは、ホワイトハウス、国防総省、国務省、エネルギー省、財務省、議会、そして世論である。ちなみにエネルギー省は核安全保障を担当し、核兵器の製造と管理などを行っている。

このなかで特に他国との関わりが深く、重要な役割を果たしているのは、国防総省と国務省だ。が、この二つの省は、組織の在り方、アメリカの諸問題に対する見方や解決方法、人材の育成や配置など、組織文化が大きく異なる。国務省は公式ホームページで「国防総省と国務省

とのプロフェッショナルなアプローチには決定的な違いがある」ことを認めている。

いうまでもなく、国防総省は軍事力を背景に国家の安全保障を第一に考え、他国と友好関係を強めたり、あるいは脅威に対して向き合ったりしている。一方の国務省は、経済的利益を含めた全体を見渡し、諸問題を外交的に解決しようとする。このように、もともとアプローチに違いがあるのだ。

こうした外交と軍事の政策の違いは、ブッシュ政権時、イラク政策をめぐってドナルド・ラムズフェルド国防長官とコリン・パウエル国務長官がことごとく対立したように、過去にもたびたび摩擦を起こした。そして、この相違を縮める役割を担うのが、POLADなのである。

現在、POLADは、軍の主要な司令部や紛争地に派遣された部隊など、一〇〇以上のポジションを占めている。彼らがもともと所属しているのは国務省の「政軍関係局」と呼ばれる部署で、「PM」と略されることが多い。

太平洋軍には、国務省からのPOLADとして台湾に精通しているクリストファー・マラットを筆頭に、日本政府のJETプログラムで広島県の中学校で英語を教え、中国のアメリカ大使館で勤務経験のあるジャスティン・ヒギンスら、三人の国務省所属のキャリア外交官がいた。

このポストに過去に在籍した人物には、二〇一四年からワシントンDCの国務省で東アジア・太平洋局日本部長を務め、二〇一七年夏に在日アメリカ大使館首席公使に就任したジョセフ・ヤングもいる。太平洋軍司令部にとって、国務省幹部が側近にいることは、国務省との意思疎通をスムーズにするだけでなく、太平洋軍の行動によって起こりうる外交的な反応とアメリカへの影響をあらかじめ見極めるうえで有効だ。

このように、ワシントンＤＣとハワイ、国防総省と国務省は、人事の交流を通して強く結びついている。

太平洋艦隊の場合、二〇〇五年七月から二〇〇七年五月まで司令官を務めたゲイリー・ラフェッド海軍大将の時代に初めてＰＯＬＡＤを受け入れ、二〇一六年時点で五代目を数える。ラフェッドは思いやりがあり、部下の話にもよく耳を傾ける人格者として知られている。太平洋艦隊司令官のあと、二〇〇七年から二〇一一年まで、海軍作戦部長という海軍制服組のトップの職に就いた。そして、サイバー対応や海洋戦略の強化、弾道ミサイル防衛などに取り組み、大統領にアドバイスする統合参謀本部の一員としての役割を担った。太平洋艦隊に初めて国務省からＰＯＬＡＤを受け入れる決断も、彼個人の資質、思いによるところが大きい。

❖国務省のアドバイザーの役割

その後、ＰＯＬＡＤを特に重視するようになったのがハリス司令官である。その証拠に、太平洋艦隊司令官の時代から、すべての海外訪問にＰＯＬＡＤを同行させた。その決定は、後任のスイフト司令官になっても引き継がれている。

これは明らかに、ハリスやスイフトが外交を意識し、国務省との調整を重視して各国を訪問していることを意味する。ハリスはワシントンDCで統合参謀本部幕僚（第一章で既述）のときに、国防総省のリエゾンとして国務省との調整に奔走《ほんそう》した経験があり、その重要性を身をもって体験しているということだ。

この点について、太平洋艦隊司令官時代のハリスと現在のスイフト司令官のすべての海外出張に同行した、四代目のデイヴィッド・グリーンバーグ博士に聞いてみた。

「ハリス司令官とスイフト司令官のリーダーシップのスタイルは違ったが、共通点は、二人とも国務省による外交政策を評価し、太平洋艦隊の任務を外交政策にシンクロさせたいという思いがあったこと。二人とも外交政策の最前線を把握するために、国務省からのアドバイザーの存在に価値を見いだしていた」

こう話し、海外出張に同伴する意義については次のように語る。

「海外の情勢と、それに対する国務省の対応や姿勢をスムーズに伝えることができる。司令官の対談相手が国防総省の軍事政策よりも国務省の外交案件に近い内容を尋ねてくる場合には、その場で国務省のアドバイザーが応じる場面もある」

オバマ政権下では、太平洋軍とその隷下の司令官たちが海外に出るたび、訪問先で「リバランス政策の中身は何か」「リバランスは本物か」という質問が、必ずといっていいほど出た。リバランス政策自体は軍事面だけではないため、経済や外交面での回答を補佐し、司令官に振り付けるのは、ＰＯＬＡＤの重要な役割だったのだ。

❖中東の戦いにも出兵する太平洋軍

これまで国家組織としての太平洋軍を見てきたが、戦闘組織としての太平洋軍はどうだろうか。

太平洋軍の重要な役割は、実はアジア太平洋地域以外にも及んでいる。たとえば中東への兵力を支えているのは、主に太平洋軍である。というのも、中央軍は自前の部隊は保有していない。イラク戦争の際、軍事用語で中央軍は「支援される側（supported）」であり、太平洋軍は「支援する側（supporting）」という位置づけであった。

福好昌治（『軍事研究』二〇一三年一二月号、六四頁）によれば、以下のようになる。

①　クウェートに侵攻したイラクのサダム・フセインに圧力をかけるための「砂漠の盾作戦（デザート・シールド）」に、横須賀を母港とする米海軍第七艦隊旗艦「ブルー・リッジ」や空母「ミッドウェー」、沖縄の米海兵隊が計約八〇〇〇人、普天間の米海兵隊へリ部隊などが派遣された。

②　続く一九九一年一月の湾岸戦争は、バグダッドなどの目標に向けて、横須賀を母港とする「モービルベイ」「バンカーヒル」などの艦船からトマホークミサイルを発射した。

③　一九九六年、イラク軍がクルド人保護区の主要都市を占拠したのを受けて、米軍は「デザートストライク（砂漠の打撃）作戦」を展開。横須賀を母港とする駆逐艦「ヒューイット」がトマホークを二発発射。

④　湾岸戦争後に、クルド人保護の飛行禁止区域を設定するため、「北方監視（ノーザン・ウォッチ）作戦」、「南方監視（サザン・ウォッチ）作戦」を展開しているが、三沢のF－16戦闘機や、嘉手納のF－15戦闘機などが派遣されている。

⑤　一九九八年にはイラクが（核疑惑をめぐり）国連査察団への協力を停止すると発表し、アメリカがペルシャ湾の戦力を増強。このなかには、佐世保を母港とする強襲揚陸艦「ベローウッド」、ドック型輸送揚陸艦「ダビューク」、ドック型揚陸艦「ジャーマンタウン」と、それらに乗艦した沖縄の第三一海兵遠征隊（MEU）が出動した。

中東への兵力派遣の中心である太平洋艦隊は、筆者の依頼に対し、過去一〇年間の中東への兵力派遣を調べ、情報を開示した。

それによると、太平洋艦隊として第五艦隊に派遣された空母、巡洋艦、駆逐艦、水陸両用即応グループの一年の平均の派遣数は四・八七隻で、多いときには八・二七隻にのぼっている。

❖アメリカ軍のダイナミズム

さて、司令官のリーダーシップのもと、組織が大きく変わった例の一つとして挙げられるのは、ハリスが太平洋艦隊司令官のときに行った抜本改革である。ハリスは太平洋艦隊を「海洋司令部（ＭＨＱ）」と「海洋オペレーションセンター（ＭＯＣ）」という機能別に、二つの組織に整理をしたのだ。

これはＮ１～９部に区分されていた幕僚部を、後方・軍政色の濃い「海洋司令部」と、作戦関連業務が卓越する「作戦司令部」に区分し、少将または准将が自らの幕僚部を統括するもの。大佐を長とする番号作戦部を基礎とするものではあるが、いままでと大幅に異なる側面を有する。また、二つの長たる将官主任参謀の権限と責任は極めて大きくなっている。

海洋司令部ＭＨＱの下には以下の部門を置いた。

①Ｎ１（艦隊要員・人事部）
②Ｎ４（兵站・艦隊補給・軍需品部）
③Ｎ６（通信・情報システム部）
④Ｎ８（戦闘必需品・資源・部隊構成部）
⑤Ｎ９（戦闘評価・軍備部）

海洋オペレーションセンターＭＯＣの下には以下の部門を置いた。

①N2（インテリジェンス・情報作戦部）
②N3（作戦部）
③N5（計画・政策部）
④N7（艦隊訓練部）

「ロジスティクス（兵站）」と「作戦」という二つの大きなグループ分けをすることによって、より効果的な組織の運営を目指したものである。たとえば太平洋艦隊のなかの主要な「N3」（作戦部）と、「N5」（計画・政策部）にそれぞれ別々の部長ポストがあったのが、一つのポストにまとめられた。このことにより、二つ星（少将）の同一人物の責任のもとで、政策と作戦が、バラバラではなく、トータルで考えられるようになった。

筆者が太平洋軍の組織に籍を置いて最も強く感じたのは、アメリカ軍のダイナミズムである。それが最も端的に表れているのが、組織が柔軟に姿を変えていくことだ。

あまりの変化に、内部で働く人さえ、ついていけないことは多い。冷戦後、特に技術の進歩や新たな脅威に向き合う戦いが増えたアメリカ軍。自ら変革していくことが、勝つため、生き残るための至上命令になっており、状況に応じて組織を最適化していくのである。

以前は自衛隊に対し、組織改編前、丁寧な説明が行われていた。が、近年はめまぐるしく変わるため、あらかじめ十分な説明がないこともあり、戸惑うことも多いという。その日本では、防衛省設置法の改正など大がかりな手続きが必要になるため、組織改編は容易ではない。とはいえ、表面的な形態だけでなく、抜本的に大組織にメスを入れるのには、手腕が求められる。ある海軍軍人は、「このレベルの組織改編は、ハリス司令官でなければ、とてもできない大改革だった」と評価する。

ハリス自身はどういう思いで取り組んだのか。「抜本的な組織改革で直面した問題は何か」との筆者インタビュー（二〇一六年八月）での問いに対し、「最も大きな障害は、人々の惰性だった」との答えが返ってきた。「新しいボスが来て、それまでとは違うやり方になると抵抗がある。変わりたくないと思う部下たちの意識を変えるのには、非常に大きなエネルギーが必要だ」と振り返った。

❖中国グループだけを残した理由

二〇〇九年一〇月から二〇一二年三月まで太平洋軍司令官を務めたロバート・ウィラード海軍大将は、東日本大震災の際、アメリカ軍による「トモダチ作戦」を指揮した日本にとっても縁の深い司令官である。余談ではあるが、かつて世界の航空ファンをうならせた映画『トップガン』には、当時少佐だったウィラードが飛行シーン撮影の全般の調整に当たるとともに、高速移動が連続する空戦シーンでは、自らＦ－14戦闘機を操縦した。伝説的な海軍のファイターパイロットなのである（第七章を参照）。

彼の肝煎《きもい》りで作られたのが、当時、地域軍のなかで唯一の「戦略フォーカス・グループ（SFG）」である。

司令官になったその年、アメリカ全体の世界戦略と政策に沿って軍事作戦を策定するため、既存の組織とは切り離し、司令官直轄《ちょっかつ》のグループを作った。グループは、①中国、②インド、③台頭する非同盟国と、日本、韓国、オーストラリア、タイ、フィリピンの五つの同盟国、その他の友好国、④北朝鮮――これら四つである。

これまで見てきたように、太平洋軍の組織は機能別に編成され、さらにそれぞれの国を担当するデスクオフィサーが存在しているが、彼らは海軍なら海軍のなかでの演習や会議、二国間や多国間にまたがる幅広い課題の調整業務で、日々、忙殺されている。司令官直属の、いわば「ミニシンクタンク」を作ることによって、軍種と国を超えた総合的な戦略を描くことがウィラードの狙いである。

ウィラードについては、当時カウンターパートだった折木良一《おりきりょういち》統幕長が協議を重ねるうち、気づいたことがあったという。「軍人としてのモノの見方、個々の情勢認識は、私とあまり変わらない。しかし、その共通した見方や情勢認識を踏まえた全体戦略をどう描くか、となると意見の相違が顕わになる」と。

その相違を折木統幕長が筆者に語った。「私が考慮に入れていたのは、どんなに広げても東南アジアまで。ヨーロッパ情勢は感覚的に知っている程度」「専守防衛の自衛隊は、基本的には日本とその周辺に限定される」……それに対し、「彼のバックには第七艦隊を含む太平洋艦隊と、太平洋陸・空軍、そして海兵隊があり、アメリカ西海岸からインド洋、北極海と南氷洋の半分以上もの広大な範囲を管轄している」「彼にとっては地球半分くらいの空間にある陸地と海洋、宇宙・サイバー空間の防衛が任務の範囲に含まれる」ということだ。

ウィラード司令官との「刺激に満ちたやりとりが、私の視野をさらに広げ」たという（折木良一『国を守る責任 自衛隊元最高幹部は語る』ＰＨＰ新書、一六九頁）。

こうした人間関係の構築は、「トモダチ作戦をスムーズに機能させるのに大いに役だった」と筆者に語っている。本音で話せること、フェイス・トゥー・フェイスでお互いを知っていること、お互いの考え方や行動を推測できること……自衛隊と太平洋軍に最も大事な部分は、実はこのリーダーたちの人間関係なのである。

その後、中国グループ以外の戦略フォーカス・グループを廃止したのは、後任のロックリア太平洋軍司令官である。アメリカ軍では「前任者の否定から変革はスタートする」といわれるが、まさにその通りだ。

ただ、ロックリアの改編は単なる否定のための否定ということではない。オバマ政権発足から三年余りが経ち、インドや北朝鮮などに対し、日本を含む同盟国との共通の課題として政権全体で取り組む環境が整ったということなのだ。海洋進出の動きが激しくなってきた中国に対しては、引き続き太平洋軍レベルでも注視しておく必要があるため、中国グループだけは残したのである。

❖アメリカ国際開発庁とは何か

「トモダチ作戦」が代表的な例になるが、アメリカ軍の海外での任務は、戦地で戦うばかりではない。特にアジア太平洋は自然災害の潜在的リスクが高い地域である。太平洋軍はすぐさま被害を受けたエリアに入り、災害援助、人道支援、その後の復興を行う出番が多い。

最近ではタイの大洪水（二〇一一年）、フィリピンを襲った台風「ハイヤン」（二〇一三年）、甚大《じんだい》な人的被害が出たネパール地震（二〇一五年）などでも活躍した。

このような場で重要になってくるのが連邦政府内の調整であり、特に海外の援助分野においては、軍とともに、アメリカ国際開発庁、通称「ＵＳＡＩＤ」の出番となる。

このＵＳＡＩＤは、一九六一年、ジョン・Ｆ・ケネディ大統領が対外援助法に署名し、非軍事の海外援助を一本化したところから始まっている。冷戦のなか援助は主に友好国に行われたが、いまではベトナムを含め、世界各地で人道支援から開発までを手がけている。国務省が監督し、世界に一万人を超える職員（本部二四三六人、海外事務所七七四八人、二〇一三年度予算要求ベース）を擁している。

援助先の国でアメリカ軍とＵＳＡＩＤが協力して取り組むことは多い。が、両者には決定的な違いがある。国防総省の場合、援助先の国に対しての政策方針がトップダウンで決まる一方、ＵＳＡＩＤでは、現場の状況やニーズを踏まえてボトムアップで方針と戦略を固めていくからだ。

軍隊による災害派遣などの人道支援活動は本来の軍事機能の応用として、安全保障環境の許す範囲で、被災初期の救援活動と、最低限の生活基盤構築支援を実施する。これは被災地など現地の人々の生活再建を長期的に支援するＵＳＡＩＤの活動とは本質的に異なる。この両者間の基本任務の差が、摩擦や軋轢《あつれき》の原点となっている。

アメリカ軍とＵＳＡＩＤはこの点を明確に認識しており、各種の会議やセミナー、図上（兵棋）演習などを頻繁に行い、円滑に達成できるよう努力している。

筆者はこの課題に取り組むための軍の研修を、ハワイ・オアフ島のスコフィールド・バラックス基地で受けた。海外支援・援助はどうあるべきかという問いについて、過去に起きた政府内の連携・調整の失敗例を取り上げ、具体的に何がどう悪かったかを検証・分析していた。そして今後、それらの教訓をどうシェアし、現場に生かしていくかと熱心に議論する姿は、常に世界の戦場で戦い、災害救援などに当たる組織ならではだと感じた。

❖ 情報部長が部下として舞い戻る強み

ところで太平洋軍やその隷下の各軍種には、同じポストを長年務めている人物が多いことに驚かされる。軍人から文民になって引き続き軍のなかで働いたり、退役して民間企業で働いてから再び軍属として戻ったり……。

日本にとっても重要なポジションである太平洋軍のJ2、情報部の副部長、アンディ・シンガーの場合、かつてはこの部門の部長だった。二〇〇二年から、かつてエドワード・スノーデンが働いたことで有名になったNSAのクニアリージョナルセキュリティオペレーションセンターを率いた人物で、二〇〇五年から「J2」部長を務めた。二〇〇八年に退役して太平洋軍を去ったにもかかわらず、今度は「J2」の副部長として、元部下の下で働くために舞い戻ってきている。

シンガーは、このことについて、筆者のインタビュー（二〇一六年九月）で「かつての部下を支えることは、やりがいのある仕事である。民間企業で人脈や見聞を広げて軍に戻ることによって、元部下たちは、数多くの場数を踏んできた経験豊富な自分を頼りにしている」と話している。

また、「ほとんどの事案は、私を含むシニアリーダーにとって初めてのことではない。経験と専門性を活かし、その事案が歴史的文脈でどのような意味を持つか、あるいはどのような影響がありそうかといったアドバイスができるので、バランスのとれた視点で課題を解決できるメリットがある」と続けた。

日本の防衛省にも、いわゆるOBが、元の場所で活躍するケースがないわけではない。たとえば航空自衛隊出身の岩崎茂《いわさきしげる》元統幕長、「背広組」のトップ西正典《にしまさのり》元次官、航空自衛官や外交官を経て民主党政権で防衛相を務めた森本敏《もりもとさとし》らが、防衛大臣政策参与に就いていた。また、海上自衛隊出身の齋藤隆《さいとうたかし》元統幕長は防衛省顧問を、陸上自衛隊出身の折木元統幕長は防衛大臣補佐官を務めた。

しかし、アメリカ軍は再び軍組織の中枢を担わせる——その点が大きく違う。また、再び軍に入ったあとに辞めるのは、本人の判断、もしくはトップの意向により、退職の時期が決まっていない場合も多い。

アメリカでは一九九〇年代、退役軍人の文民としての再雇用を縮小する動きがあったが、その後、採用を拡大する方針に転じた。なかでもハワイ州は、手厚い税制優遇措置など、退役軍人が再び軍で働きやすいよう様々な配慮をしている。このようなメリットを与えているため、太平洋軍に希望して働く元軍人の姿は、よく見かける。

ＯＢが現場に舞い戻ってくると、下の者はやりにくく、人材もなかなか育たないのではないかという疑問も湧いてくるが、そこは日米の文化の差が大きい。

日本は年齢と年次（期別）の序列がはっきりしており、自衛隊時代の上下関係を意識しないわけにはいかない。一方のアメリカは、軍組織といえども、もともと個人主義の国であるため、現場はかつての上司を一個人として迎え入れることにさほど抵抗はない。それよりも、常に地球のどこかで戦っている軍のために、過去の知見や人脈を最大限に生かしてもらうメリットのほうがはるかに大きいと考える。

❖太平洋艦隊を支えるベテランの横顔

同じポストに長くいると、人事が停滞するなどのデメリットもあるが、一方で、担当地域の国々の軍事・外交分野の人間関係を築くことができるというメリットがある。たとえば、太平洋艦隊「N5」の国際担当副部長、ウィリアム・ウエスリーは四〇年以上アジアと関わっており、このポストに二〇〇一年から就いている。

三五年間、海兵隊で勤め上げた大佐で、ベトナム戦争の地上戦を戦った叩き上げ。そのときの部下には、太平洋海兵隊司令官を二〇一六年夏に去ったジョン・A・トゥーラン海兵隊中将もいる。

ウエスリーはいったん退役後、そのまま文民として軍に残り、太平洋艦隊の中枢である計画・政策立案の部署を率いる。

「N5」は、海外での軍の戦略的計画、作戦研究、統合運用や、海軍のドクトリンに関わる政策立案を担当している部署である。また、太平洋艦隊がいかにして太平洋軍の戦域作戦計画に沿って役割を果たしていくかという全体像を描く部署でもある。そして、太平洋軍の担当地域の友好国を増やし、既存の同盟国との信頼関係や能力構築を実現していく。これらの国々の政治軍事情勢の分析をしたり、不測の事態への対応や、非戦闘員の退避、民生活動などの計画もサポートする。

さらに作戦計画（ＯＰＬＡＮ）と概念計画（ＣＯＮＰＬＡＮ）について司令官に進言する。

また「Ｎ５」は、戦時や危機対応の際に、太平洋軍と独自兵力に制約のある北方軍の二つの地域軍司令官を支援する計画を監督するほか、太平洋軍と他軍から兵力提供を受ける中央軍が管轄しているインド洋など、地域軍の壁を越えた作戦を遂行するための調整を担う。

一五年以上同じポストにいるため、日本の防衛省や自衛隊でウエスリーと仕事をした人、関係した人は、退役自衛官から現役の若手まで相当数にのぼる。彼のようなポジションが可能なのは、ハワイおよび太平洋軍が、政権交代やワシントン政治に振り回されることなく、かなり独立した存在であるということの証左である。

また担当地域の国々が多様で、中国や北朝鮮など閉鎖的で非民主的な国々も含むことから、長期にわたる分析、人脈構築、知識の蓄積が求められるという地域の特色もある。

❖「ジャパン・デスク」の重要な役割

「Ｎ５」のウエスリーの下に、日本の窓口になる通称「ジャパン・デスク」というポジションがある。

ディーン・ボーンは、二〇〇一年から、太平洋艦隊のなかで日本を担当している。愛称は「ディノ」だ。海軍の水上艦職域士官の出身で、太平洋やインド洋での作戦に関わったほか、在東京アメリカ大使館や太平洋軍の勤務経験もあり、日本語も話せる。陸軍出身の父は、第二次世界大戦後、連合国軍最高司令官総司令部（ＧＨＱ）で仕事をしていた。

重要なのは、このジャパン・デスクのポストに加えて、弾道ミサイル防衛（ＢＭＤ）政策担当という顔も持つことだ。なぜ日本担当とＢＭＤ担当の肩書の二つがあるのか、着任当初は首をかしげる人が多かった、と本人はいう。しかし実は、米軍側の意図的な配置、というわけではなかった。

もともとＢＭＤの専門家だったボーンは、在東京アメリカ大使館のエムダオ（ＭＤＡＯ：Mutual Defense Assistance Office）と呼ばれる相互防衛援助事務所に勤めていた。一九九八年、北朝鮮が初めて弾道ミサイル「テポドン」を発射し、二〇〇三年に日本政府は弾道ミサイル防衛システムの導入を決め、二〇〇四年度からミサイル防衛体制の構築と研究開発を始めた。

彼がＭＤＡＯに勤務していた時期は、まさにわが国が北朝鮮の弾道ミサイルの脅威に直面していた時期であり、防衛省は水面下でイージス艦の導入を検討していた。ＢＭＤ能力を付加されたイージスシステム関連業務経歴を持つ彼は、ある意味、一本釣りで在東京アメリカ大使館へ配置されたともいえる。

太平洋艦隊のジャパン・デスクのポストのオファーを受けたとき、ボーンはＢＭＤも兼務できるよう条件をつけて引き受けた。事情に精通している彼がハワイで二つのポストを兼務することは絶妙なタイミングだったため、日本政府側からも後押しした経緯もある。「北朝鮮の大量破壊兵器・ミサイル開発は、わが国に対するミサイル攻撃などの挑発的言動とあいまって、わが国の安全に対する重大かつ差し迫った脅威」（『防衛白書』二〇一五年）という現在のような局面では、長年蓄積された経験が生かされるときだ。

ボーンと「双子ではないか」と本人がジョークをいうほどそっくりの人物が、太平洋を隔てた日本にいる。そのジョン・ニーマイヤーもまた、長年、日米同盟の現場を担ってきた人物である。

海軍士官として一〇年間務めたあと、一九九〇年から文民として日本に残り、二年間のハワイ・太平洋軍司令部の勤務も含め、二〇一七年九月末の退職まで日米関係に携わった。在日米海軍司令部の政策審議連絡室で、政務補佐官、通訳、顧問を務めた。

在日米軍側から長年、日米同盟関係を見てきたニーマイヤーは、節目節目で重要な瞬間に立ち会ってきた。

たとえば二〇一五年一〇月一八日。この日は自衛隊の観艦式に初めてアメリカの原子力空母「ロナルド・レーガン」が参加した記念すべき日だったが、観艦式後、現職首相が初めて相模湾の洋上で航行中の原子力空母に乗艦した日でもあった。この調整に当たった一人がニーマイヤーであり、当日は安倍晋三首相、麻生太郎《あそうたろう》副総理、中谷元防衛相の案内もした。

❖国連海洋法条約を批准するために

複数の省庁間の摩擦をできるだけ小さくし、調整をする部署として、太平洋艦隊のなかには「アウトリーチ&政府案件担当」のポストがあるが、ここにもやはりベテランの退役した海軍出身の文官を配置している。肩書は「戦略コンサルタント」も併せ持つ。

このポストの存在によって、太平洋艦隊内の省庁をまたぐ多くの課題が事前に調整され、太平洋艦隊として対外的な発信をする際も、いったんこのポストで省庁間の整合性をとるプロセスを経ている。

現在、このポストで仕切っているのはディレクターのブライアン・ベネットだ。ハリス太平洋軍司令官とは入隊は一年違いで、二〇代のころからの盟友である。

ベネットは二〇〇九年に海軍を退役したあと、アメリカ政府に対する防衛・安全保障分野でのコンサルティング企業大手として知られる「ブーズ・アレン・ハミルトン」に六年間働き、シニアアソシエートを務めた。太平洋艦隊司令官として組織内の大改革を行おうとしていたハリスに請われ、二〇一三年、再び太平洋艦隊へ戻った。

ベネットの重要な仕事の一つは、連邦政府の議員がハワイを訪れた際などに、国連海洋法条約(UNCLOS)の批准《ひじゅん》がなぜ重要であるかを説明することである。

この条約についてアメリカは、クリントン、ブッシュ、オバマの三つの政権にわたって批准を目指したが、共和党議員の十分な支持を得られないなどの理由から、批准に至っていない。そのため「航行の自由作戦」を続けるに当たっては、批准していないことを中国に指摘されるなど、その正当性を問われる根拠になってしまってもいる。

太平洋軍や太平洋艦隊の立場としては、批准は最優先課題の一つであり、ワシントンの理解を得るための地道な説得工作が続いている。

また、ゴールドウォーター・ニコルス法の見直しが現在、進められているが、そのなかで四つ星の大将クラスの枠を大幅に減らすことが検討されている。そのような措置は現場に大きな混乱をもたらすだけでなく、対外的に陣営が見劣りすることを意味するため、今後、見直しや再検討を促すことも、仕事の一つである。

第5章

ハワイの吸引力

❖ 太平洋軍で働く他国の軍人たち

ハワイには各国の軍、政府関係者たちが吸い寄せられ、絶え間なく出入りしている。太平洋軍やその隷下の太平洋艦隊、太平洋陸軍、太平洋空軍、太平洋海兵隊の各司令部には、アジア太平洋の複数の国々の軍人が働いている。といっても当然、アメリカにとって信頼のおける同盟国が中心だ。

希望を出していても実現していない国も多い。アメリカ側の求めているものと、相手国が求めているもの、つまりポジションや情報のアクセスの度合い、軍事面での貢献度などが、アメリカ軍側の希望と合致しないと無理なのだ。

一般的にアメリカ軍ではこれを「期待の管理(expectation management)」というが、同軍幹部の一人は「これが難しい」といっていた。

こうした他国軍のプレゼンスの全体像は、任務の特殊性や秘匿性《ひとくせい》から、ほとんどが開示されていない。が、筆者のリクエストに対し、太平洋軍、太平洋陸軍、太平洋空軍、太平洋艦隊、太平洋海兵隊の担当部局が、それぞれ可能な範囲で協力をし、データを開示した。

以下は、太平洋軍司令部の内部組織にはどういう国々が存在し、どのようなセクションで、どのレベルのポジションを占めているかを、各司令部の協力で得た資料をもとに示したものである。正式な日本語訳があるわけでないため、可能な範囲で業務内容に忠実に筆者が翻訳した。

❖太平洋軍と一体化するオーストラリア

これら各国軍要員の配置から分かることは、外国勢の中心は、アメリカとともに「ファイブ・アイズ」を構成するオーストラリア、カナダ、イギリス、ニュージーランドの軍人たちの占めるポジションの突出ぶりである。これは「ファイブ・アイズ」の関係を示す端的な一例といえる。

ファイブ・アイズの原点は、「ＵＫＵＳＡ協定」と呼ばれる五ヵ国それぞれの諜報機関が傍受した秘密区分の極めて高い情報などを共有する枠組み。今日では、その特別な関係が、情報・諜報以外の安全保障全般に拡大していることは周知の事実である。

重要なのは、太平洋軍の幹部として中枢を担うポストにファイブ・アイズに属する外国籍の軍人が配員されていることだ。その中心はオーストラリアである。なかでも特筆すべきは太平洋陸軍の主要副司令官の二人のうちの一人がオーストラリア人であること。作戦担当の副司令官のグレッグ・ビルトン少将である。彼はオーストラリア人としてこのポストの二代目である。

オーストラリアの兵力は、陸海空を併せても五万七八〇〇人程度であり、質と量から見れば自衛隊とは比較にならないほど小さいのが実情だ。それでもアメリカ軍が最も頼りにしている友人であるのはなぜだろうか。
もともとイギリス連邦の一員だったオーストラリアは、第一次、第二次世界大戦や、朝鮮戦争、ベトナム戦争をアメリカとともに戦った。オーストラリアは「ファイブ・アイズ」の一員であるだけでなく、「太平洋安全保障条約（ANZUS条約）」に基づくアメリカの軍事同盟国でもある。

特にベトナム戦争後、国益の判断に基づき、アメリカが参戦したすべての戦争や紛争に対し、人数の多少はあるものの部隊を派遣している。こうしてアメリカ軍と軌を一にした軍事行動を安全保障政策の柱とすることにより、ファイブ・アイズさえも超越した関係を構築してきた。太平洋国家としての国益がより明確となる時期と一致した冷戦期以降は、安全保障面で、さらなるアメリカ接近策を採っている。

二〇〇一年の九・一一同時多発テロを受けて、一九五一年のアンザス条約調印から初めて集団的自衛権を発動し、艦艇、空中給油機、戦闘機、陸軍特殊部隊などを派遣、米軍の作戦を支援した。また、アメリカ中央軍（CENTCOM）とともにイラクやアフガニスタンで戦った歴史を持つアメリカ最大の味方であり、「忠実な同盟国」（ジョージ・W・ブッシュ）である。

特に、アメリカ陸軍の電撃作戦を中心とした華々しい戦闘のあと、荒野、山岳地帯、砂漠の原野において苦しい戦いの連続となったアフガニスタンとイラク作戦――このときアメリカ軍とほぼ同一の行動基準を採用し、共同作戦を実施したオーストラリア陸軍は、たとえ数百人という大隊規模の小部隊であったとしても、運命共同体としての戦友意識で強く結ばれた。こうした信頼感と絆《きずな》を共有する、他の追随を許さない陸軍なのである。

中東地域の兵力が縮小され、アメリカのアジア太平洋地域を優先する「リバランス政策」（アジア回帰政策）が打ち出されたことに伴い、二国間の同盟関係を象徴する新たなポストとして、太平洋陸軍副司令官のポストが設けられた。

また、オーストラリアはこのポスト以外にも、太平洋軍のインテリジェンスを担う情報部の「J2」と、戦略計画・政策部の「J5」のそれぞれ副部長ポストを占めている。「J2」は軍組織のなかでも最も秘匿性が高く、「J5」は軍事戦略を練り上げる軍組織の「頭脳」である。つまり、いずれもアメリカ太平洋軍司令部の要《かなめ》となるポジションであり、その両方をオーストラリア軍人が占めていることになる。

他にもオーストラリア軍人は太平洋軍傘下で三〇～四〇人は働いているとされ、ほぼアメリカ軍と一体化して、指揮官を補佐するなど、中枢で活動している。アメリカがオーストラリアとの軍事同盟関係を極めて重視している証左である。

その関係の象徴は、たとえば真珠湾のフォード島にある太平洋航空博物館パールハーバーで見ることができる。二〇一三年、オーストラリア空軍の主要攻撃機だった「ジェネラル・ダイナミクスF111C戦闘爆撃機」がオーストラリア空軍から寄贈され、展示されている。ベトナム戦争でアメリカ空軍と共に最新鋭機として対地攻撃任務を、湾岸戦争の「砂漠の嵐作戦」

で老体にムチを打ち爆撃任務を遂行したジェット機である。ともに戦った両国の歩みの証《あか》しなのだ。

オーストラリアは軍のみならず、その外務貿易省も、ハワイに置く総領事館の機能を「太平洋軍との緊密な接触を維持すること」と明確に位置づけている。

在ホノルル・オーストラリア総領事としてスコット・デュワーが任命された際のプレスリリース（二〇一一年七月三〇日付）では、「太平洋軍はアジア、太平洋、インド洋東側におけるアメリカ軍を指揮、調整しており、地域の安定に重要な貢献をしている。太平洋軍はオーストラリアとアメリカとの同盟関係の中心的な存在であり太平洋軍とその構成部隊と人道支援・災害救援を含めて幅広い課題に緊密に協力しており、それは東日本大震災の際のオーストラリアの対応にも生かされた」と書かれている。

オーストラリアは東日本大震災の際、「パシフィック・アシスト作戦」として、わずか四機しか保有していなかった大型輸送機C－17を二機、日本に派遣し、人員、物資、車両、特に浄水機材など、自衛隊輸送機の搭載能力を超えた重量資材の輸送支援で活躍した。

外務貿易省のキャリア職員だったデュワーがハワイ勤務後、オーストラリア国防省第一次官補（局長相当官：国際政策担当）になっていることなどからも、政府の戦略がうかがえる。

アメリカは二〇一一年一一月に発表した「米豪戦力態勢イニシアティブ」に基づき、二〇一二年四月から、ダーウィンにおけるアメリカ海兵隊のローテーション展開、空軍機のオーストラリア展開などを始めている。

そして二〇一四年八月には「米豪戦力態勢協定」を調印、今後のアメリカ軍展開の拡大をにらみ、既存の米軍地位協定を補完する法的取り決め事項に合意した。翌二〇一五年一〇月には、米豪国防相会談で、相互運用性の強化方針なども確認している。

アメリカが南シナ海で「航行の自由作戦」を再開した同じく二〇一五年一〇月には、米豪外務・防衛閣僚協議の共同コミュニケで、南シナ海における中国のサンゴ礁埋め立て・人工島造成に強い懸念を表明した。またマリース・ペイン国防相が航行および飛行の自由に関する国際法に基づく権利を強く支持する声明を発表している。

ただ、オーストラリアにとって中国は最大の貿易国であり、強い経済関係で結ばれている。国内には「アメリカを選ぶか、中国を選ぶか」といった議論が常にある。近年では、アメリカ海兵隊が展開し、オーストラリアの艦艇も利用する北部のダーウィン港の一部を、地元政府が中国企業にリースしたことを政府が黙認したことが国内外の波紋を呼んだ。

米豪関係にくさびを打ち込もうとする中国に対し、米豪は必ずしも一枚岩ともいえない要因が存在する。それでも、ＥＵ離脱を決めた内向き思考のイギリス、基本的には現実の事態に対応するための兵力を提供しない日本などと比較すれば、アメリカ軍にとって心を許せる真の友と呼べるのがオーストラリア軍なのである。

❖米加二国を防衛する共同司令部とは

カナダも、オーストラリアほどまではいかないが、アメリカとの同盟関係は深く、太平洋軍司令部にカナダ空軍出身の作戦副部長らがいる。

カナダはアメリカにとってジュニアパートナー的存在であるが、同時に国土防衛任務の軍隊をまったく配備していない世界最長の国境線を共有する、極めて近しい関係にある。

この関係に加え、広大な北米大陸北部を独占的に共有する地理的関係もあり、両国は北米航空宇宙防衛司令部（NORAD）という世界で唯一、両国の防空任務を単一指揮官が担う共同司令部を設置している。

NORADの司令官は、ハワイ州をのぞくアメリカ本土四九州の国防を担うアメリカ北方軍（NORTHCOM）の司令官が兼務しており、副司令官はカナダ人将校が務める。二〇一四年からはハリス太平洋軍司令官が「大きな影響を受けてきた」という、長年ともに切磋琢磨《せっさたくま》してきた親友、ビル・ゴートニー海軍大将が司令官を務めた。二〇一七年五月の時点では、女性初の太平洋空軍司令官として話題になったロビンソン空将が、やはり女性としては初めてNORTHCOM司令官と兼務している。

NORADは、もとはアメリカとカナダの両空軍の合同統一防衛組織として北米の航空宇宙警戒と統制を主任務としていたが、二〇〇六年のNORAD協定改定で沿海警戒も任務に加え、期限付きだった協定の期限も撤廃した（櫻田大造『NORAD　北米航空宇宙防衛司令部』中央公論新社）。そして二〇〇一年の九・一一同時多発テロ以降、現在まで、両国の防空と沿海防衛任務の総称である「ノーブル・イーグル作戦」を継続している。

ただ、カナダにとってアメリカとの軍事協力は、北アメリカと欧州によって構成される北大西洋条約機構（NATO）の大きな枠組みがベースになっている。よって、クリミア併合など、黒海地域やバルト海における冒険主義的活動ともいえる活発な軍事活動を展開するロシアにも対処している。二〇一七年以降はラトビアへの旅団規模の兵力派遣を担当するなど、NATO軍としても一定の役割を果たしているのだ。

アメリカにとって、このオーストラリア・カナダ両国との共通項が英語圏に属することである点が大きい。軍のインテリジェンスの共有や、作戦計画や政策立案など、同じ言語によるコミュニケーションが最も スムーズであるのはいうまでもない。

❖軍事力への自信から韓国が招いた危機

さて、オバマ前大統領が「アメリカの最も近い同盟国で、最も偉大な友人の一つ」と表現したように、韓国はアメリカにとって重要な同盟国の一つだ。自衛隊の半数ほどだが、連絡官らが太平洋陸軍や太平洋空軍司令部などに在籍している。

在ホノルル韓国領事館の海軍武官の大佐は、太平洋艦隊司令部連絡官を兼務している。また、退役海軍中将だった人物が総領事を務めるなど、韓国政府は軍事・外交を併せた戦略的な人事配置をしている。太平洋軍司令部に連絡官を派遣するという長年の悲願を最近、実現したばかりだ。

もともと在韓米軍は、朝鮮戦争の際に国連軍の一員として派遣され、一九七八年から米韓連合司令部を設置した。こうした経緯があり、北朝鮮との戦争、つまり朝鮮半島有事のなかでも特に陸戦を想定した存在である。このため両軍の関係は、太平洋軍と自衛隊の関係とは大きく異なる。

韓国に駐留している在韓米軍司令官は、在韓国連軍司令官と在韓連合司令部司令官も兼ねている。つまり、平時において在韓米軍はアメリカ太平洋軍の指揮下にあるが、有事の際には在韓米軍司令官が兼務する米韓連合軍司令官が作戦統制権を行使することとなっている。

ということは、韓国軍は戦時作戦統制権を持つ在韓米軍の指揮下に入る形となる。太平洋軍司令部は直接、関与しない。軍事用語でいえば、米韓連合軍は作戦を直接実施する「支援される側（supported）」であり、上部組織である太平洋軍司令部は「支援する側（supporting）」という位置づけになる。

司令官に就く人物を見ても明らかだ。在韓米軍の司令官は歴代、四つ星の陸軍大将が就いている。太平洋軍司令官も同じ四つ星クラスの海軍出身者が就いていて、組織上、太平洋軍の隷下とはいえ、司令官としては同等のランクになる。ただ、太平洋軍司令官は複数の大将配置を経験した将校の補職先であるが、近年の在韓米軍司令官は、例外もあるが、大将初配置の場合が多く、同じ大将でも、その差は歴然としている。

ちなみに二〇一七年現在の在韓米軍司令官は、直前まで太平洋陸軍司令官だったヴィンセント・ブルックス陸軍大将である。そのため太平洋軍司令官とのあいだの意思疎通は十分とれると見られるが、将来、ハワイでの経験がない司令官が就いた場合、太平洋軍とのコミュニケーションに大きな配慮が必要となる可能性が高い。

実はこのことは、日本側にも大きく関わってくる。安全保障関連法が施行され、朝鮮半島有事の際、自衛隊がアメリカ軍への支援をする可能性が高まった。そのとき主たる調整先が日ごろから関係を築いているハワイの太平洋軍司令官にあるのか、それとも交流の少ない在韓米軍司令官にあるのか明確にされておらず、調整が複雑になることが予測される。防衛省や自衛隊関係者も、この点に関し不安を抱いているようだ。

たとえば朝鮮有事の際、日本の自衛隊がアメリカの要請を受けて、補給や警戒監視、情報収集などの後方支援に当たる場合はどうだろうか。

自衛隊の活動範囲については、北朝鮮が含まれるかどうかで、日韓の見解が分かれているという。産経新聞（二〇一五年一〇月二四日付）によれば、韓国の韓民求《ハンミング》・国防相は「北朝鮮での活動にも韓国の同意が必要」と主張しており、米韓連合軍司令官の要求があっても韓国は自衛隊の派遣を拒否できるという姿勢を見せている。

在韓米軍の戦時作戦統制権については韓国へ移管することが議論され、韓国は二〇一五年までの移管完了を目指していた。反米感情も根強く、アメリカ側も世界戦略上の米軍展開と国内事情の双方から、韓国内の地上軍を段階的に縮小してきた。しかし、北朝鮮の核ミサイルの脅威が深刻化したこともあり、韓国側の要請もあって、現在は韓国軍の能力向上など条件が整った時点で移管することに落ち着いた。

その裏には、自国経済と軍事能力への過剰な自信と反米意識を優先したがために指揮権移管を要求してしまった「危うさ」に対する、韓国の遅すぎた自覚がある。自らの誤りを隠すことにより、韓国のメンツを保ったうえで交渉を行い、韓国軍の能力が向上するときまで移管時期を先送りするという軟着陸点を、かろうじて実現した。

❖ハワイに中国の在外公館は認めない

こうした副司令官ポストや連絡官などの存在を通して、カナダもオーストラリアも、太平洋軍が中心になって行っている数多くの演習に参画している。

太平洋軍が中心になっているものとしては、たとえば下記の演習がある。

① バリカタン：アメリカ軍とフィリピン軍との軍事演習
② コブラ・ゴールド：アメリカ軍とタイ軍が主催するアジア最大の多国間軍事演習

③キーン・エッジ／キーン・ソード：アメリカ軍と自衛隊の司令部で指揮をシミュレーションする「エッジ」と、野外での共同合同統合演習を行う「ソード」

④パシフィック・パートナーシップ：二〇〇七年より太平洋艦隊が主体となり、病院船などの艦艇が地域内の各国を訪問し、医療活動、文化交流を通して各国政府や軍との連携を強化する人道支援活動

⑤リムパック（環太平洋合同演習）：アメリカ海軍主催、ハワイ周辺海域で二年おきに実施される各国海軍の軍事演習

⑥タリスマン・セーバー：アメリカ軍とオーストラリア軍が二年に一度実施する大規模な合同軍事演習

⑦テンペスト・ウインド：太平洋軍司令部とSOCPAC・JTF（統合任務部隊）510で行う訓練。非公開プログラムで毎年行う大規模災害や能力構築を想定した演習

⑧ウルチ・フリーダム・ガーディアン：アメリカと韓国の合同指揮所演習

⑨カーン・クエスト：アメリカとモンゴル共催の多国間共同訓練

二〇一七年五月には、日米に加えてフランスやイギリスが参加し、軍事演習としては初となる四ヵ国の枠組みで演習が行われた。佐世保を出港したフランスの艦船「ミストラル」に乗り組み、洋上での生活を共にするとともに、グアム島や北マリアナ諸島のテニアン島で上陸作戦

2017年のタリスマン・セーバーでの空挺作戦演習（米陸軍提供）

の演習も行った。

さらに同月には「パシフィック・パートナーシップ」のメーン訪問国にベトナムを選び、南シナ海に面する軍事的要衝のカムラン湾に米海軍の遠征用高速輸送艦「フォール・リバー」が寄港した。この船にはオーストラリアの軍人も乗っており、カムラン湾で海上自衛隊の護衛艦「いずも」も合流した。

さて、ハワイを中心に企画されているアメリカとその同盟国や友好国との軍事・外交の交流を、ヤキモキして眺めているのが中国だ。アメリカと「国交」のない台湾は、総領事館の役割を果たす台北経済文化弁事処をハワイに置いているのだが、中国の総領事館の設置は実現していない。

関係者によれば、中国政府はハワイに在外公館の新設を希望したが、現在のところアメリカ政府はそれを認めていない。

中国はリムパックに二〇一四年ならびに二〇一六年と連続で招待されているが、太平洋軍のお膝元であるハワイに人民解放軍関係者を常駐させる判断は、さすがのオバマ政権下でも実現せず、トランプ政権ではもっと難しいだろう。

余談だが、読書家で知られるハリス太平洋軍司令官は二〇一六年一〇月、専門的知識と能力を高めるための推薦本リストを、太平洋軍公式ホームページにアップした。注目したいのは、そのリストのなかにピーター・シンガーとオーガスト・コールによる軍事ミステリー小説『Ghost Fleet: A Novel of the Next World War』（日本語訳は『中国軍を駆逐せよ！　ゴースト・フリート出撃す（上・下）』二見文庫）が入っていたことだ。

二〇二五年、中国がロシアと組み、アメリカのGPSや偵察衛星を破壊し、真珠湾を奇襲攻撃、オアフ島を占領する。空母や原潜はサイバー攻撃などによって機能せず全滅、在日米軍も壊滅し、ワイキキのホテルには人民解放軍の司令部が置かれる。最新鋭の兵器、システム、ネットワークを打ち負かされたアメリカは、廃棄寸前だったゴースト・フリート（幽霊艦隊）でハワイ奪還作戦を試みる――。

アメリカと中国の戦争が勃発《ぼっぱつ》したらハワイが攻撃されるという、衝撃的だが、現実離れしているわけでもない設定に、軍のなかではかなり話題になった一冊だった。

❖日本人は副司令官ポストに就けるのか

さて、日本はオーストラリアやカナダと同じように太平洋軍の中枢の幹部となる人材を送ることは可能なのだろうか。いや、その前に日本はそれを望んでいるのかという問題がある。

二〇一五年一月、森本敏・拓殖大学特任教授（現在は同大学総長）がハワイを訪れた。防衛大学校を卒業後、航空自衛隊を経て外務省に入省し、在米日本国大使館一等書記官、情報調査局安全保障政策室長などを歴任。任期は短かったが、野田佳彦首相率いる民主党政権のもとで防衛相も務めた。

太平洋軍は手厚くもてなした。日本政府と東西センター共催の会議で講演したほか、国防総省アジア太平洋安全保障研究センターを訪れ、太平洋軍所属の軍人や文民たちに向けて日本の安全保障政策について話をした。

ちょうどこのころ、日本では安保法制の議論が盛り上がっていた。国内世論だけではなく、アメリカや日本の周辺国の一部も安倍政権への警戒心を強めていた。講演のなかで森本は、安倍首相について、「アジアの一部から最右翼という言い方もされるが、首相は非常にバランスがとれている」と説明し、会場からの質問に一つ一つ丁寧に英語で応じた。

この訪問の目的はもう一つあった。太平洋軍幹部たちと意見を交わすことだ。会談のなかで森本は、ある提案をしてみた。

「太平洋軍に日本人の副司令官のポストはどうだろうか？」

この提案をしたことについて森本は、筆者に対し、「アメリカが自衛隊の役割の拡大を期待しているのだから、自衛隊によるアメリカ軍の機密情報へのアクセスや、政策決定プロセスへの関与がもっとあってもよいのではないか」との考えが背景にあったと述べている。

もちろん、さまざまな課題があるのは百も承知であり、具体的な話には進展しなかった。いわゆる「ファイブ・アイズ」の国々は母国語が英語であり、戦略会議にしても、インテリジェンスの共有にしても、あらゆるコミュニケーションに壁はない。だが、自衛官はそうはいかない。

また、もし司令部の中枢ポストを得て、より高い機密情報に接することができたとしても、自衛隊の活動にはさまざまな制約があるのが現実である。日本有事以外は共に戦わない国と、一体どこまでアメリカは情報を共有するだろうか？

たとえば「航行の自由作戦」を決行する際、日本人の副司令官が決裁したうえでアメリカ軍の司令官が承認した場合、「武力行使の一体化」として受け止められる可能性もある。

一方、できないことはできないと堂々と振る舞えばよい、アメリカとその同盟国が何を考えているかを正確に把握することこそが重要である、という見方もある。

このテーマは日米のあいだで具体的に議論の俎上《そじょう》にのぼっているわけではない。ただ、日本の役割や貢献の度合いと、情報や指揮とのバランスは、いずれ避けては通れない課題になるということを、森本は問いかけたのだ。

❖インテリジェンスの中心にいたスノーデン

ハワイの現在を宿命づけているのは、真珠湾攻撃の前からインテリジェンスの拠点だったということ。そして、それは現在も変わらない。

筆者は二〇一五年二月、エドワード・スノーデンがロシアから生中継で登場するというイベントがハワイであるというので、チケットを五ドルで購入した。事務局に聞くと、八〇〇席分はすぐに売れたという。

ホノルルで開かれたスノーデンのイベントのチラシ

主催はアメリカ自由人権協会（ＡＣＬＵ）で、ハワイの支部誕生五〇周年を記念して企画したものだ。筆者はこのときアメリカ国防総省に籍を置いていたため、軍所属の弁護士から、連邦政府正規職員ではなく外国籍の筆者の場合は参加しても問題ないという了承を得たうえで、ハワイコンベンションセンターへと足を運んだ。

スノーデンは二〇一三年、勤めていたハワイ・オアフ島のＮＳＡの施設から大量の政府の機密情報を持ち出し、アメリカ政府が個人の携帯などを傍受し監視す

ホノルルで開かれたスノーデンのイベント会場

る「プリズム」というプログラムが存在することを暴露し、世界を震撼《しんかん》させた。

　はじめにドキュメンタリー映画『シチズンフォー』が上映された。舞台はスノーデンがハワイを去ったあとの滞在先である香港《ホンコン》のホテルの一室。スノーデンはガーディアン紙の記者らに対し、機密を持ち出し、公開した理由を説明していく。若者なりの覚悟と使命感があって実行に及んだことが窺《うかが》え、緊迫感あふれる映像だった。

　上映後、スノーデン本人が「アロ〜ハ！」という挨拶とともに巨大スクリーンに登場した。会場から大きな拍手がわき起こった。それから一時間は早口のスノーデンの独壇場で、あっという間に時間が過ぎ、最後はスタンディングオベーションに包まれた。「おたずね者」の彼に対して誰もが好意的というわけではなく、なかには不快そうな顔をして座ったままの人もいたが。

スノーデンの暴露によってテロのリスクがさらに高まったと考える人は多い。

陸軍と海軍の二人の息子がアフガニスタンでの戦争に派兵された知人女性に、スノーデンについて聞いてみると、「アメリカ国民として考えさせられたけれど、白黒の判断ができない」といっていた。大半の国民が、そのようなもやもやとした感想を抱いているようだ。

震源地となったハワイは、アメリカとアジアの情報が行き交う中間に位置するため、昔から多くの通信傍受が行われてきた。日系人を含めて多様な人種が入り交じっているため、多くの言語を理解する人がいたことも、傍受内容を翻訳するには好都合だったのだ。いまも、アジアとアメリカを結ぶ海底ケーブルの多くはハワイで陸揚げされており、携帯電話でもパソコンでもメールでも、日々の膨大な情報が行き交っている。

そのスノーデンは、ワイキキから車で三〇分ほどのところにあるワイパフで暮らしていた。立派な住宅街のなかにある平屋の戸建てで、筆者が行ったときにスノーデンはすでにアメリカを去っていたが、きれいな花や木が手入れされていたので、いまは別の住人がいるのだろう。ガールフレンドと二人で暮らし、特に近所づき合いはなかったらしい。

スノーデンが住んでいた家からクニアロードを北に車を走らせると、左側の背の高い草むらの向こうにパラボラアンテナが見えた。

しかし、地図には明記されておらず、大きな地下空間がオフィスになっているため、ここに巨大施設が存在するとは地上からは想像もつかない。

オアフ島にあるNSAの全景

オアフ島にあるNSAのアンテナ

スノーデンと契約を結び、NSAへ彼を派遣した大手軍事企業「ブーズ・アレン・ハミルトン」が入るホノルル・ダウンタウンのビル

少し先に進んで左に曲がると、そこからは関係者用の道路があり、その先に頑丈《がんじょう》な鉄の扉と軍関係者らしき警備の人たちが見えた。ここでは二七〇〇人ほどのNSA関係者が働いているといわれる。

ハワイではボーイング、ロッキード・マーティン、ノースロップ・グラマン、BAEシステムズ、ジェネラル・ダイナミックス、レイセオンなど、アメリカを代表する軍事企業が、海軍研究所や国防高等研究計画局（DARPA）といった国防総省の予算を得て、研究開発にも取り組んでいる。

世界中からインテリジェンス関係の人たちが集まってくるのはいうまでもない。

❖世界最大のミサイル射場で自衛隊は

太平洋は長年、アメリカ軍の最新兵器の威力を試す実験場でもあった。第二次世界大戦後にアメリカの信託統治領となり、現在は独立主権国家とみなされているマーシャル諸島（アメリカとは自由連合盟約、通称ＣＯＭＰＡＣＴ〔コンパクト〕を結んでいる）には、いわゆる「太平洋核実験場」があった。アメリカは一九四六年から一九六二年にかけて水素爆弾を含む大気圏内試験を繰り返した。

そのなかには日本人が犠牲になったものもある。遠洋マグロ漁船の第五福竜丸だ。一九五四年三月、マーシャル諸島にあるビキニ環礁で行われた水素爆弾実験による大量の放射性降下物、いわゆる「死の灰」を浴び、二〇人以上の船員が被曝《ひばく》したのだ。

広大な海には住人の数も少なく、核実験の影響を最小限に抑えられるため、アメリカ軍にとっては最適の実験場だった。が、その後、一九六三年に部分的核実験禁止条約の締結により、アメリカ本土の「ネバダ核実験場」などでの地下実験に限られるようになった。さらに包括的核実験禁止条約によって、宇宙空間、大気圏内、水中、地下を含むすべての空間での核実験は禁止された。現在の核実験は、コンピューターによるシミュレーションのみで行われている。

マーシャル諸島にあるクワゼリン環礁にはアメリカ軍の基地があり、ロナルド・レーガン弾道ミサイル防衛試験場がある。最近では、北朝鮮による核・ミサイル開発への脅威が高まるなか、二〇一七年五月、アメリカ軍は大陸間弾道ミサイル（ＩＣＢＭ）を想定した初の迎撃実験を実施し、地上配備型ミッドコース防衛システムによって迎撃が成功している。この実験はマーシャル諸島のクワゼリン環礁からアメリカ本土に向けた模擬ＩＣＢＭ型ミサイルに向け、太平洋に配置した海上配備型Ｘバンドレーダーなどで捕捉・追跡し、カルフォルニア州バンデンバーグ空軍基地から発射した迎撃ミサイルを命中させた。

このように太平洋は、軍事力を試す重要な実験を支援する役割を担ってきているが、日本にも関わりが深い。

ハワイ諸島の最北端に位置するカウアイ島西岸のバーキング・サンズには、世界最大の太平洋ミサイル射場という重要な軍施設がある。ここには世界一の規模を誇る多角的な試験と訓練が可能な海域と施設があり、潜水艦と水上艦、航空機などが同時に訓練し、その場で訓練の成果を検証できる設備を備えている、世界唯一の試射場だ。

この施設は日本も利用している。ハワイでの日米間の演習は、太平洋軍との意思疎通《そつう》を図り、有事の際に作戦をスムーズに遂行するだけが目的ではなく、日本国内では実施できない訓練をする目的もある。

このミサイル射場を初めて日本が利用したのは、二〇〇七年一二月一八日（日本時間）。北朝鮮による弾道ミサイルの脅威が高まり、ミサイル防衛システムの配備を急いでいた時期だ。

海上自衛隊初の弾道ミサイル防衛（ＢＭＤ）艦（同能力の改造付与）であるイージス艦「こ

んごう」はこの日、ミサイル射場から発射された模擬弾道ミサイルを探知して追尾し、迎撃ミサイル「ＳＭ３」を発射、高度一〇〇キロ以上の宇宙空間で命中させた。

射場では日本から駆けつけた江渡聡徳《えとあきのり》防衛副大臣がモニターを見つめ、模擬弾が発射されてからの七分間を見守った。迎撃が成功するや、拍手と歓声が湧き起こったという。

このときアメリカは、初めて迎撃実験をメディアに公開しており、国防総省ミサイル防衛局のヘンリー・オベリング局長は、「日米の強力な同盟関係が確認できた。日本には同盟国の中で、ミサイル防衛を先導する役割を担ってもらいたい」と、実験の意義を強調している（「読売新聞」二〇〇七年一二月一八日付夕刊、一九日付朝刊）。それから一〇年のあいだ、自衛隊はここで何度もテスト発射を繰り返しながら、ミサイル防衛の能力を高めてきている。

❖軍が支えるハワイ経済

観光業だけでなく、太平洋軍のプレゼンスによって世界中から人々を引きつけるハワイには、米軍基地関連の土地が一六万三五九二エーカー（約六万六二〇〇ヘクタール）ある。ハワイ州の面積は二八三万一一〇〇ヘクタールなので、軍用地は二・三四％に当たる。

ハワイの人口は二〇一五年のアメリカ商務省統計国勢調査局によると約一四三万人。そのうち、商工会議所の軍事評議会の二〇一四年一月時点の資料では、ハワイにおける軍人コミュニティは一四万五〇〇〇人にのぼる。

内訳は、六万人を現役軍人、予備役、沿岸警備隊が占め、残りは彼らの家族と、約一万一〇〇〇人の国防総省の文民である。このうち軍人の構成の内訳を見ると、陸軍が二万二五四六人とトップで、次いで海軍が一万五〇六六人、海兵隊が六三八五人、空軍は五一一三人、沿岸警備隊が一五八九人である。

またランド研究所の報告書によれば、ハワイへのアメリカ軍の支出は、二〇〇九年度のハワイのGDPの一八・四%を占めている(James Hosek, Aviva Litovitz, Adam C. Resnick, "How Much Does Military Spending Add to Hawaii's Economy?" RAND, 2011)。

パールハーバーには、ハワイ州で最大の産業プラントである真珠湾海軍工廠《こうしょう》があり、四六〇〇人以上のエンジニアが働いている。

「最も魅力的な米軍基地がある場所」の常に上位に選ばれるハワイにとって、米軍は、観光関連産業に次ぐハワイの主要産業なのである。

オバマ政権下では国防予算削減に伴い、太平洋陸軍の司令部があるフォート・シャフター基地と、オアフ島中央部の町ワヒアワにある第二五歩兵師団などの駐屯地となっているスコフィールド・バラックス基地の縮小案が出た。

しかし米軍基地の縮小は、ハワイの経済、そして社会に大打撃を与えるため、ハワイ商工会議所をはじめ州の政財界は、署名を集めるなどして再編計画の反対運動を続けている。

この縮小計画では、一万六〇〇〇人の軍人、約三八〇〇人の文官の、計一万九八〇〇人を削減することになっているが、これはフォート・シャフター基地では三割以上、スコフィールド・バラックス基地の七割以上の削減に値する。または、一万一〇〇〇人以上のパートナー、一万八〇〇〇人以上の子ども、計三万人の家族がハワイを去ることを意味しており、ホノルルの人口のだいたい五％に相当するという試算をはじき出している。

一年を通じ暖かい気候のため、ハワイは引退した富裕層の高齢者が全米から移住してくる人気の場所だ。が、太平洋軍に勤務経験のある人を中心に、多くの軍人も、引退後はハワイ暮しを選んでいる。退役軍人の数はハワイ州総人口の一割以上を占める一二万人近くにのぼる。

軍人や退役軍人にはゴルフコースなど専用のレクリエーション施設があり、また州の税金などが免除されているため、日用品や食品の価格が安い軍人専用ショッピングモールなどがいくつもある。このような場所も含め、軍が生み出す雇用は九万七五〇〇人になる。年間世帯収入としては八七億ドルを生む。ハワイ州全体の労働力のなかでは、一六・五％を占めている。

さらに同商工会議所によれば、太平洋軍はハワイのコミュニティ全体に、さまざまな貢献をしている。高速道路の建設や空や海での救難救助、若者への違法ドラッグに関する教育、ビーチでの清掃、航空ショーの開催まで多岐にわたる。

❖軍の島で叫ぶ先住民たち

ハワイは軍事拠点となることを宿命づけられた島であり、多くの住民は軍と共存する道を選

カハナ湾から山奥までのカハナ渓谷周辺に広がるアフプアア・オ・カハナ州立公園。このストップ表示の先は、いまは先住民が静かに暮らしており、立ち入りが制限されている

んでいる。しかし、いまでもネイティブハワイアンと呼ばれる先住民たちは、自分たちが崇《あが》めてきた聖なる山脈、渓谷、海などの自然を不当に奪われ壊されたとして、権利を取り戻す運動を続けている。

たとえば、かつての軍事演習場で、現在も不発弾の回収や植林などの修復作業が続いているため、マウイ島の南西にあるカホオラウェ島には立ち入ることができない。

一八〇〇年代、ハワイは独立した国だった。アメリカ合衆国を含め、多くの国と条約も結んでいた。しかし、もともとアメリカがハワイを潜在的な軍事拠点と見ていたことに加え、ハワイの砂糖産業に関わるハオレ（白人外国人）たちがアメリカの国内産業保護政策によって苦境に陥ったことなどを背景に、王政の転覆を画策した。こうして一八九三年、アメリカはホノルル港に停泊していた軍艦「ボストン」から水兵と海兵隊員を上陸させて各所に配置したのである。

パイナップルで知られるサンフォード・ドール大統領による「共和国」を経て、一八九八年、ウィリアム・マッキンリー大統領のもとで、ハワイはアメリカに合併された。この年、米西戦争が勃発し、スペイン領だったフィリピンで戦闘が始まったため、ハワイを戦争物資などの重要な補給地としたのだ。

一八五二年にはハワイ全人口の九五％以上を占めていた先住民だが、一九〇〇年には総人口一五万人強のうち一五％弱となり、現在の人口統計では一割にも満たない（アメリカンセンターJAPAN）。

ハワイ先住民の伝統的生活空間、アフプアアを示す表示

彼らは王朝や聖なる土地だけでなく、独自の言語であるハワイ語や文化、あるいは習慣なども奪われている。現在でもネイティブのハワイアンは教育レベルが低い傾向があり、ホームレスになる例が多い。

ハワイ州のイゲ知事は、二〇一五年一〇月、ホームレス増加に対して非常事態宣言を出した。州のホームレス人口は、この年の推定で七六二〇人。数自体は他州に比べて少ないが、住民一〇万人当たりの比率では四八七人と、全米五〇州のなかでは最高の水準である。ハワイ発のＡＰ電は、ホームレスのシェルターの利用者の三〇％がハワイの先住民で、次いで二七％がミクロネシア、マーシャル島、太平洋諸島出身、二六％が白人、という割合を報じた（フォックス・ニュース、二〇一五年一一月九日）。

国際的な外交、軍事、インテリジェンスの中心地として栄え、にぎわってきたハワイの歴史はまた、先住民の悲しみと苦悩、受難に満ちた歴史でもある。

第6章
太平洋軍と自衛隊をつなぐ糸

❖海上自衛隊が旧海軍の継承者だったゆえに

太平洋軍と自衛隊では、一九五四年の自衛隊創設以来、紆余曲折《うよきょくせつ》を経て、一歩ずつ関係を深めてきた。その中核をなしてきたのが、現在に至るまで、海上自衛隊である。

日本の自衛隊では、航空自衛隊が「アメリカ軍的である」、陸上自衛隊は「大日本帝国陸軍とは違う」といわれる。

航空自衛隊には前身となる組織がなかったため、旧陸海軍の航空要員を人的母体として、アメリカ空軍の強い支援を受けながら段階的に任務を移行した経緯があり、アメリカ軍の要素が色濃く残っている。陸上自衛隊は、過去に国家を暴走へと導いたとして、旧陸軍との連続性を否定してきた経緯がある。

一方、海上自衛隊は「大日本帝国海軍の継承者である」といわれ、そのことに誇りを持つ集団である。旧海軍の残すべき遺産は引き継ぎ、アメリカから学べることを学んだ結果が、いまの海上自衛隊の姿ということだ。

一九四五年に第二次世界大戦が終わると、アメリカは地域別の統合軍を編成した。太平洋に関しては、日本や沖縄の占領任務などを行うダグラス・マッカーサーの陸軍率いる極東軍と、それ以外の太平洋地域を管轄する太平洋軍を創設した。一九四七年のことだ。

アメリカがアジア太平洋地域におけるパートナーとして期待していたのは中国国民党の蔣《しょう》

介石《かいせき》だったが、同政権は中国共産党が建国した中華人民共和国によって、一九四九年以後は台湾に封じ込められていた。このため一九五〇年に朝鮮戦争が勃発して極東地域の緊張が高まると、アメリカは戦略後方基地として、日本への期待を高めていく。

アメリカの要請を受けて当時の日本政府（占領下）は、一九五〇年一〇月から一二月まで、延べ四六隻の掃海艇、大型試航船、および一二〇〇人の元海軍軍人を中心とする要員を派遣し、各海域で掃海に従事した。米軍はこれを高く評価した（阿川尚之『海の友情　米国海軍と海上自衛隊』中公新書）。

日本は一九五一年にサンフランシスコ講和条約に調印して国際社会に復帰し、条約発効の翌一九五二年四月、海上警備隊が誕生した。のちの海上自衛隊の原形である。一九五四年に防衛庁が設置され、陸・海・空による自衛隊が発足する。発足当初、海上自衛隊を支えたのは、旧海軍経験者たちとアメリカ海軍軍人だ。

特に海上自衛隊の「生みの親」といまでも語り継がれ、尊敬されているアメリカ海軍軍人が二人いる。

一人は極東米海軍参謀副長として日本に滞在し、のちに史上最長となる一九五五年から一九六一年までの三期六年、海軍作戦部長を務めるアーレイ・バーク大将である。もう一人が在日米海軍司令官政治顧問などとして日本で過ごし、一九八〇年代のレーガン政権で国防総省日本部長を務めたジェームズ・アワー（ヴァンダービルト大学公共政策研究所日米研究協力センター所長・理事）である。

二人とも、初めから海上自衛隊の力になろうとしていたわけではない。アワーは最初の勤務地が偶然にも日本であった。その後、海軍によってタフツ大学のフレッチャー・スクールへの進学の機会が与えられた。そうしてハーバード大学でエドウィン・ライシャワー教授の日本政治論を聴講したことがきっかけとなり、修士論文のテーマに戦後占領期のアメリカ海軍の対日政策を選んだ。のちに日本の専門家へのキャリアを積んでいく。

論文「日本海上兵力の戦後再軍備一九四五～七一」の調査には、多くの海上自衛隊のリーダーたちが協力した。その後、一九七二年に時事通信社から『よみがえる日本海軍　海上自衛隊の創設・現状・問題点（上・下）』として日本語版が出版されている。

アーレイ・バークに至っては、日本で極東アメリカ海軍司令官の参謀副長という任務に就く前は、第二次世界大戦中の日本軍の残虐《ざんぎゃく》行為について見聞きしていたことや、上司が大の日本嫌いということもあって、「日本人はまったく好きでなかった」のだという。

しかし、定宿《じょうやど》にしていた帝国ホテルの部屋係の女性が部屋に一輪の花を生ける細やかな心遣い、しばらく留守にして戻ってきたときに従業員たち全員による出迎えがあるなど、こうした「おもてなし」に感動を覚え、日本という国に興味を持つ（阿川、前掲書）。そして海軍の元高官や海上自衛隊の幹部たちとの交流を通して、彼らの人柄に感銘を受けるとともに、プロとしての高い意識に次第に敬意を表するようになった。そうして親日家になっていく。

しかし、日本の国民のあいだには、まだ軍に対する拒否反応が強かった。一九五八年、海上自衛隊は、旧海軍以来の伝統である遠洋練習航海を初めて実施した。一月から四五日間、ハワイ方面に向かった。

のちにノーベル賞作家となる大江《おおえ》健三郎《けんざぶろう》は、この年の六月、「毎日新聞」のコラムにこう書いた。

「ぼくは防衛大学生をぼくらの世代の若い日本人の一つの弱み、一つの恥辱だと思っている」

（「毎日新聞」一九五八年六月二五日夕刊）

進歩的な知識人たちは「静かな再軍備」（大江健三郎）に冷たい視線を送っていたのだ。海上自衛隊を作り上げる過程、特に創設期における厳しい国内情勢を意識した結果、あるいは意識せざるを得なかった結果、海上自衛隊は自らの存在を確認するためにアメリカ海軍の親日派を頼りにしていた側面もあったといえる。

むろん当時、文字通りのゼロから出発した海上自衛隊にとって、海上防衛の前提となる装備の導入、すなわち海上防衛力整備面でアメリカ海軍の協力を必要としたことは間違いない。この面では、航空自衛隊とアメリカ空軍との関係と類似性が見られる。同時に、そのような時間のかかる防衛力整備と並行した、海上自衛隊の理論的基盤となる我が国の海洋戦略や兵力運用構想の構築作業においても、「海」という基盤を共有するアメリカ海軍と海上自衛隊の関係は、急速に緊密化していった。

その過程で、両者が海洋戦略という普遍の価値観を共有するとともに、極東の安全保障に関する共通の考え方が醸成されていったことは想像に難くない。その大前提となったのが旧海軍の伝統を継承した海自の精神的基盤であり、それを理解したアメリカ海軍の親日感情を持つリーダーたちであった。

❖九九歳の元少将を訪ねて

このころの様子をよく知るアメリカの退役海軍軍人のジョー・ベイシー少将を、筆者はオアフ島・ホノルル市にある高齢者用のホームに、二〇一五年と二〇一六年に訪ねた。ホームのすぐそばには、オバマ大統領が誕生した病院、オバマ大統領が通ったエリート私立学校のプナホウスクール、一家が暮らしていたという簡素なアパートもある。

小学校の校長だった妻を一〇年ほど前に亡くし、一人でホームに暮らしているベイシーは一九一七年生まれ。二〇一六年春に訪ねたときには、すでに九九歳だった。

日米同盟の創生期から海上自衛隊と交流してきた数少ない人物の一人で、ハワイに拠点を置くシンクタンク「パシフィック・フォーラムＣＳＩＳ」の創設者でもある（ＣＳＩＳはワシントンＤＣにある非営利の外交政策研究機関で、パシフィック・フォーラムＣＳＩＳはその環太平洋支部としてハワイに事務所を置く）。

ウオーカーと呼ばれる補助歩行機具を押しながら自分の足でロビーにゆっくりと現れたベイ

シー。ホームの職員たちは尊敬の念を込めて「アドミラル」と呼ぶ。そして「こんにちは」「今日は元気？」と声をかけるが、手を添えたり手伝ったりすることはない。ベイシーがすべて自身でこなす。

毎日ホームにあるプールのなかで歩くベイシーは、五〇回の腹筋をこなし、いまも新聞に論文を投稿するなど、研究熱心だ。一階にある食堂のランチに招かれ、食事をしながら話を聞いた。

ジョー・ベイシー

ベイシーの父は、一九〇七年から一九〇九年にかけてアメリカが威信をかけて世界一周に送り出した戦艦艦隊、通称「グレート・ホワイト・フリート」に参加した一人である。「グレート・ホワイト・フリート」は、セオドア・ルーズベルト大統領によって命ぜられ、当時の軍艦の船体が白く塗られていたことから、このような名前で呼ばれた。ベイシーの父は、このなかの「ＵＳＳヤンクトン」という補給船に乗り組んだ。

当時のアメリカの最大の脅威はカイザーのドイツ帝国軍、特に海軍であった。これに対抗するべく戦艦艦隊を大西洋に集中させていたため、太平洋側が手薄になっていた。また日露戦争でロシア艦隊は壊滅し、日本の海軍が存在感を増していた。アメリカ海軍による大航海は、一部のアメリカ国民が心配していた日本の脅威に対する恐れを払拭するねらいもあった。

太平洋横断は、サンフランシスコを一九〇八年七月七日に出港し、同年七月一六日にハワイに寄港、燃料である石炭や食料などを補給しながら、ニュージーランドのオークランドやオーストラリアのシドニー、メルボルンを経て、一九〇八年一〇月一八日に横浜に寄港した。七日間の寄港中、日本は艦隊を朝野をあげて歓迎した。

筆者が二〇一六年春にワシントンDCの国防総省を訪れたとき、「グレート・ホワイト・フリート」を起点とするアメリカ軍の発展の歴史が展示されていた。「グレート・ホワイト・フリート」は、大西洋と太平洋の二つの大洋をまたいでアメリカ海軍の存在を世界に知らしめたという意味で、いまのアメリカ海軍の、とりわけその後に誕生する太平洋軍のバックボーンとなっているといっていい。

❖ 黄海で日本の駆逐艦に囲まれ考えたこと

さて、父の影響で海軍に入ったベイシーはアナポリスの海軍兵学校を一九三九年に卒業し、一九四三年、潜水艦「ガンネル」の乗組水雷長として魚雷を担当した。

上司たる潜水艦艦長はジョン・マケイン・ジュニア。現在の共和党の重鎮《じゅうちん》で上院軍事委員会の委員長を務めるジョン・マケイン上院議員（アリゾナ州選出）の父だ。この縁で、マケイン上院議員とベイシーは、いまでも交流を続けている。

潜水艦「ガンネル」は一九四三年、黄海で敵船を撃沈後、日本の駆逐艦に見つかり、三六時間にわたる戦闘になった。日本艦が投下した爆雷が「ガンネル」のそばで爆発し、船体は打撃を受けた。その後、艦内空気が希薄となったため、「ガンネル」が空気を補給するために海面に浮上したところ、敷設艇「巨済」に発見され砲撃を受けた。しかし、マケイン艦長の指示によって乗組員たちは降伏する道は選ばず、命がけで戦い、敵を回避することに成功した。ベイシーは死を覚悟しつつ、「本当は戦いをせずに解決する道があるのではないか」と考えたという。

「もしこの戦いで生き残れたら、日本とアメリカの懸け橋になりたい」――敵国でありながら、不思議と日本軍に対しての憎しみは湧かなかった。それは、「日本の軍人も自分と同じように政府の命令に従って動いているだけと知っていたからだ」と話した。

彼は一九六〇年代半ばに第七艦隊の参謀長を務めたあと、国防総省で国家軍事指揮所（注：ソ連の先制攻撃に対する反撃担当司令部）副長に就いた。その後は太平洋軍司令官となっていた「ガンネル」の元艦長ジョン・マケイン海軍大将のもとで、太平洋軍「J5」（戦略計画・

政策部）の首席戦略担当官も務めた。

ベイシーの記憶によると、一九六〇年代には二ヵ月に一度くらいの頻度で、海上自衛隊幹部とハワイや横須賀で会っていた。一緒にゴルフをし、サウナで汗を流し、夜は酒を酌《く》み交わしながら交流を深めることもあったという。「戦争で敵対した相手と、わずか一〇年や二〇年で、これだけ同盟関係が深くなるとは思わなかった」と振り返る。

日本は激しい闘争の末、一九六〇年の新日米安保条約によってアメリカとの軍事同盟が強化され、「核の傘・軽武装」の下で高度経済成長時代へと歩み始めていた。

しかし、在日米軍基地の騒音公害などから、国内駐留の米軍の規模縮小運動や基地への反対運動が表面化した。そして、「三矢研究」に象徴されるように、有事を想定する研究自体もタブー視されていた時代である（三矢研究とは防衛庁〈当時〉内で極秘に進められた朝鮮半島有事を想定した研究が露顕した事件で、陸海空自衛隊を三本の矢にたとえて名付けられた。在日米軍も参加していた）。

米ソ対立が激化するなか、次第にアメリカからは日本の役割分担を求める声が高まっていく。特に、ベトナム戦争の泥沼化が明確となってからは、戦費以外のアメリカ軍軍事予算の削減やアジアでの米軍の縮小が課題となり、一九七〇年にアメリカは日本政府に対して横須賀基地の縮小も通告している。この縮小案は当時の政治判断によって回避され、その流れで横須賀への航空母艦「ミッドウェー」の配備も決まった。

ベイシーは一九七二年に退役し、その三年後に実現したのが「パシフィック・フォーラム」の立ち上げである。

❖オバマの広島訪問に懐疑的なわけ

一九七五年、「パシフィック・フォーラム」の主催でシンガポールにおいて国際会議を開いたときに、予想外のことが起きたという。

日本から招待した二人の学者に対し、アジア諸国の学者たちが「なんで日本人なんか招待したのだ」と叫んだのである。戦後三〇年たっていても、アジアではまだ日本人への風当たりが強く、研究者は申し訳なさそうに紙を読み上げていた。その日本人の姿が脳裏に焼き付いているという。

パシフィック・フォーラムは一九八九年、ワシントンDCをベースとするシンクタンク戦略国際問題研究所（CSIS）と合流して「パシフィック・フォーラムCSIS」と改称した。いまではアジア太平洋地域における政治・外交・安全保障分野をリードする代表的なシンクタンクとして、アジア太平洋の安全保障研究に力を入れており、これまで日米双方から多くの研究者が巣立っている。また、ハワイ州マウイ島での定期的な会議などに防衛省や自衛官の現役・OBたちが多く参加してきている。ベイシーは一九九〇年までCEOを務め、二〇一五年には設立四〇周年記念式典にも出席した。

海軍将校として日本と戦い、戦後は日本、アジア、アメリカの理解促進に尽力したベイシーだが、二〇一六年のオバマ大統領の広島訪問には懐疑的だった。パシフィック・フォーラムCSISを通して、彼の意見が、ネットでも配信された。

「第二次世界大戦に従軍した我々世代は自分たちの達成したことに誇りを持っている。原爆を使用したことを暗にでも謝罪する大統領の行為や政策は、三年半ものあいだ、アジアを解放し平和をもたらす戦いに勝利するために犠牲になった勇敢な同志に対する、ひどい侮辱《ぶじょく》である」

ベイシーに限らず、日米同盟関係に大きな意義を見いだしているアメリカ海軍リーダーたちのあいだでも、「日本での原爆投下は戦争終結のために必要であり、正しかった」という考えは根強い。

親日家であっても、原爆投下の是非は別次元のものであり、そこに深い溝が横たわるようだ。しかしながら、歴史認識は一致していなくても、強い絆を結ぶことは可能だということも、ベイシーは体現している。二〇一七年の一〇〇歳の誕生会には、ハリス司令官やジョセフ・ナイ元国防次官補も出席し、ハワイで盛大に行われた。

❖プレスリーが助けた記念館建設

ベイシーがアメリカとアジアの懸け橋を実現し、自衛隊幹部とも親交を深めつつあったこのころ、ハワイは急速にその姿を変えつつあった。

真珠湾攻撃の悲劇の記憶は薄れつつあり、我々日本人が抱く南国のパラダイス、リゾート地というイメージが混在するようになった。

一九六〇年代から一九七〇年代は、高層ホテルやコンドミニアム、ショッピングセンターなどが次々と建ち、ワイキキを中心に街の整備が進んだ時期と重なる。

このハワイの過渡期を象徴するのが、一九六一年のエルビス・プレスリーの訪問だ。

エルビスは三月二五日の朝、ロサンゼルスを飛び立ち、パンナム航空の飛行機に乗った。ホノルルの空港で待ち構えていたのは三〇〇〇人のファンたち。幾重にも重なったレイで鼻のあたりまで埋まった二六歳のエルビスは、真珠湾攻撃によって沈没した「ＵＳＳアリゾナ」の記念館建設のための慈善コンサートで訪れたのだ。

パールハーバー・ヒッカム統合基地のニミッツゲートの裏にブロック・アリーナがあり、エルビスはここで一五曲を披露《ひろう》した。チケットは三ドルから一〇〇ドルまでで、四〇〇〇人のファンを魅了したという。「エルビスが登場すると二分半、悲鳴が鳴りやまなかった」と、翌日のハワイの新聞「アドバタイザー」が伝えている。

エルビスは無償でコンサートに出演し、個人で寄付をしたうえ、コンサートチケットの売り上げ約六万ドルを寄付したという。これは建設費の一割以上になった。

この他にも、当時の連邦下院議員だったダニエル・イノウエらの寄付も受けて、アリゾナ記念館は翌一九六二年五月に設立された。

乗組員一一七七人のうち一一〇二人が亡くなった戦艦「アリゾナ」。その真上に十字架のように交差した記念館が建てられており、いまもハワイに来るアメリカ人観光客が最も多く足を運ぶ特別な場所だ。訪問者からは「エルビスがアリゾナ記念館を建てたのか」という質問が寄せられるという。

❖映画スターと大統領のハワイ

エルビスは、このコンサートを含めてワイキキのヒルトンホテルに一六日間泊まっている。もう一つの目的は、映画『ブルー・ハワイ』の撮影だ。

ファンたちの熱狂ぶりは凄まじかったようだ。当時の職員の話が、いまもヒルトンでは語り継がれている。オーシャンタワーの一四階に滞在していたエルビスがバルコニーからファンたちに向かってネクタイピンやレコードを投げると、その下にあるプールに、プレゼントを受け取ろうと子どもたちが服のまま競って飛び込んだ……ロビーにはファンたちが詰めかけ、エルビスの姿を見かけると、みんなが磁石に引き付けられるように、あとをついて回ったという。

この映画では、エルビスは兵役を終えてハワイにある観光会社に就職した社員という設定だ。主題歌は一九三七年に公開された『ワイキキの結婚』のなかの「ブルー・ハワイ」をエルビスがカバーしたもので、この曲を含む映画のサウンドトラック・アルバム「ブルー・ハワイ」はビルボード誌のアルバム・チャートで連続二〇週にわたって首位を走った。

エルビスがハワイを訪れた二年後、一九六三年六月九日には、ケネディ大統領がハワイを訪れている。

黒塗りのオープンカーのなかで立ち、白いレイを首にかけてワイキキ方面に向かうケネディ大統領に対し、沿道に詰めかけた一〇万人から、「アロハ！　ミスタープレジデント」との声が飛び交った。ケネディ大統領はこのとき、アメリカの市長たちの会議でスピーチした。

「ハワイは世界中が憧れる存在になっている」

国民的人気のあったケネディ大統領の言葉は、アメリカ国民に大きなインパクトを与えた。テキサス州ダラスで暗殺される約半年前のことである。

❖ベトナム戦争の行方を決めた会議

国民的人気歌手、政治リーダー、世界中からの観光客たちが押し寄せる「夢の島ハワイ」へと変貌を遂げていたこのころ、ハワイは軍事拠点としての重要性が、再浮上しつつあった。

米ソの冷戦の最中である。太平洋のほぼ真ん中に位置するこの島に司令部を置く太平洋軍は、泥沼化するベトナム戦争と向き合っていた。

ベトナム戦争は、ワシントンだけで議論されていたのではない。実はハワイで重要な会議が幾度も開かれており、戦争の行方を左右した重要な決断は、ここハワイで行われていた。筆者のリクエストに対し、太平洋軍専属のヒストリアンが過去の資料を調べ、「ベトナム戦争に関する会議は太平洋軍司令部で計九回行われた」と明らかにした。

そのうちの一部はいくつかの本でも記録されている。一つは一九六四年六月一日、太平洋統合軍司令部の「だだっぴろい地図の部屋で」会議が開かれた（ロバート・S・マクナマラ『マクナマラ回顧録　ベトナムの悲劇と教訓』共同通信社、一七〇〜一七一頁）。午前八時半から午後零時半まで四時間にわたったといい、「これまでのこの種の会議ではすくなくとも会議参加者の何人かは楽観的だった」が、ベトナム戦争の終わりがまったく見えず、この日の会議は「たいていの者が心配気で陰鬱《いんうつ》な表情」だったという。結局、結論を得ないまま終わった。

翌一九六五年四月二〇日、やはり太平洋軍司令部の会議は、六週間にわたる北ベトナム大量爆撃が失敗に終わっていたなかで開催されたものである。

いくつもの時計がズラリとかかった壁の下にある大きなテーブルの周りを囲んだのは、ロバート・マクナマラ国防長官、ジョン・マクノートン国防次官補、アール・ホイラー統合参謀本部議長、マックスウェル・テーラー駐南ベトナム大使、ウィリアム・ウェストモーランド駐南ベトナム援助軍司令長官、太平洋軍のグラント・シャープ海軍大将、ウィリアム・バンディ国務次官補……アメリカの国防をつかさどる錚々《そうそう》たる顔ぶれが、ハワイに集結したのだった。

そして、「北爆だけでは答えにならない」という点で一致し、戦闘部隊を増派するか否《いな》かという議論になった（マクナマラ、前掲書、二四七〜二四八頁）という。

当時ベトナムには三万三五〇〇人のアメリカ軍がいたが、この会議で四万人の追加が承認された（デイビッド・ハルバースタム『アメリカが目覚めた日　ベスト&ブライテスト3』サイマル出版会、六九六頁）。

会議の結果を受けた統合参謀本部は、大統領に対して地上軍部隊の大量派遣に向けて上申し、ジョンソン大統領も応じた。こうしてベトナム戦争は、一九六五年三月のアメリカ正規軍投入からピーク時には五〇万人超に達し、完全撤退する一九七五年まで続いた。

ハワイは冷戦中、陸軍を中心としたヨーロッパでの米ソ対立の最前線ではなかった。このため朝鮮戦争以降は影響力が薄れていたのだが、ベトナム戦争がきっかけとなり、息を吹き返した。太平洋軍も再び、アメリカ軍の中核へと進化していく。

❖キッシンジャーが激怒した田中・ニクソン会談

ハワイはアメリカと日本の中間に位置するため、双方が同じ程度の時間や労力をかけて訪ねることになる。そのため、日米協議には格好の場所であり、過去にはいくつもの重要な会談が行われてきた。

一九七二年八月三〇日、リチャード・ニクソン大統領がハワイに降り立った。田中角栄《たなかかくえい》首相と会談をするためだ。田中首相は自民党総裁選で佐藤栄作《さとうえいさく》前首相が支持した福田赳夫《ふくだたけお》を破り、首相に就任してまだ二ヵ月たっていなかった。

このときの会談は「共通の関心を有する幾多の諸問題に関し広範囲の討議を行なった」こと

になっている。会談は「日米両国間の友好関係の長い歴史を反映して、暖かい相互信頼のふん囲気」のなかで行われ、「この会談が、日米両国間のきずなを一層緊密なものに発展させていく過程に新章を開くこととなることを希望する」と表明した（田中総理大臣・ニクソン大統領共同発表、一九七二年）。

また、アジアで平和と安定の兆《きざ》しが増大していることを討議し、朝鮮半島で対話が開始されたことや、アジア諸国が自立と地域協力のため積極的な努力を払っていることを「歓迎」した。

ニクソン大統領は、この会談の半年前に、中国を電撃訪問している。田中首相も二〇日余りあとに中国との国交正常化交渉を控えていた。田中首相の目的は、この訪中についてアメリカに仁義を切っておくことだった。ニクソン大統領の訪中については「意義深い一歩であった」とし、田中首相の訪中も「アジアにおける緊張緩和への傾向の促進に資することとなることをともに希望した」という。

一見穏やかに終えたように見えるこの会談……二〇〇六年五月二七日付の中日新聞の共同通信電が興味深い。その記事が伝えるところによると、キッシンジャー大統領補佐官（後に国務長官）は、このときの会談で、田中首相が訪中して日中国交正常化を図る計画を知り、「あらゆる裏切り者の中でも、ジャップ（日本人への蔑称《べっしょう》）が最悪だ」と非難していたというのだ。これは公文書の解禁を受け、シンクタンク「国家安全保障公文書館」が国立公文書館から入手した、一九七二年八月三一日付の極秘の部内協議メモである。

キッシンジャーは続けて、中国との国交正常化を伝えてきた日本の外交方針を「品のない拙速さ」と批判し、日中共同声明調印のために田中首相が中国の建国記念日に訪中する計画を非難、首相訪中に関する日本からの高官協議の申し入れを拒否したという。

記事は、「キッシンジャー氏の懐疑的な対日観は解禁済みの公文書から明らかになっているが、戦略性の高い外交案件をめぐり同氏が日本に露骨な敵がい心を抱いていたことを伝えている。繊維交渉などで険悪化した当時の両国関係を反映しており、七〇年代の日米関係史をひもとく重要資料といえる」と指摘している。

ハワイは緊張した政治的かけひきが繰り広げられる舞台でもあった。

❖ リムパック初参加で国会論争

東西冷戦という時代背景は、否応《いやおう》なしに自衛隊と太平洋軍とのあいだの調整を増やしていった。一九七八年にはソ連地上軍の北方四島への再展開もあり、共産主義に対峙《たいじ》するため、アメリカは日本に対し極東での安全保障のための努力を促し、積極的な役割を求めるようになってきた。

こうした事情から、日本政府は、一九七〇年代後半からハワイに自衛官を派遣するようになった。初代の連絡官は防衛大学校第一期生の馬場駿快で、一九七七年夏から半年あまり滞在した。このときの仕事が高く評価されて、一時的だが制服を脱いで外務省に出向し、ハワイの領事館にも在籍した。

三代目の平賀源太郎《ひらがげんたろう》は、潜水艦隊司令官を務めた人物で、その父は終戦のその日まで海軍兵学校で英語を教えていたことで知られる名物教授、平賀春二《ひらがはるじ》。五代目は一九七八年春から一年弱、自衛官募集ポスターのイメージキャラクターを務めたタレント細川《ほそかわ》ふみえの父、細川宣晃《ほそかわのぶあき》である。次の連絡官の着任まで数ヵ月間、空くこともあったが、一九七七年から英語に堪能《たんのう》な海上自衛官たちをハワイに送りこんでいた。

自衛隊の太平洋軍の歴史のなかで大きな転機となったのは一九八〇年だ。海上自衛隊がアメリカ太平洋艦隊主催のハワイ周辺海域で行う環太平洋合同演習（リムパック）に招かれたのである。

太平洋軍はハワイ沖でリムパックを一九七一年にスタートさせ、二年に一度のペースで同盟国のカナダ、オーストラリア、ニュージーランドとともに、四ヵ国の訓練を行っていた。招待されたとはいえ、初参加までの道のりは容易ではなかった。

一九七九年三月にアメリカ側から打診があり、海幕は内局と連携しながら、集団的自衛権の行使につながるという誤解を国民から招かれないよう、「アメリカ以外の国の部隊とは組まない。また通信系統もそれを念頭に置いて構成する」と、折衝《せっしょう》を重ねた。そして一九七九年一〇月、護衛艦二隻、航空機八機、人員約七〇〇人で参加する、ということを記者会見で明らかにした。

ところが、アメリカ以外の国が加わった訓練も含むことが大きく報道されると、国会で大問題となった。

防衛庁はさらに内閣法制局と検討を重ねて、「純粋に戦術技術と練度の向上だけを目的とするならば、アメリカ以外の国が加わった訓練に自衛隊が参加しても、憲法・自衛隊に違反しない」との結論に達し、「いわゆる集団的自衛権の行使を前提として特定の国を防護するというようなものではなく、単なる戦術技量の向上を図るため」とする政府統一見解を出した。これによって国会での論争は終息に向かった（海上自衛隊『海上自衛隊五〇年史』）。

ただ厳しい状況は、国会論争だけではなかった。参加計画が事前に漏れて計画が挫折しないよう、限定されたメンバーで秘密裏に準備を進めていたため、説明を受けていなかった大蔵省からも「激しい怒り」を買った。その年度の予算に、リムパック参加の経費が計上されていなかったからだ。

「経理サイドに事前説明をしなかった点についてはひたすら容赦を乞い、リムパックへの参加に要する経費はハワイ派遣訓練の経費を充て、不足する分は国内訓練分で充当することで懸命に了承を願った」（『海上自衛隊五〇年史』）。

多国間ではなく、太平洋艦隊と海上自衛隊の日米共同訓練であれば、海上自衛隊創設時代までさかのぼる。一九五五年に第一回の掃海特別訓練が佐世保で、その後も護衛艦隊部隊と航空部隊の共同訓練が四国沖で行われている。またハワイには、一九六三年、第二次世界大戦後で初の国産潜水艦である「おやしお」が訓練のために派遣された。航空部隊は一九六六年に対潜哨戒機P2V－7の六機が派遣され、護衛艦によるハワイ派遣訓練も一九七六年に始まっている。

リムパックの参加は、日本の海上戦力がアメリカ海軍とその同盟国との多国間訓練にも堪《た》えうる実力を備えてきたことを意味し、日本とアメリカの協力体制は、歴史に新たな一ページを刻むこととなる。

❖地域住民の家に招かれた自衛官

国内世論、マスコミ、国会、大蔵省と障害があり、初のリムパック参加への道のりは厳しいものであった。護衛艦部隊が出発する横須賀には報道の取材ヘリコプターが一一機空を舞い、参加に反対するデモが押しかけた。

このときは従来の四ヵ国プラス日本の計五ヵ国の訓練となり、米海軍第三艦隊司令官が訓練スケジュールを作り、それぞれの部隊の指揮は各国の指揮官が責任を負った。艦艇四三隻、航空機二〇〇機、二万人がハワイに集結した。

日本はハワイ到着後、アメリカ海軍訓練施設を利用して従来の二国間の訓練をしたあと、カルフォルニア州サンディエゴのアメリカ海軍基地に移動して打ち合わせや補給をした。そしてアメリカの巡洋艦などと合流して予備訓練を行い、リムパック80に参加する流れとなった。『海上自衛隊五〇年史』によれば、アメリカ海軍部隊等と海上自衛隊の相互間のデータ－リンクを使用したリアルタイムの情報交換ができないなど、日本の装備が乏しかったことから、ミサイル護衛艦（ＤＤＧ）「あまつかぜ」の艦長は、「まさに座頭市の手探りのような行動だった」と振り返っている。

また、派遣部隊全般指揮官は記者会見で、「装備の近代化に努力しているが、現状では遅れているということです。士気や規律を含めて、運用面では自信を深めましたが、通信、情報処理、電子戦のような分野では、米海軍に比べて遅れが目立ちました。装備のハンデからもシビアな状況下での訓練を実施したわけで、参考になることも多かったが、その遅れを人の技術力、判断力でカバーするには限界があります。逆に、近代的装備を持って訓練すれば一層成果を上げ得ると痛感したわけです」と述べている。

実は、このころのリムパックは、アメリカ側にとって、訓練や修理を終えた船が新しい任務に就く前の仕上げの卒業訓練とみなされており、経験の浅い若い軍人たちが数多く参加していた。リムパックが終わったあと、自衛官たちは、地域社会の住民が乗組員を自宅に招待するプログラムにも参加した。「セイラーに電話しよう（dial a sailor）」という運動の一環である。

これは、一九八〇年代にアメリカ国内外の寄港先で頻繁に行われた、休息や娯楽を目的にした親善プログラムである。海上自衛官たちも例外ではなく、アメリカ人家庭で、言葉、文化、風習に触れた。そうして、おおいに刺激を受けて帰国の途に就いた。

❖英語堪能な上智大出身連絡官の役割

こうして、日米間の協力体制が築かれていくと、細かな調整が増えていった。一九八〇年六月、海上自衛隊からハワイに丸二年間以上の長期勤務という初のケースになったのが、現在、横須賀の世界三大記念艦の一つ「三笠《みかさ》」で公益財団法人・三笠保存会アドバイザーを務める古《こ》宇田和夫《うたかずお》である。

筆者に語ったところによると、警視庁外事課勤務だった古宇田の父親は、戦後、GHQの大阪オフィスで英語の通訳をしていた。そのため小さいころから占領軍兵士の子どもたちと遊び、それまで見たことのなかったアメリカの豪華なおもちゃを貸してもらいたくて、英語を覚えるようになったという。上智大学を卒業後に自衛隊に入隊し、潜水艦乗りになった。

ハワイに着任したころは日本が初参加したリムパックが終わり、すでに二年後に向けての調整が始まっていた。他の日米共同訓練の調整の仕事もあった。アメリカ軍人たちからはカトリック名のグレゴリーを略して「グレッグ」の愛称で呼ばれた。

配属されたのは、パールハーバー内に浮かぶフォード島にあった第三艦隊司令部の「N6」(訓練担当)。第三艦隊は現在、サンディエゴに司令部があるが、当時は真珠湾内のフォード島にあり、第三艦隊が洋上に出港すると、連絡官は陸上に司令部を置く太平洋艦隊付となった。

前田優海上幕僚長がハワイを公式訪問した際の、太平洋艦隊司令官ワトキンズ大将の官舎における歓迎パーティーの風景。レイを首からかけているのが前田海上幕僚長、右が古宇田連絡官、左がワトキンズ大将（古宇田和夫氏提供）

アメリカ太平洋艦隊への連絡官は洋上の船には一緒に行けず、陸に残るのである。

古宇田が在籍した訓練やロジスティクス、装備を担当する部署には、カナダ、イギリス、オーストラリア、ニュージーランドの士官が所属しており、彼らはリムパックの基本計画をアメリカ側と一緒に策定していた。

これらの国は、いわゆる「ファイブ・アイズ」と呼ばれる諜報に関する「UKUSA協定」を結んでいた。秘密区分の高い情報などを共有して相互利用するなど、もともと関係が深い五ヵ国である。結束力の強い「ファイブ・アイズ」が占めている部署に、協定の枠組み外の日本人が飛び込んでいくのは大変なことだった。

最初は戸惑うことが多かった。特に朝の会議の「今週の兵力」というブリーフィングには苦労した。

太平洋艦隊の管轄の兵力は毎週、変わる。アメリカ海軍では、その艦船の位置によって担当海域が変わり、指揮を受ける司令部が変わるため、「兵力」規模が毎週、変わっていく。それをちゃんと理解するまでに時間を要した。海上自衛隊は連絡官を太平洋艦隊に送り込むことで、このような情報を地道に集めていき、全体像をつかんでいった。

その後、この「担当海域」はごく最近まで、国際日付変更線よりも東の東太平洋にいる場合はカルフォルニア州サンディエゴに司令部を置く第三艦隊に、日付変更線よりも西の西太平洋からインド洋まではハワイに司令部を置く第七艦隊の指揮下に入ることになった。

しかし二〇一五年からは、スコット・スイフト太平洋艦隊司令官の主導により、従来のように第三と第七の担当海域を明確にせず、第三艦隊の艦船も東アジア海域に展開するようになった。緊張が高まる東アジアの海に対し、より多くのアメリカの艦船を派遣し、第七艦隊のオーバーロードを防止するためである。二〇一五年一〇月の日本での「観艦式」に、第七艦隊司令官ではなく第三艦隊司令官が初めて招かれたのは、その担当海域の柔軟化が一つの理由である。

❖日米関係の転換期

ちょうど古宇田がハワイに滞在していた時期は日米関係の転換期だった。

このころ「ＪＡＬパック」を利用した日本からの観光客が急増していた。一九八二年には、沖縄や九州南部を抜いてハワイは新婚旅行の旅行先のトップになり、団体ツアーがまだ主流ではあったものの、一九七九年に創刊されたガイドブック『地球の歩き方』を参考にして、個人旅行で来る人たちも増えてきた。

一九八一年一月には、軍事力の増強に力を入れるレーガン政権が誕生し、緊密な日米防衛協力の体制が整い始める。

陸軍出身のキャスパー・ワインバーガー国防長官のもとには軍事補佐官としてコリン・パウエル陸軍少将、東アジア担当国防次官補代理に海軍士官出身のリチャード・アーミテージが就いた。このワインバーガー国防長官の下、ジョン・リーマン海軍長官は「六〇〇隻」艦隊体制を目標に掲げ、一五隻の航空母艦を中核とする大規模機動艦隊の構築を目指した。

一九八一年五月、ワシントンで開かれたレーガン大統領と鈴木善幸《すずきぜんこう》首相との会談では、日米が太平洋の安全保障の責任を分担することを確認した。ワインバーガー国防長官はこのときの合意について、「非常に満足している。アメリカ自身、自国の進歩に満足しているわけではないし、日本の進歩は、その責任を果たすには、ずっと遅れている。しかし両国は、それぞれ何をなすべきかについて、基本的な、健全な合意を見ているので、両国の防衛関係には何の困難もない」とインタビューに答えている。

このような激動の時代のハワイでの仕事は「充実感に満ちたものだった」と、古宇田は振り返る。

❖P－3Cを日本に運ぶ際の米軍の友情

ソ連軍のアフガニスタンへの侵攻（一九七九年）などによって東西対立はエスカレートし、熾烈《しれつ》を極めていく。ソ連海軍潜水艦部隊の増強に対し、アメリカ軍は「六〇〇隻」艦隊体制で封じ込めようとするなか、海上自衛隊の秋元一峰《あきもとかずみね》は、成田空港から民間機でアメリカへ渡った。

一九八一年四月、秋元は戦術航空士（TACCO）として、テキサス州サンアントニオの空軍基地にある英語課程を修了した。そのあとフロリダ州ジャクソンビル海軍基地などで飛行訓練を受け、日本が初めて導入するロッキード社（当時）のP－3C哨戒機を日本に空輸する任務に選ばれた。

秋元が筆者に語ったところによれば、P－3Cの履修科目は、それまでの「P－2J」と比べると、はるかに広範囲で難しく、悪戦苦闘の日々だったという。英語や教養などの総合試験に合格して派遣された訓練隊の五個クルー、計二〇人は、郊外にある団地に数人ずつに分かれて暮らした。そうして勉強会を開き、互いに疑問点などを質問し合い、深夜まで机にしがみつく状態が続いた。「新しい時代を開く哨戒機の導入に携わり、そのために選ばれた者であるという誇りと気概が隊員を支えていた」と当時を振り返る。

この年の一二月二一日、いよいよ三機はジャクソンビル基地を離陸した。飛行中、位置通報などのため「ジャパニーズ・ネイビー001」とコールすると、通信が混み合っていても、途中のすべての管制局が日本を最優先し、「ジャパニーズ・ネイビーどうぞ」と返信した。そうして最後に、「メリー・クリスマス！　良いフライトを」と、英語で丁寧に応答してくれた。

アメリカ軍はこのとき太平洋の管制局に対し、「日本の海上自衛隊三機が太平洋を越えて日本に飛行する。彼らは英語が下手なので最優先で受け、ゆっくりと返してくれ」との指示を管制当局にしていた。そのことを秋元は、後日知った。

西海岸のモフェット・フィールド基地を経て、ハワイのバーバーズ・ポイント基地に立ち寄ると、米軍から大歓迎を受けた。しかし、まだミッションの途中、全員、基地からの外出は控え、お酒も飲まなかった。次にグアムのアガナ基地（現グアム国際空港）を経由し、一二月二五日に厚木基地に無事、着陸した。

厚木への到着時は、とても緊張したという。記念式典が準備され、マスコミがカメラを構えて待っていたからだ。

キャビンの戦術航空士席に座る秋元は、仲間の緊張をほぐすため、パイロットに「最後のランディング、しっかりお願いしますよ」と、機内交話装置で声をかけた。するとパイロットは「任せておけ！」と応じたが、同乗していた上司に当たる派米訓練隊指揮官は、「最後じゃない、最初の一歩だ！」といったという。

初めてのP－3Cは、上空で時間調整をしたあと、時間ぴったりに滑走路へと進入した。秋元は、このあと海上自衛隊航空集団司令部の幕僚となり、冷戦最盛期における第七艦隊哨戒偵察部隊との共同作戦の連絡調整の任務に就いている。

海自によるP－3Cの導入は、日米間で共通の装備と戦術を使うことによって相互運用性を高め、極東において海上優勢を確立するというアメリカ海軍の「海洋戦略」を下支えした。そして結果的に、冷戦の終結に貢献した。

❖リムパック演習で一五隻を沈めた「はやしお」

二年ごとに開かれるリムパックは、それぞれの時代を反映している。冷戦中に始まったときには、旧ソ連の封じ込めがねらいだった。太平洋周辺の海軍が一堂に集まり、実戦を想定し、演習のシナリオに基づき、「青組」と「赤組」に分かれた対抗形式で本格的に戦術を競うもの。真剣勝負そのものだったのだ。

海上自衛隊にとって「複合脅威下の実戦的環境」での訓練は、日本周辺海域や従来のハワイ派遣訓練で得られない貴重な機会であった。一九八六年には、一個護衛隊群単位である八隻の

「はやしお」と伊藤（伊藤俊幸氏提供）

護衛艦が参加。やがて冷戦が終わると、「直接対決」型のシナリオから、救難や難民対応、海賊対処訓練など幅広い内容に拡大し、「戦争以外の軍事作戦（ＭＯＯＴＷ）」へとシフトしていく。

一九九八年のリムパックでは、「ＭＯＯＴＷ」だけではなかなか盛り上がらないということで、「青国の強襲揚陸艦部隊が赤国にとられた島を奪還する」というシナリオが、訓練後半に付け加えられた。

真珠湾から、「青国」のアメリカ海軍強襲揚陸艦を中心に、それを護衛する艦艇八隻が出港、これを迎え撃つのは「赤国」の潜水艦「はやしお」（伊《い》藤《とう》俊《とし》幸《ゆき》艦長）一隻という設定だった。

訓練では魚雷発射管を実際に作動させるなどの手続きをとり、そのうえで、通信アンテナを立てて「青国」艦艇に「攻撃した」ことを伝える。すると当然、「青国」の艦艇は電波の方位を探知して、「はやしお」を襲ってこようとする。これを回避しながら、「はやしお」はアメリカ海軍強襲揚陸艦を含むすべての艦艇に「攻撃」を繰り返した。

一方、陸上の上級司令部に対し、「攻撃」した艦艇の位置や、それぞれに対して何本の魚雷を発射したかの情報を電報で発信する。魚雷のすべてが命中するとは限らないため、受信した司令部はランダム係数をかけて命中率を計算する。その結果、「赤国」の潜水艦「はやしお」は、強襲揚陸艦部隊すべてを「撃沈」させたと評価された。

それ以外のフェーズも含め、「はやしお」は強襲揚陸艦四隻を含む計一五隻を沈め、演習に参加した米原子力潜水艦を含めた各国潜水艦のなかで唯一、最後まで「生き残った」潜水艦となった。

その健闘を讃え、太平洋艦隊潜水艦隊司令官が扮する「赤国大統領」から伊藤に、「国民栄誉賞を与える」との電報が発信され、海軍から「パシフィック・タイガー」という称号を与えられた。

一方、「青国」に対しては、太平洋艦隊司令官クレミンス大将が、「一隻の潜水艦に全滅させられるとは何ごとか」と叱りの電報を発信した。リムパック演習は、米海軍の第三艦隊司令官がすべてを指揮する演習であり、その上司である太平洋艦隊司令官が演習中に口を出すことは極めて異例のことだった。

もちろん、これはあくまで同盟国間の訓練である。

真珠湾に戻った「はやしお」の乗組員たちは第三艦隊司令官主催の勝利パーティーに招かれ、海軍の提督たちから温かい歓迎を受けた。

第7章

日米同盟の最前線を支える自衛官

❖ハワイでは感謝される自衛官

太平洋軍司令部のお膝元・ハワイでは、コンドミニアムのエレベーターで軍人と乗り合わせたり、子どもの学校への送迎時に制服姿の母親を見かけたりすることが多い。そして、軍服を着ている人たちに、見知らぬ人がすれ違いざま「Thank you for your service（国のために奉仕をしてくれてありがとう）」と声をかけることも、日常的な風景である。この言葉は、常に世界のどこかで戦争や自然災害に立ち向かい、命を懸けて国民やアメリカの国益を守ってくれることへの謝意と敬意が込められている。

言葉だけでなく、現役軍人は、通常のカフェやレストランで一〜二割の割引があったり、空港で軍人専用のラウンジや優先的な搭乗ができたりするほか、軍人専用の大型スーパーでは州の税金などが免除され、通常価格の二〜三割安で日用品や電化製品が購入できる。現役・退役軍人には、有利な条件の住宅ローンもある。軍人はリスペクトの対象であり、日常生活でも優遇される対象なのだ。

日本人でもハワイで感謝の言葉をかけられる人たちがいる。左腕や背中に「日の丸」を付けて迷彩服に身を包んだ自衛官たちだ。

日系人のアメリカ軍人が多いハワイでは、ひょっとしたらアメリカ軍人と勘違いされているかもしれない。あるいは日の丸のマークを見て、あえて同盟国の有志にいっているのかもしれないが、自衛官たちはすかさず「サンキュー」とお礼をいう。日本ではほとんど見られないこの風景、さりげない感謝の一言は、ハワイで働く自衛官たちのやる気を奮い立たせている。

防衛省・自衛隊によると、二〇一七年現在、大使館の防衛駐在官やアメリカ軍などとの調整に当たる連絡官、アメリカの軍事学校などで教鞭《きょうべん》を執《と》ったり、安全保障、防衛装備技術、語学の勉強をしたりしている自衛官は、世界で二六〇人ほどにのぼる。

そのうち最も多くがいる国はアメリカであり、約一七〇人ほど。ハワイには二〇一六年秋現在、海上自衛隊から二人、陸上自衛隊から三人、航空自衛隊から五人、計一〇人の自衛官たちが、太平洋軍各組織のなかで日々、仕事をしていた。

内訳を見ると、以下のようになる。

①　太平洋軍「ＰＡＣＯＭ（ペイコム）」に陸自一佐
②　太平洋艦隊「ＰＡＣＦＬＴ（パックフリート）」に海自二佐、海自三佐
③　太平洋海兵隊「ＭＡＲＦＯＲＰＡＣ（マフォパック）」に陸自二佐
④　太平洋陸軍「ＵＳＡＲＰＡＣ（ユサパック）」に陸自二佐
⑤　太平洋空軍「ＰＡＣＡＦ（パカフ）」に空自一佐、二佐二人、三佐、一尉

その重要な現場を担っている自衛官には二つの種類がある。

一つは「連絡官」（FLOまたはLO）と呼ばれ、自衛隊の仕事をするために太平洋軍に派遣された自衛官たち。日本に限らず、リエゾンオフィサーと呼ばれる彼らは、自国の政府や国際機関から正式な代表として公認され、アメリカ国防総省が承認した人物である。彼らの仕事は出身母体の代表に限定されており、太平洋軍の仕事はしないことになっている。つまり、米軍との調整窓口になり、両国間および自衛隊・米軍間の円滑な関係構築のために働く。

もう一つは「交換幹部」（FEOまたはEO）である。彼らは「防衛関係者交換プログラム（DPEP）」と呼ばれるプログラム、略して「ペップ（PEP）」のもとで働いており、このプログラムには「軍事」「行政」「エンジニアリングと科学」「防衛情報」の四分野がある。

彼らの役割は相互運用性を高めること、互いの国の組織、国防政策、作戦について理解を深めることが目的とされ、「機密情報と国防総省が承認していない非機密情報にアクセスする仕事は許可されていない」「通常の勤務時間内の仕事の遂行のために情報アクセスが必要な場合にはそれを認める」などの規定がある。

FEOたちは「秘密保持契約」にサインをしており、開示された情報を出身母体と共有することはできない。つまり、太平洋軍や下位の構成軍の勤務職員として働くのが基本である。

ハワイにいる自衛官の内訳は連絡官が八人、交換幹部が二人だった。また計一〇人の自衛官に加え、在ホノルル日本総領事館に防衛省（内局の事務官）から出向していた領事が、事務官として初めて太平洋軍司令部連絡官に任命された。筆者がハワイに暮らした当時、計一一人という規模は、太平洋軍と自衛隊において過去最高だった。しかも、その人数がここ数年で倍増した点に着目したい。

❖司令官交代式の未亡人

オアフ島北東部に海兵隊のカネオヘ・ベイ基地がある。ホノルルからおよそ車で四〇分のこの場所で、二〇一六年八月二六日（現地時間）、退役を目前に控えた太平洋海兵隊のジョン・トゥーラン司令官は、司令官交代式にのぞんだ。在日米軍副司令官などを務め、沖縄とも縁が深い。

ジョン・トゥーラン太平洋海兵隊司令官（米海兵隊提供）

会場から見えるカネオヘ湾の向こうは緑色の山の稜線と青い海が美しい。真珠湾のパールハーバー・ヒッカム統合基地での式典と違うのは、湾の向こう側にたくさんの住宅街が見えることだ。その風景の手前に、米軍の新型輸送機「MV－22オスプレイ」、その両脇に水陸両用車「AAV－7」、大型輸送ヘリコプター「CH－53E」、最新型の牽引式榴弾砲「M777」が並んでいる。

出席したのは太平洋陸軍司令官のロバート・ブラウン陸軍大将ら軍幹部をはじめ、同盟国のオーストラリア陸軍や韓国海兵隊の将官たちである。

そこに太平洋海兵隊の初代連絡官である岩男保博《いわおやすひろ》二佐と、太平洋陸軍の連絡官の田村貴夫《たむらたかお》二佐の二人の姿もあった。日本からは陸上幕僚監部から防衛部長の前田忠男《まえだただお》陸将補らが駆けつけ、在ホノルル総領事の三澤康《みさわやすし》と領事の荻野剛《おぎのたけし》、そして筆者も参列した。

一列目には台湾の海軍や陸軍などの軍人たちがいた。オバマ政権は「一つの中国」原則を堅持したため、アメリカが台湾の中華民国軍人をこのような場に招くとき、彼らは軍服を着用しない。全員がスーツ姿で参列していた。

トゥーラン司令官はゲストたちに至近距離まで歩み寄って、片手にマイクを持って話し始めた。手にはスピーチ用の原稿らしき紙を丸めていたが、見たり見なかったり……思ったことをそのまま言葉に発しているようだ。日本の自衛隊と違うのは、このような交代式では、司令官が部隊に向かってスピーチをするのではなく、ゲストを主役に迎え謝辞を贈るのだ。

彼の言葉にはっとさせられたのは、女性の名前が呼ばれ、若くて美しい彼女が立ったときのことだった。彼女は海兵隊員だった夫を、あるミッションで亡くしたのだという。トゥーラン司令官は未亡人を紹介し、亡き隊員の功績を讃えた。

筆者が式のプログラムに目をやると、そこには「亡くなった我々の勇士たち（our fallen heroes)」として、過去二年間に命を落とした海兵隊員の男性たちの名が連なっていた。二七人。ランクを見ると、軍曹が多いから、若い軍人なのだろう。気の毒に、未亡人になったのは、彼女一人ではなさそうだ。

どのようなミッションに関わり、どこでどうして命を落としたのかは書かれていないが、同じ日に複数の隊員たちが命を落としており、同じ「コールサイン」が並んでいる。亡くなった日から容易に推測ができた――。

トゥーランが司令官の時代、太平洋海兵隊は複数の不幸に見舞われた。二〇一五年五月、ネパールで大地震の救援活動中だった海兵隊のヘリコプター「ＵＨ－１Ｙ」が墜落し、ネパール軍兵士二人とともに隊員六人が亡くなった。またオアフ島で海兵隊の輸送機「ＭＶ－22オスプレイ」が着陸に失敗し、乗組員二人が死亡した。さらに二〇一六年一月には、ハワイ沖で「ＣＨ－53Ｅ」ヘリコプター二機が衝突し、一二人全員が亡くなっている。

彼らの名前の横には、イギリスの詩人、ローレンス・ビニョンの詩の一節がつづられていた。

They shall grow not old, as we that are left grow old:
Age shall not weary them, nor the years condemn.

At the going down of the sun and in the morning
We will remember them.

ビニョンは、この詩「For the Fallen（戦死者のために）」を第一次世界大戦の戦死者に捧げており、世界中で読まれてきた詩が、いまこの瞬間も世界のどこかで戦っているアメリカ軍の兵士たちにとって、とりわけ胸に響くのだろう。

リストに名前があったオスプレイ墜落事故で亡くなった兵士の父親が、機体を製造するボーイング社などを相手に提訴していることを、筆者は後日、知った（海兵隊専門誌『マリンコータイムズ』二〇一六年三月二九日）。自らの意思で覚悟のうえ軍に入隊し、国家と国民に忠誠を誓ったとはいえ、最大の犠牲を払った彼らの家族の悲しみはどれだけ深いものか、考えさせられた。

❖ 南シナ海で見直される海兵隊の存在

トゥーランはこの式で、一九一九年に海兵隊准将が書いた本『With the Help of God and a Few Marines』の一節を、部下たちへの最後のメッセージとして贈った。

著者のアルバータス・キャトリンは、一九一四年、第三海兵連隊長としてメキシコの港湾都市ベラクルスを砲撃し占領した戦いが評価され、名誉勲章を受けた人物。その後、第一次世界大戦後期、第六海兵連隊長として、フランス軍中心の連合軍とドイツ軍の激戦「ベローウッドの戦い」で兵を率いた。キャトリンは狙撃され負傷したが、ドイツ軍を破ったこの戦い以降、ドイツ軍は海兵隊員たちを「悪魔の犬（デビル・ドッグ）」と呼んで恐れおののいた。このことに誇りを持つ海兵隊は、自らのニックネームとして、いまも使うことがある。

トゥーランは、海兵隊が「不可能なミッションを要求される」ことや、「世界の誰一人として自分たちをバカにできないと信じ、『殺すか、さもなければ殺される』をモットーにしている」という節を引用した。

トゥーラン自身、イラク戦争での最激戦の一つに数えられる「ファルージャの戦い」で、精鋭部隊である第一連隊戦闘団を率いて名を馳せた人物である。

イラクの首都バグダッドの西にあるファルージャは、サダム・フセインの支持者が多い反米の牙城《がじょう》となっており、二〇〇四年、多数の市民を巻き込んで、武装勢力と激しい戦闘を繰り広げた場所だ。トゥーランはこのとき、第一海兵師団司令官だったジェームズ・マティスと一緒に戦った。

元中央軍司令官で、トランプ政権の国防長官になった退役軍人のマティス大将は、現役時代からのニックネームが「狂犬（マッド・ドッグ）」だった。国防長官の候補として名が浮上したときに、このニックネームは注目を浴びたが、軍人たちのあいだでは「海兵隊員のなかの海兵隊員」「海兵隊と国家にすべてを捧げてきた男」と称されていた。任務にすべてを集中する軍人としての忠実さを表す「マッド・ドッグ」よりも、冷静沈着な人柄やストイックな生活態度が敬意を集めている。

マティスは生涯（少なくとも国防長官就任時点までは）独身であることから「戦う修道士」というニックネームがついているほど。クリスマスには若い兵士の仕事を自ら進んで引き受け、自宅に帰した、といった彼の人柄を語るエピソードは、海兵隊内ではいくつも語り継がれている。「結婚せず、子どももいないが、海兵隊の父である」と、若い海兵隊員も筆者に語っていた。

海兵隊のイメージと実際の姿のギャップが大きいのはトゥーランも同じで、話してみると気さくで面白く、部下からの評価も高かった。

在任中は「太平洋地域水陸両用指揮セミナー（ＰＡＬＳ）」という新しいセミナーの開催にこぎつけ、アジア太平洋地域の各国のアメリカ海兵隊のパートナーの軍人たちとの交流に力を注いだ。日本もそうだが、アジア太平洋地域には海兵隊が存在しない国・地域もあり、アメリカ海兵隊のカウンターパートは海軍だったり、陸軍だったり、まちまちである。そのためトゥーランは、同盟国・友好国のカウンターパートのリーダーたちをハワイに集め、相互理解と意思疎通を図ることに力を入れた。

海兵隊は、必要時に軍艦から派遣されて遂行する陸上任務が示すように、海軍と一体化した組織として位置づけられてきた。このため今日でも「ネイビー・マリンコー・チーム」（マリンコーは海兵隊のこと）と呼ばれ、管理上も海軍長官の傘下にある。

同時に海兵隊員（マリン）は、自分たちを「アメリカの九一一」と称する。「九一一」は「九・一一」のテロではなく、日本の「一一〇」と「一一九」の両方を一体化したような、消防や警察への緊急通報用の電話番号のことである。陸・海・空の戦力を備えたアメリカ海兵隊は、その即応性の高さもあり、世界のどこへでも真っ先に展開し、必要な場合には敵地に上陸する精鋭部隊であることから「九一一」を名乗っている。

カネオヘ・ベイ基地のモニュメント（岩男保博氏提供）

世界最強の海兵隊なのではない。世界中の陸海空軍のなかでも最強の軍隊であるとの強い自負もある。

そのなかでも、太平洋海兵隊は八万六〇〇〇人と、アメリカ海兵隊全体（一八万四二五〇人）の約四七％を占める。司令部は太平洋軍司令部が入るキャンプ・スミスにあり、太平洋海兵隊の下に第一海兵遠征軍（ＩＭＥＦ）と、第三海兵遠征軍（ⅢＭＥＦ）がある。そしてⅠＭＥＦはカルフォルニア州キャンプ・ペンドルトンに、ⅢＭＥＦは沖縄県うるま市キャンプ・コートニーに、それぞれの司令部を置いている。

太平洋軍と太平洋艦隊の原形がニミッツ時代からスタートしているように、彼らの誇りと支えの原点は、硫黄島の戦いである。

カネオへ・ベイ基地には「海兵隊戦争記念碑」がある。

一本の星条旗を兵士たちが立てようとしているこの像は、一九四五年二月二三日、第二次世界大戦の激戦地の一つである硫黄島の戦いの象徴的なシーンを表すものである。海兵隊は太平洋上の戦略要衝であった東京都小笠原諸島の硫黄島《いおうとう》に、同年二月一九日に上陸を開始、歴史に残る大激戦となった。記念碑の像は、上陸後五日目に、同島の摺鉢山《すりばちやま》に海兵隊員が星条旗を立てるシーンを描写したものである。

硫黄島の戦いは、一ヵ月の激戦で、日本軍守備部隊二万人余りの兵力のうち九六％が戦死あるいは行方不明になった。またアメリカ軍も、戦死者六〇〇〇人以上、負傷者二万人以上という大損害を出した。

上陸後、海兵隊が硫黄島の戦いを優勢に進めるなか、完全占領前ではあったが、実質的な勝利の象徴として摺鉢山にアメリカ国旗を立てるところを、取材していたアメリカ人が写真に収めピュリッツァー賞を受賞した。その写真をもとに作られたモニュメントである。首都・ワシントンにも、アーリントン国立墓地から車で五分程度のところに同じデザインの高さ一〇メートル、幅二〇メートルのモニュメントがある。

米軍全体で見ると、陸軍、海軍、空軍、海兵隊の四軍のなかでも、海兵隊は規模が最も小さい。各軍の現役兵の数は、陸軍が四七・五万人、海軍は三二・八万人、空軍は三一・七万人、そして海兵隊は一八・四万人である。

また、アメリカ軍を統括する軍人（制服組）のトップである統合参謀本部議長は歴代、陸・海・空から選ばれており、その伝統は二〇〇五年、海兵隊のピーター・ペースの就任まで破られることはなかった。二〇一五年に就いたジョセフ・ダンフォード大将は、海兵隊員としてはまだ二人目である。

ワシントンDCのモニュメント

太平洋軍の場合、太平洋艦隊、太平洋陸軍、太平洋空軍の司令官は、軍人として最高位の四つ星の「大将（または提督）」クラスだが、太平洋海兵隊司令官は「中将」という三つ星である。

各軍との部隊構成規模の差によ

り、同司令官が中将であることに対しアメリカ社会や各軍からの疑義はない。ただ、一九九〇年の湾岸戦争以来、アメリカ海兵隊本来の強襲上陸作戦が行われず、もっぱら陸上作戦に海兵隊が投入されたことから、装備や戦闘領域が陸軍と競合するとの疑念も出され、アメリカ海兵隊自体の存在感が問われることもある。

隊員同士の合い言葉やメールの結びの挨拶は、いつも「常に忠誠を（Semper Fidelis、略して口語ではセンパー・ファイ）」である。その結束力は、津波、地震、台風と、自然災害の多いアジア太平洋では頻繁に生かされ、ひときわ存在感を放つ。

近年の中国の海洋進出、特に南シナ海における国際規範に挑戦する一方的な活動は、アメリカ太平洋軍の対中国作戦における陸軍の存在意義や任務を問いかける情勢へと変化しており、島嶼《とうしょ》を含む水際作戦を主任務とする海兵隊の存在価値が、改めて見直されている。

❖日本版海兵隊の創設に向けて

トゥーラン中将が着任する一年前（当時は前任のロブリング中将）に、太平洋海兵隊と自衛隊との関係に大きな出来事があった。太平洋海兵隊に初めて日本の連絡官のポストが作られ、陸上自衛隊から派遣されたことだ。初代は、カネオヘ・ベイ基地でのトゥーラン司令官の交代式のために日本側で対応した岩男保博二佐。真っ黒に日焼けした陸上自衛官だ。二〇一三年、ハワイへの赴任は、ＮＨＫの全国ニュースでも流れた。

陸上自衛隊からは太平洋軍司令部に連絡官（一佐）と太平洋陸軍司令部に連絡官（二佐）の二つのポストがあったが、アメリカ側から海兵隊に自衛官を置いて欲しいというリクエストがあったのは、その一〇年ほど前にさかのぼる。

海自や空自に比べると、もともとはアメリカ軍との縁が薄かった陸自だが、二〇〇三年から始まったイラク戦争において、日本政府は「イラクにおける人道復興支援活動及び安全確保支援活動の実施に関する特別措置法」（イラク特措法）に基づいて、「非戦闘地域」の南部サマーワに、陸上自衛隊を中心とする部隊を派遣した。イラク戦争に対しては、アメリカから陸軍と海兵隊が多く投入され、このころから海兵隊と陸自の関係は、大きく発展し、深化してきた。

また、陸上自衛隊の海外派遣などを担当する「中央即応集団」の司令部は、二〇一三年、在日アメリカ陸軍司令部があるキャンプ座間《ざま》（神奈川県座間市と相模原市にまたがる）に移転し、同陸軍との連携も強化された。

もう一つの大きな理由は、中国の海洋進出の動きが活発化し、二〇一八年に離島防衛を目的とする「日本版海兵隊」といわれる「水陸機動団」の編成が決まっていること。自衛隊は離島への侵攻があった場合、「速やかに上陸・奪回・確保するための本格的な水陸両用作戦能力を新たに整備」（『防衛白書』二〇一五年）し、尖閣《せんかく》諸島など南西地域において事態が発生した場合に「部隊が迅速《じんそく》かつ継続的に対応できるよう、後方支援能力を向上させる」ことに取り組んでいる。

その目玉が、長崎県に駐屯する西部方面普通科連隊を母体に三個連隊（三〇〇〇人規模）から成る「日本版海兵隊」と呼ばれる水陸機動団だ（二〇一七年度末に新編予定）。アメリカは尖閣諸島が「日米安保条約五条の適用の対象」（ハリス司令官）と表明しているように、有事の際には、海兵隊と陸上自衛隊がともに行動する場面も想定される。このため、日本側、特に陸上自衛隊には、アメリカ海兵隊との相互運用性を高める必要がある。

陸上自衛隊は離島に対する水陸両用強襲車を持っておらず、「水陸機動団」の核となる装備である水陸両用車「ＡＡＶ－７」をアメリカから五〇両以上調達することも決まっており、海兵隊との相互運用性の整備を急いでいる。

海から、空から、監視や対処を可能とするなどの陸自、海自、空自の統合機動防衛力の構築は急務であるが、離島への侵攻という万が一のときに、まず現場で体を張って戦うのは、他でもない陸上自衛官である。

二〇一三年（平成二五年）に作られた「二五防衛大綱」に基づく「統合機動防衛力の構築」のため、陸自は現在五個ある方面隊（北部、東北部、東部、中部、西部各方面隊）の運用を束ねる統一司令部を二〇一八年に朝霞駐屯地に作るべく、「創隊以来の大改革」に取り組んでいる。これまで太平洋艦隊と海上自衛隊との関係が主軸となっていた日米同盟関係は、そういう意味でも、ハワイで新たなステージを迎えたといえる。

なぜ海軍省の監督下にある海兵隊のカウンターパートは海上自衛隊ではないのだろうかとい

カネオヘ・ベイ基地の風景。左は岩男二佐

う疑問も湧くが、陸自の業務との親和性があることや、海自は恒常的に人手が足りないという事情などがある。

さて岩男二佐は、高校時代に交換留学生としてニューヨーク州にホームステイしたこともあり、ハワイにいる連絡官のなかで最も英語に堪能《たんのう》だった。応用物理を専攻して防衛大学校を四一期生として卒業し、北海道に通算八年暮らしたあと、二〇一〇年から北熊本駐屯地で第八師団防衛班長を二年間務めた。その後、市ヶ谷の陸上幕僚監部運用支援・情報部を経て、二〇一三年八月から二〇一六年一〇月まで、妻と子ども二人を伴ってハワイで暮らした。

けん玉は二段という腕前で、ちょうど赴任したころ、ハワイではけん玉が大ブームだったため、公園で少し披露《ひろう》すれば、たちまち現地の子どもたちに囲まれた。また、ハワイにいる多くのアメリカ軍人がそうであるように、出勤前にサーフィンをして体を鍛えた。

❖強まる海兵隊と陸上自衛隊の関係

さて、海兵隊連絡官は、どのような仕事をしているのだろうか。

二〇一三年一一月九日、土曜の朝だった。岩男二佐が目を覚ましてテレビをつけると、CNNがフィリピンでの台風災害を伝えている。米海兵隊の先遣隊がフィリピン入りしているのを確認するや、ただちにキャンプ・スミスにある太平洋海兵隊司令部の作戦室へと向かった。

作戦室は、機能ごとに机が集約された「シマ」を構成しており、呼集された海兵隊員たちが既に、状況掌握や上級司令部への報告のため、電話やメールに忙殺されていた。壁面には巨大な二つのスクリーンがあり、一つには最新の現地被害状況と先遣部隊の位置などが刻々と更新される。もう一つは過去二四時間の経過と実績、今後七二時間の予定や当面の懸案事項などが投射され、作戦室にいるすべての隊員のあいだで情報共有できるようになっている。

災害対処において最も重要なのは初動だ。現地のニーズを吸い上げ、そのための最適な部隊を編成して現地へ送り込む。これをいかに早く行えるかが勝負といえる。

海兵隊は当初、沖縄に駐留する3MEB（3rd Marine Expeditionary Brigade）、司令官ポール・ケネディ准将を長とした先遣チーム七～八名程度を送り込んでいた。

岩男二佐は、この先遣チームから提供される現地情報と、それに基づくアメリカ軍の対応構想について確認した。これらの情報を逐次、陸上幕僚監部へ報告するとともに、自衛隊側の派遣構想について確認するのだ。

効果的な救助活動を行うためには、現地のニーズと提供する支援の内容がマッチしなければならない。発災直後に必要とされる支援は、生命維持に必要なものを、現地で必要とする人に直接手渡しすることである。が、道路、空港、港湾といったインフラが壊滅した国に航空機やフェリーで物資を送り込んでも、それを人々の手元まで届けることはおろか、積み荷を下ろすこともおぼつかない。

このため海兵隊は、砂浜などに上陸して作戦できる能力と、ヘリコプターによる空輸能力を活かして、壊滅的な被害を受けた地域の住民一人一人へ、いち早く支援の手を差し伸べた。だが、海兵隊の人数にも限界があり、すべての地域に対して支援を提供できない。

太平洋軍は、香港《ホンコン》に寄港中のジョージ・ワシントン空母打撃部隊を急遽《きゅうきょ》、フィリピン・タクロバンへ派遣し、海兵隊の活動を支援した。同打撃部隊には別任務があり、一定期間の活動ののち、現場を離れなければならなかったが、そこに日本から海自・陸自の共同部隊が急行したのである。

このときの災害対応において、発生当初にフィリピンが最も必要とした支援は、「一人一人まで物資・医療サービスを届ける支援」であった。このニーズの詳細を的確に掌握《しょうあく》して日本に報告するとともに、支援活動の時期と場所についてアメリカとの調整を容易にしたのは、岩男二佐の機を逃さない行動だった。

❖フィリピンの台風やネパールの巨大地震では

このような重要な役割を、日米同盟の現場であるハワイで連絡官が果たした意味は大きかった。しかし一方で、連絡を担う人物がいさえすれば、太平洋軍と自衛隊のあいだで調整がうまくいくとは限らない。その最大の理由は、アメリカ軍と自衛隊の編成や装備が非対称、つまりそもそも釣り合っていないことである。

たとえば、二〇一五年四月にネパール、インド、中国を襲ったマグニチュード七・八の地震は、その好例だ。死傷者二万五〇〇〇人を超える巨大地震だった。

アメリカ軍は、前述の二〇一三年のフィリピン台風災害支援活動において、当初は海兵隊に活動を担わせようとしたが、途中から統合軍にする必要があると判断した。そうして空母部隊を派遣するなど、海軍や空軍を含む統合任務部隊を編成した経緯がある。この教訓を受けて、ネパール大地震では、当初から統合任務部隊を立ち上げた。そのため太平洋海兵隊の役割は限定的となったものの、太平洋海兵隊が保有するオスプレイや多用途ヘリコプター（UH－1）が投入されることになった。

しかし、ネパールは中国とインドという二つの大国に挟まれ、両国が影響力を強めようと火花を散らしてきた。そうした長年の経緯があり、救援の手も、両国が競って差し伸べようとしていた。

そんななかネパール政府は、アメリカ軍の救援活動の受け入れにも神経をとがらせていたため、アメリカ軍統合任務部隊の投入と救援活動の開始はスムーズにはいかなかった。

日本政府はといえば、医療援助隊約一一〇人、「C－130H」二六機を含む空輸隊など、約一六〇人からなる部隊を派遣した（『防衛白書』二〇一五年、三〇四頁）。そうして首都カトマンズ市やその近郊で被災民の診療などに当たり、「自衛隊は直ちに現地に展開し、不眠不休で医療援助にあたった」とアピールした（安倍首相の施政方針演説、二〇一六年一月二二日）。

ところが実際は、日本の最大の輸送機であるC－130Hの性能は、ネパールまでの長距離輸送の手段としては、アメリカと比べ、すこぶる劣っていた。燃料補給の中継地を経由するために受け入れ国との調整も必要になり、初動で先遣隊は、民間機を利用せざるを得なかった。結果、日本の主力部隊が現地入りできたのは、発生から一週間後だった。

自分たちの部隊展開すらスムーズにいかなかった自衛隊に対し、アメリカ太平洋軍のなかでは、自衛隊の参加を評価すると同時に、「自衛隊は自分たち自身を十分に空輸できないのに、他国の支援をするのか」という複雑な思いが渦巻いた。

❖海外演習は自衛隊内での壁を乗り越える修行

二〇一三年、自衛隊は初めて「ドーン・ブリッツ」に参加した。それまでアメリカ軍が単独訓練として実施していたものだが、「島嶼侵攻対処」、いわゆる離島防衛などを想定し、アメリカ・カルフォルニア州キャンプ・ペンドルトンと、サンクレメンテ島とその周辺海・空域での訓練に、統合幕僚監部、陸上自衛隊西部方面隊の西方普通科連隊、西方航空隊、海上自衛隊の護衛艦隊が参加した。

二〇一五年八月から二年ぶりの「ドーン・ブリッツ2015」があった。日本側の訓練統制官は掃海隊群司令・岡浩《おかひろし》海将補、アメリカ側は第三艦隊司令官ノーラ・タイソン海軍中将である。防衛省統合幕僚監部によれば、味方の着上陸部隊に対する補給などの支援を含む水陸両用作戦手続きの訓練であり、海上自衛隊の護衛艦「ひゅうが」、護衛艦「あしがら」、輸送艦「くにさき」の計三隻など含めて総勢九〇〇人が参加した。

日本を出て最初の寄港地であるハワイでは、メンテナンスや食料など補給物品の搭載、参加隊員の休養、親善行事などを行うのだが、参加部隊のあいだにはピリピリした空気が張り詰めていた。

なぜなら二年前、陸上自衛官たちは海上自衛隊の護衛艦「ひゅうが」などに「CH－47JA」や「AH－64D」を搭載し、陸上自衛官たち自身は護衛艦には乗らずに民間飛行機で現地入りしたのだが、このときは海上自衛隊の護衛艦と輸送艦に乗ってやってきたからだ。実は日米の訓練以上に、このことに訓練の大きな意味があった。

というのも、自衛隊の陸、海、空の組織の壁は厚い。海上自衛隊内でさえ、水上艦に乗る人たちと、潜水艦に乗る人たち、さらには航空職域の隊員たちでの文化は大きく異なる。たとえ

ハワイに寄港した護衛艦「ひゅうが」（右）

ば潜水艦乗りたちは、閉ざされた空間と密室での人間関係に堪えられる性格や能力を兼ね備えた人間だけが選ばれる。そのため、互いに干渉しない、おおらかな性格の人が多く、それが組織全体の「カラー」となっている。

海自と陸自の壁は当然、もっと厚い。海を通して常に同盟国・アメリカ海軍と接してきた海上自衛隊に対し、多くの陸上自衛官たちの任務は国内に限られている。アメリカ軍との指揮所演習などへの参加機会がない一般隊員は、海外派遣はもとより、アメリカ陸軍や海兵隊員と直接接することにすら慣れていない。

太平洋を渡るなかで実際、お互い多くの戸惑いがあったという。たとえば艦内で使われる言葉自体が違うので、乗艦中の陸上自衛官が日課号令や各種の連絡艦内放送などを理解できない場面があった。初めて乗る艦のなかでは迷子になることも多々あった。

陸・海・空を一体的に運用する統合運用は、まさに日本がいま強化しようとしているところであり、海外での演習や訓練は、同時に自衛隊内での壁を乗り越える修行の場でもあるのだ。そして、これは何も自衛隊の特殊事情ではなく、軍種間の違いは、アメリカ軍内でも大きな問題として常に議論されている。

近年、陸上自衛隊は、アメリカ軍とともに様々な演習に加わっている。アメリカ・モンゴル共催の多国間共同訓練「カーン・クエスト」や、ボートを使用した上陸訓練の規模を拡大させたアメリカ海兵隊との実動訓練「アイアン・フィスト」にも参加している。また、陸上自衛隊とアメリカ陸軍との共同実動訓練「アークティック・オーロラ」も二〇一五年から始まり、米アラスカ州のエレメンドルフ・リチャードソン統合基地などで、空中機動作戦に必要な戦術・戦闘を想定した戦術技量向上のため、航空機からの空挺降下訓練を実施している。

加えてアメリカ陸軍は、二〇一四年から「パシフィック・パスウエイ」をスタートした。民間の輸送船と契約し、一個旅団規模の部隊を乗船させ、フィリピンやオーストラリア、日本などの友好国を半年ほどかけて巡航し、訓練を重ねる運用構想である。

これは二〇一二会計年度から始まった国防予算の削減が一つの契機となった。兵力の輸送コストを抑えるため、一回の訓練展開を長期化することにより、多くの訓練機会を作ることを狙ったのだ。このような訓練を通して、陸上自衛隊も、米軍との相互運用性と戦術技量を向上させている。

幹部同士の意見交換の場も増えている。

岩田清文《いわたきよふみ》・陸上幕僚長は、二〇一四年、ハワイで開かれたアメリカ陸軍協会（AUSA）主催の「LANPAC（太平洋地域の地上軍）」のシンポジウムに招かれ、「人道支援・災害救援（HA／DR）における日米協力の現状と今後」についてスピーチした。同シンポジウムは「アジア太平洋地域における政府全体の取り組みのなかでの陸軍種の役割」をテーマに、計一一ヵ国の陸軍司令官らが参加しており、ハワイ滞在中、岩田陸上幕僚長はブルックス米太平洋陸軍司令官らと会談した。

陸上自衛隊は、ハワイを中心にした日米間の演習のみならず、近年は、日米豪共同訓練「サザン・ジャッカルー」、非戦闘員退避活動などの能力向上を目的とした東南アジア最大級の多国間共同訓練「コブラ・ゴールド」など、オーストラリアや東南アジア諸国との多国間訓練への参加も増やしている。

❖ハワイで日米同盟を支えた海上自衛官

海上自衛隊からハワイの最前線で、獅子奮迅《ししふんじん》の活躍をしていたのが小俣泰二郎《おまたたいじろう》二等海佐である。

小俣は海上自衛隊のP－1、P－3C哨戒機のパイロットで、コールサインは「スプラッシュ」——。

日米のパイロットの多くはコールサインと呼ぶ名前を持っている。空の上で意思疎通を図りやすくするためだが、明確なルールがあるわけではないので、その名前の付けられ方や由来はさまざまだ。入隊とともに上司から一方的に付けられることもあれば、自分がこう呼んで欲しいという場合もある。サインは何よりも短くて覚えやすく、聞き取りやすいことが肝心《かんじん》だ。

小俣二佐のコールサインは、着任時、当時の太平洋艦隊司令官だったハリス大将と夫人のブルーニが「命名」した。

「N5」という太平洋艦隊の政策を担う重要な部署に連絡官（LO）として着任し、第四章で取り上げた太平洋艦隊ジャパン・デスクのディーン・ボーンと同じ部屋で机を並べて勤務していた。

サラリーマン家庭で育った小俣二佐は、物心ついたころから司馬遼太郎《しばりょうたろう》の著書を読み、「世界のなかで日本がどうあるべきか」ということに常に関心を抱《いだ》く少年だった。進路を決める際、兄に防衛大学校OBを紹介してもらい、自衛隊の話を聞いたことが転機となって防衛大学校へと進んだ。アメフト部副キャプテンとして関東大学選手権に出場し、二部リーグで優勝するなど活躍している。

防衛大学校を卒業すると、一九九四年に海上自衛隊に入隊。高い倍率の要員選抜と厳しい訓練を経てパイロットになる夢をかなえた一人だ。

その後、海上自衛隊の総務課広報室や、厚木の航空部隊勤務を経て、幹部学校指揮幕僚課程を修了、二〇一四年、第五一一飛行隊長になった。ハワイには飛行隊長として哨戒機で展開したこともある。

妻と子ども三人を日本に残した単身生活で、仕事以外の時間でも太平洋軍幹部と関係を深められるよう、パールハーバー・ヒッカム統合基地のそばにある太平洋軍の高級幹部のための居住エリアに家を借りた。

❖『トップガン』に出演した太平洋軍司令官

余談になるが、青年たちがパイロットにあこがれるようになったのは、一九八六年にアメリカで公開されるや大ヒットを記録し、日本でも一九八七年の洋画配給収入一位となったトム・クルーズ主演の映画『トップガン』の影響が大きい。

最強の戦闘機パイロットを育成するためのアメリカ海軍戦闘機兵器学校、通称『トップガン』を舞台に、艦上戦闘機「F－14」操縦士の成長や女性教官との恋愛を描いた青春物語だ。

筆者のハワイでの同僚だった三〇代の男性パイロット（空軍）によれば、アメリカでは三〇年の時を経たいまも、この映画の影響を受けて、空軍や海軍のパイロットを志願する若者が少なくないと教えてくれた。

撮影はアメリカ海軍が全面協力しており、当時、実際にこの学校があったカルフォルニア州サンディエゴ近郊のミラマー海軍航空基地、あるいは原子力空母「エンタープライズ」や空母「レンジャー」で行われた。ちなみに戦闘機兵器学校は、一九八六年、ミラマー海軍航空基地からネバダ州のファロン海軍航空基地へと移転した。

この映画には、二〇一一年の東日本大震災で「トモダチ作戦」の指揮をとった太平洋軍司令官ロバート・ウィラード海軍大将も出演していた。ウィラードは「トムキャット」の愛称で呼ばれていた戦闘機「F-14」のパイロット。この学校の教官の経験もあったため、空中戦の撮影では、旧ソ連のミグ戦闘機という設定で黒塗りにされた「F-5E戦闘機」（実際にトップガン課程において仮想敵機として使用する航空機）に搭乗して映画に登場している。

『トップガン』の続編は二〇一八年から撮影に入る予定だが、アメリカで戦闘機乗りの人気が衰えていない証左といえるかもしれない。

❖中国をリムパックに招いた理由

海上自衛隊から太平洋艦隊への連絡官の派遣は一九七七年に遡ることはすでに書いた。そもそもはリムパックの調整のためにスタートしたものだ。

しかし時代が変わり、多国間で行うリムパックは、相互理解の促進、親善、交流のイベントの要素が色濃くなり、その内容は戦術技量の向上から、俗っぽい言い方ではあるが、「お祭り的要素の多い」多国間演習へと変化してきた側面もある。

これは参加国が増えるほど、海軍のレベルにも差が出るため、演習レベルを低い国に合わせることになる事情があるからだ。このため日本の場合、二〇一〇年を最後に潜水艦は参加させておらず、海上自衛隊のもう一つの主力装備であるＰ－３Ｃ哨戒機も、派遣数は八機をピークに二機にまで減った。

　リムパックの期間は二ヵ月近く続く。数万人規模の軍人たちは訓練が終われば、夜は基地の外に出て自由に行動する。この時期、ネックス（ＮＥＸ）と呼ばれる軍人とその家族専用のショッピングセンターはリムパックグッズであふれ、ワイキキには制服姿の軍人たちが買い物や観光をする姿が見られる。リムパックに参加している証明があれば、レストランやスーパーで割引もあり、街は歓迎ムードに包まれる。

　そんな時代とともに少しずつ変化を遂げたリムパックだが、決定的に変わったのは、二〇一四年だった。

リムパックを歓迎し、参加している軍人向け割引を打ち出すホノルル市内のレストラン

　オバマ大統領と、ヘーゲル国防長官、ハリス司令官の前任者であるロックリア太平洋軍司令官らの決断で、初めて中国が招待されたのである。一九七一年から続いてきた同盟国・友好国のあいだでの軍事演習

（二〇一二年のロシア参加など一部を除く）が目的だったリムパックが、政治的なツールになったのだ。

オバマ政権下で中国に対し好意的な態度を示し、米中関係の発展に主眼を置いていた太平洋軍は、これを中国海軍の潜在的能力を測る好機として前向きにとらえていた。中国は艦艇四隻（駆逐艦、フリゲート、補給艦、病院船）、一一〇〇人を派遣した。

「パシフィック・フォーラムＣＳＩＳ」のラルフ・コッサ所長は、二〇一四年のリムパック開催中に、朝日新聞の山脇岳志《やまわきたけし》アメリカ総局長によるインタビューで、「中国軍は、日米との格差をはっきりと目《ま》の当たりにするでしょう」と述べている。一方で、「アジアの人々に『オズの魔法使い』効果に注意するように言っています。皆が巨大な魔法使いを恐れていたが、スクリーンの裏をのぞいたら小男が大きな影を映していた、というあの物語です。いまの中国は『巨大な姿に見せかけている小男』です。将来は軍事的脅威になる可能性はあるが、あと10年、20年はそこまで行かない。米国の同盟国が、米国や日本と、中国との差を実感することも重要です」と、中国参加の一定の意義について語っている（「朝日新聞」二〇一四年七月三〇日）。

❖リムパックに派遣した情報収集艦で中国は

その格差は軍事力のみならず、別の意味でもあったのではないかと思わせる出来事があった。

中国は四隻の艦船以外に情報収集艦「北極星」を演習海域に派遣し、執拗《しつよう》に多国籍海軍の周辺の電波情報や通信情報を収集した。二〇一二年のリムパックでも中国は同様の艦を派遣していたが、そのときは招待されていなかった。

しかし、二〇一四年は招待されて参加しているわけで、参加国も演習の真っ最中のタイミングである。「一九七一年リムパック始まって以来の異例のこと」（米太平洋艦隊報道官）であった。軍同士の暗黙のルールやマナーに反して、自らの信頼を失わせる前代未聞の中国の行動に、軍関係者は怒りを通り越してあきれ返った。

海軍政策のエキスパートで下院軍事委員会シーパワー・戦力投射小委員会委員長であり、大統領選挙中にトランプ候補の軍事政策顧問も務めたランディ・フォーブス下院議員（共和党）も、「中国は責任あるパートナーになれないということは明らかである。おそらく中国にとって今回が最初で最後のリムパックになるだろう」と語った（USNIニュース、二〇一四年七月二二日）。

しかし、ロックリア太平洋軍司令官はそんなふうには露《つゆ》ほども思っていなかったようだ。

この件について問われた記者会見でロックリアは、「良いニュースは、我々がずっと主張してきた国際法に基づく他国のEEZ内での自由な軍事作戦と監視作戦を中国が認識し、受け入れたということである。この意味は、アメリカの立場である『他国EEZ内における自由な軍事活動』そのものである」と述べている。

ハワイ沖のアメリカEEZ内における中国情報収集艦の自由な活動を認めたリムパック——このアメリカの措置により、中国は自国の主張である「EEZ内での他国の自由な軍事活動を認めない」という立場が世界に通用しないことを理解するべきだ、という意味の発言である。そしてその結果、中国は自国の主張が国際規範から外れていることを自覚し、EEZ内での他国の軍事活動を制約するという主張を取り下げるであろう、という甘い観測に基づいたものであった。

しかし、ニュースサイト「ザ・ディプロマット」は「アメリカは中国のスパイを歓迎」という見出しを付けた（「ザ・ディプロマット」二〇一四年七月二〇日）。案《あん》の定《じょう》、その結果はアメリカの期待とは正反対であり、中国は自国の主張を変更することはなく、従来通り自国EEZ内での外国の軍事活動の自由は認めず、すべて事前許可が必要との立場を崩していない。

こうした太平洋軍トップの言動は、オバマ政権が掲げるリバランスとは一体何なのかという疑問と不信感を各方面に広げる一因でもあった。

このリムパックで日本は、陸上自衛隊が初めて海兵隊などとの水陸両用訓練のために参加した。そして、オアフ島のカネオヘ・ベイ基地やハワイ島ポハクロア訓練場などを使って、「日本版海兵隊」の水陸機動団の基幹部隊となる西部方面普通科連隊のおよそ四〇人が、太平洋海兵隊司令部、第三海兵連隊とともに訓練を行った。

また、海上自衛隊の中畑康樹《なかはたやすき》・第三護衛隊群司令が日本人として二度目のリムパック部隊副司令官の任に就き、多国間の人道支援・災害救助訓練の指揮官として、オーストラリアなど六ヵ国の多国籍部隊を束ねた。

日系三世のハワイ州選出のマーク・タカイ下院議員は、中国の行動は「この地域でアメリカ合衆国が目指すものと対極にあるものだ」として、アシュトン・カーター国防長官に「中国のリムパックへの参加禁止」を要請したが（「ザ・ディプロマット」二〇一六年四月二〇日）、オバマ政権はこれを認めず、二年後の二〇一六年六月から八月まで開かれたリムパックにも、中国は二度目の招待を受けた。このリムパックにはデンマーク、ドイツ、イタリアが初参加し、二七ヵ国、艦艇四五隻、潜水艦五隻、航空機二〇〇機以上、約二万五〇〇〇人が参加した。

❖中国の非礼に激怒したアメリカ

この期間、連絡官の小俣二佐を悩ませる前代未聞の出来事があった。

各国の軍艦では参加国の代表たちを招いてのレセプションを開催する。リムパック期間中の各国軍艦のレセプションは重要な行事の一つである。レセプションをするのは参加国すべてではなく、規模や予算に余力がある政府で、この年はオーストラリア、日本、韓国、ニュージーランド、カナダ、シンガポール、フランス、チリ、中国の九ヵ国と、リムパック主催国のアメリカがレセプションを主催している。

一つ目の事件は、日本主催のレセプションに招待された中国代表団が欠席したこと、二つ目は中国が主催するレセプションから海上自衛隊が排除されたことだ。

日本側にとっては想定外ということではなかったが、日本は一九八〇年以来ずっと参加してきた国である。海上自衛隊に対する中国の二つの行動は、そもそも世界最大規模の多国間演習の精神に反するものだった。

小俣は、前任の連絡官が経験した出来事を思い出した。二〇一四年、中国は約二〇ヵ国の海軍の代表を招いて「西太平洋海軍シンポジウム」を青島《チンタオ》で開催する計画を立て、それに合わせた国際観艦式にアメリカを招待した。しかし、海上自衛隊は招かれなかった。さてアメリカはどうするべきか。日米間で落としどころを探った。

アメリカが観艦式に招待され、日本は招待されていないという事態は、中国建国六〇周年の二〇〇九年にもあったが、そのときと二〇一四年では状況が違う。

オバマ政権は尖閣諸島が「日本の施政下」であり、「日米安保条約の適用対象」と明確にしており、日本政府は二〇一二年に尖閣諸島を国有化、二〇一三年には中国が東シナ海に防空識別圏（ＡＤＩＺ）を設定していた。このような全体情勢を考慮した結果、最終的にアメリカ政府は海上自衛隊の艦船が招待されなかったことに不快感を表すことにし、国際観艦式に艦船を派遣しなかったのである。

そのときの海上自衛隊の経験もふまえ、リムパックでの珍事も、小俣二佐はアメリカ軍と密に連絡をとり合って調整を急いだ。しかし、その調整以前に、中国の非礼はリムパックの主催者を怒らせていた。

太平洋艦隊のスイフト司令官、第三艦隊のタイソン司令官は、海上自衛隊を中国主催のレセプションに招待しなければ、次のリムパックには招待しないといって中国に警告を発し、また小俣二佐を通じて断固たる対応をすることを海上幕僚長に約束した。その結果、海上自衛隊も中国に招待されることになった。こうした太平洋艦隊の対応は、日ごろの日米間の関係があったからこそといえる。

❖日本酒を酌み交わす日米の潜水艦乗組員

小俣二佐が着任する半年前、海上自衛隊の太平洋軍連絡官ポストにも大きな変化があった。初めて連絡官が派遣された一九七〇年代後半から三五年の月日を経て、海上自衛官が二人に増えたのだ。

海上自衛隊の当時の山下万喜《やましたかずき》防衛部長らが、ハリス太平洋艦隊司令官（当時）と話し合って決まった。新たにできたポストが先述の交換幹部（ＥＯ）である。

このポストの自衛官は海上幕僚監部防衛部運用支援課訓練班から太平洋艦隊司令部へ派出という形で出ており、自衛隊の指揮下で動く「連絡官」とは違い、太平洋艦隊司令部の外国籍職員ではあるが、公式勤務員となる。

ハワイにおける海上自衛官の増員は日米同盟の関係を考えれば至極《しごく》当然ともいえ、時代を反映した結果だ。

中国の海洋進出が顕著となり、尖閣諸島で日本の主権が脅かされるなど、日本を取り巻く海洋安全保障環境は厳しくなった。しかしアメリカでは、国防予算の削減に伴い、同盟国の役割負担増を求める傾向が強まっている。日米間の戦略整合や海上自衛隊と太平洋艦隊の部隊運用、そして演習など、調整しなければならない事案は増える一方となっている。

新しいポストは年に四～五回ある日米間の共同訓練の調整に当たる。そのため毎月二～三回はハワイから第三艦隊の司令部があるカルフォルニア州サンディエゴに出張するなどして、日米をつなぐ。

また、ハワイには多くの自衛隊の水上艦や潜水艦が寄港するうえ、哨戒機も飛来する。長いあいだ艦上や潜水艦の窮屈なスペースで不自由な生活を強《し》いられる各艦の乗員たちにとっては、次の行動に必要な物資や燃料、食料、真水の補給のみならず、久々に上陸できる機会ともなる。足元が揺れない大地で息抜きできる意味は大きいのだ。

小俣らにとって、ハワイを訪れる自衛官たちの現地での受け入れ態勢を作り、太平洋軍や太平洋艦隊、あるいは日系人社会との交流の場を設けることも大事な仕事である。

たとえば、筆者がハワイに暮らした二年間には、以下の船や潜水艦がハワイに寄港している。

ハワイに寄港した潜水艦「はくりゅう」

①潜水艦「せとしお」（二〇一四年九月〜一一月）
②護衛艦「てるづき」（二〇一四年一一月、一月）
③潜水艦「はくりゅう」（二〇一五年二月〜四月）
④練習艦隊「かしま」「しまゆき」「やまぎり」（二〇一五年六月〜一〇月）
⑤護衛艦「ひゅうが」「あしがら」、輸送艦「くにさき」の計三隻（二〇一五年八月〜一〇月）
⑥潜水艦「くろしお」（二〇一五年一〇月〜一一月）
⑦潜水艦「けんりゅう」（二〇一六年二月〜三月）
⑧練習艦隊「かしま」「せとゆき」「あさぎり」（二〇一六年六月）
⑨リムパック２０１６護衛艦「ひゅうが」「ちょうかい」（二〇一六年六月〜八月）

潜水艦は年二回（春と秋）「そうりゅう型」「おやし

マキキ墓地の石碑を前にした自衛官たち

お型」が交互に寄港する。海上自衛隊のなかでも特に機密性の高い任務を持つ潜水艦では、乗組員は家族に対しても寄港先や入港スケジュールは口外しない。自分や仲間をリスクにさらしてしまう恐れがあるからだ。海に出たら隠密行動が基本であり、外界との連絡は一切断つことが徹底されている。最も厳しいともいえる職場を選ぶ自衛官は「エリート」であり、「花形」と目されている。

　寄港した自衛官たちは、ハワイでの親善交流のほか、明治初期から始まった日系移民の墓地で、明治三〇年代初期に整備された「マキキ墓地」を訪れることもある。ホノルル市の住宅ビルに囲まれたこの墓地には、山本《やまもと》五十六《いそろく》連合艦隊司令長官の一期先輩に当たる長谷川《はせがわ》清《きよし》海軍大将の名が刻まれた鎮魂《ちんこん》の碑があり、自衛官たちはここで敬礼し、花や日本酒をお供えする。

　ハワイを発つ数日前に真珠湾の基地で開かれる「サ

ヨナラパーティー」は陽気で、サービス精神旺盛な潜水艦乗りたちが、ビンゴやヤキソバ、仮装、お神輿《みこし》などを行う。毎回、趣向をこらしたお祭りのような雰囲気が売りで、知人の米軍幹部は「ハワイで家族が最も楽しみにしているパーティーだ」というほど人気が高い。

定刻を過ぎても招待者はなかなか帰ろうとせず、肩を組んで日本酒を酌み交わす日米の潜水艦乗組員たちの姿を何度も目にした。

❖演習は新渡戸稲造の『武士道』から

また毎年、練習艦隊もハワイに寄港する。外洋航海を通じ初級幹部を育成する目的で、半年かけて世界各地を数ブロックに分けたコースの一つを毎年巡航する。国際情勢が緊張した一九三〇年代後期から海上自衛隊が再開するまでのあいだ、中断していた時期もあるが、戦前から続く伝統である。

このような遠洋航海をする伝統は世界の海軍でも限られており、日本、そして海上自衛隊に範をとった韓国などにとどまり、アメリカ海軍にもこのような練習航海はない。二〇一五年は中畑康樹海将補、二〇一六年は岩崎英俊《いわさきひでとし》海将補を練習艦隊司令官として、幹部候補生学校の一般幹部候補生課程修了者二〇〇人近くを含む総勢七〇〇人超の規模で、両年とも二〇ヵ所近くの都市に立ち寄った。中東ブロックを除く他のコースの遠洋練習航海において、ハワイは西回りか東回りかにより異なるが、その最初または最後の寄港地に当たる。

二〇一五年にはハワイ諸島最大のハワイ島で、日系人の町として知られる同島東海岸のヒロの港にも、四七年ぶりの寄港を果たした。地元の熱いラブコールを受けて海幕長の河野克俊（当時）が決断して実現したもので、日系人たちは港で「日の丸」を振って迎え入れた。長い遠洋航海を終えた若者たちのおよそ三割超は水上艦に、二割超はパイロットに、一割以下が潜水艦へと旅立つが、ヒロへの寄港は、各人の将来の職域にかかわらず、参加した実習幹部にとって太平洋における日本および日本人の長い歴史を肌で学ぶ機会になった。

さて、話は戻るが、新設された交換幹部の仕事の現場はハワイだけではない。

四方を海に囲まれかつ幾多の島々から成る日本にとって、水陸両用作戦能力の向上はいま最も重要視されている防衛能力だ。従来、自衛隊は水陸両用作戦の演習や訓練を、日本からはるか彼方《かなた》のアメリカ西海岸（カルフォルニア州サンディエゴ）において実施してきた。陸海空自衛隊の人員および関係部隊を長期に現地派遣することは、海上の往復だけでも一ヵ月以上かかり、人員の面からも予算の面からも、自衛隊にとって負担が大きい。

このため二〇一六年秋、二年おきに統幕と太平洋軍が中心となって計画・実施する日米共同統合演習「キーン・ソード（KEEN SWORD）」を、初めてグアム島および北マリアナ諸島のテニアン島などにおいて行うことになった。日本から見るとサンディエゴよりもはるかに近く、二週間程度で往復が可能となる利点がある。

演習は、武力攻撃事態、および武力攻撃予測事態において、島嶼防衛を含む自衛隊の統合運用要領や米軍との共同対処要領などを実際に行って、その能力の維持・向上を図るのが目的である。具体的には、水陸両用作戦、複合的な経空脅威への対処、日米共同による空域・海域を防衛するための作戦、捜索救助活動などを行う。

テニアン島は、自衛隊の演習実施地としては初めての島である。しかも、訓練構想開始から演習実施までわずか約半年で実現させようと、日米両国は目論《もくろ》んでいた。交換幹部は太平洋艦隊司令部の一幕僚として、ゼロから作戦実施のための調整や計画立案に従事する必要があった。

テニアン島は一九四四年に日米が激突した島であり、海軍の期待を集めた基地航空部隊の第一航空艦隊司令部が、司令長官の角田覚治《かくだかくじ》中将以下、ほぼ全員が玉砕した地でもある。ジャングルやビーチには、いまもなお、日本軍が構築し、アメリカ軍に抗戦した際に使用されたトーチカや司令部庁舎跡、飛行場跡、掩体壕《えんたいごう》などの遺構が残っている。

また、広島や長崎に原爆を投下した爆撃機は、テニアン島の滑走路から飛び立っていった。この島で、今度は敵としてではなく、同朋として上陸訓練を目指す日米の歩んできた長い道のりに思いを馳せながら、自衛官たちは準備を進めたのだが、その実施までのハードルは高かった。

それは想像以上に苦痛を伴うものだった。というのも、現地を調査すると、テニアンにおける着上陸作戦の実施はあまりにも困難であることが判明したのだ。

一つは、北マリアナ諸島における環境保護上の制約で、ウミガメの生態保護が最優先されていること。ウミガメの存在を砂浜で確認したら、演習は中止したり、制限したりしないといけない。地元住民と自治体との調整や、日米間の作戦構想、部隊運用コンセプトのギャップもあった。

北マリアナ諸島において、アメリカ軍は数々の訓練・演習をしてきた歴史があり、現地住民とのあいだに特段の問題はない。しかし、このときは外国軍に当たる自衛隊が加わるのであり、現地住民に対して演習の一つ一つを明らかにし、環境破壊や不利益などが生じないようにしなければならなかった。

このような日米の共同統合演習の前には、通常、三〜四回にわたり事前調整会議の場を持つが、それではまったく時間は足りない状況だった。交換幹部の仕事は、日米双方の作戦構想や部隊運用コンセプトを理解し、アクセスできるすべてのチャンネルを使って、日米双方に対して働きかけることである。

北マリアナ諸島における米軍司令部の幕僚と連携し、作戦の障害となる要素を洗い出し、その一つ一つに対策を講じる。また、現地の自治体リーダーたちに日米合同で表敬訪問し、演習に関する事前説明を行って信頼醸成を試みる。

日米間の事前調整会議の際には、自衛隊側からヒアリングをして、日米間のギャップを埋めるべく、入念な説明や通訳作業に従事し、東京・市ヶ谷の防衛省とハワイのあいだにおけるテレビ会議を調整し、計画に漏れがないか、事前の打ち合わせに万全を期すのである。

軍事作戦は、専門用語のみならず、作戦構想や部隊運用についても専門的な知識が求められる。このことから、水陸両用戦機動部隊勤務を経験していないと全般的な作戦は理解できず、通訳も困難を極める。限られた時間のなかで日米双方の軍事作戦上のニーズを的確に把握し、認識のズレをいち早く修正して意思疎通を図るという役割は、太平洋艦隊司令部への初の交換幹部ポストがあってこそ可能となった。

❖「陸は時間、海は分刻み、空は秒単位で動く」

航空自衛隊関連では、近年、連絡官および交換幹部が一人から五人に増えた（二〇一七年春時点で一減の四人）。

太平洋空軍司令部は、ネットワーク運用担当の連絡官、交換幹部二人、全体の調整役としての一佐、計四人の陣容であった。太平洋空軍司令部のインテリジェンス担当として空自連絡官が加わって、二〇一六年秋時点で、ハワイ勤務の空自隊員は計五人に増えていた。

「陸は時間、海は分刻み、空は秒単位で動く」といわれている。中国や北朝鮮問題もあり、日本にとって太平洋空軍は、アジア太平洋地域の安全保障における航空宇宙とサイバー分野の、重要な拠点になってきている。

有事の際に戦闘の指揮を執る第一三空軍が二〇一二年に廃止され、太平洋空軍司令部に吸収されたことも大きい。また、太平洋統合航空・ミサイル防衛（ＩＡＭＤ）センターが二〇一四年に設立され、太平洋軍の担当する地域の国々のミサイル防衛能力を高めるための演習など、中心的役割を担うようになった。

また最近は、空軍と海軍との訓練も増えるようになったため、空自側も太平洋空軍だけでなく太平洋艦隊の動向が分からなければ、業務遂行上、支障が出ることもある。

空自の「インテリジェンス」担当官は、太平洋軍司令部「Ａ２」と呼ばれるインテリジェンス部門がカウンターパートになる。Ｊ２のアンディ・シンガー副部長によると、ロックリア太平洋軍司令官時代、司令官の主導で同盟国のインテリジェンス要員を増やそうということになり、副部長を二人体制にした。そしてオーストラリア人を副部長にしたほか、ニュージーランドやイギリスからも迎え入れ、その流れのなかで日本の連絡官を受け入れた。

シンガーによれば、インテリジェンスの共有が、かつてないほど進んでいるという。市ヶ谷の防衛省とテレビ会議を通じたブリーフィング、ハワイにいる連絡官をインターフェースとした情報共有、同様に日本での在日米軍担当者と自衛隊とのあいだの情報共有など、さまざまなルートで、毎日のように接触している。

また、陸、海、空、宇宙に並ぶ重要な戦闘ドメインが、サイバー空間である。自衛隊は、二〇一四年、自衛隊指揮通信システム隊のもとにサイバー防衛隊を作った。世界中でサイバー攻撃が増えているため、緊密な連携がより重要となっている。

❖アメリカ海軍兵学校の「センセー」

日米同盟を支えるアメリカ軍の人材は、ハワイの太平洋軍司令部や各軍司令部、在日米軍基地での仕事を通じて育成される。特に海上自衛隊との関係が最も緊密といわれてきたアメリカ海軍では、そのきっかけが「ミッドシップマン（和訳すると海軍士官候補生）」として四年間学び暮らしたアナポリス（海軍兵学校）にさかのぼるというケースは多い。

海軍軍人としての基礎素養に加え、日本語や日本の歴史やアジアの安全保障に接する機会を作り、将来、日本での勤務を希望する若者を輩出する、そんな役目の海上自衛官についても触れなければいけない。

英語が流暢な村越勝人《むらこしまさと》教官は、江田島の海上自衛隊幹部候補生学校、潜水艦機関長、防衛省統合幕僚監部勤務などを経て、二〇一二年一二月から、アナポリスの交換士官兼言語文化学科教官になった。筆者が一緒にキャンパスを歩いていると、学生たちが「センセー、センセー」と日本語で次々と声をかけて歩み寄ってきた。ＳＮＳでの英語の発信力も抜群《ばつぐん》で、学生たちに慕われている人物だ。

アナポリスの卒業生は、卒業を前に、学校長を始めとする将官、教員、学生が大勢見ている会場で、かつ全世界の米海軍基地にその様子がオンエアされているなか、水上艦職域を選択した者が成績上位から名前を呼ばれ、自分の好きな勤務地や艦船を選んでいくという「シップセレクション」という伝統がある。

二〇一五年、日本の関連コースを履修《りしゅう》した村越の教え子たちの四割近くが、水上艦艇要員として横須賀と佐世保を赴任先に選んだ。特に、村越の教え子でもあった総合成績三番の女性士官候補生が横須賀を母港とする駆逐艦を選んだ際は、立ち上がって大きな万歳をしたという。

また、二〇一六年のシップセレクションでは、駐米防衛駐在官を招待し、最初に日本を選択した学生に壇上で海上自衛隊の徽章《きしょう》を手渡した。このことは、全世界のアメリカ海軍基地でシップセレクションの推移を見守るアメリカ軍将兵に、日米の絆を強く印象づける場面となった。

現在、日米の若手士官交流組織である「ＪＯＰＡ（Junior Officer Partnership Agency）インターナショナル」が立ち上がり、日米会員は約三〇〇人にのぼる。横須賀と佐世保の両基地でＳＮＳなどを通した個人単位の草の根交流が続いている。これも日本に赴任したアナポリスの卒業生が主体となって立ち上げたものである。

アナポリスでの学びは、彼らの対日観やキャリア形成に大きく影響している。村越のような自衛官の教官は、日米同盟にとって、将来の貴重な人材を育む極めて重要な役割を担っている。

❖リバランスで日本が背負う役割

さて、アメリカ軍における自衛官ポストが倍増した背景には、いくつかの理由がある。まず近年、南シナ海などの特定の島や岩礁に対する領有権の主張と対立が挙げられる。また、アメリカの国益に直接関わる公海上の自由な活動を制約する中国の挑戦など、利害関係が複数国にまたがる事案が増えてきたこともある。海賊やテロ、麻薬、人身売買も一ヵ国では対処できず、国境を越えた課題を多国間で調整する必要性が高まってきている。

インド洋から太平洋に至る広範な地域と海域において、その中心的な役割を果たしているのが、ハワイに司令部を置く太平洋軍なのである。

カーター国防長官は、二〇一六年九月、リバランス政策は「第三のフェーズに入った」と述べ、米軍のさらなる展開、相互運用性の向上、サイバー能力の構築を挙げた。「第一フェーズ」は、二〇一一年にオバマ大統領が外交、経済、軍事面を含む政策を発表し、アジア太平洋地域で軍事プレゼンスを強化した段階、「第二フェーズ」は、二〇一五年に戦力が質的に進歩した段階だという。

オバマ政権が打ち出した「アジア太平洋へのリバランス」は、「米海空軍戦力の六割をアジア太平洋地域に配備あるいは同地域へのローテーション展開を進め、この地域へ配備・展開する艦船や航空機には最新装備を配備する」ことを強調した。

国防総省の組織であるアジア太平洋安全保障研究センター（APCSS）客員研究員として、限定的ではあるが、オバマ政権の内側を体験した筆者から見たリバランス政策を述べよう。

これは、第二次世界大戦後に築かれてきた太平洋軍・太平洋艦隊を中心として同盟国・友好国が放射線状に位置する、いわゆる「ハブ&スポーク」だったアジア太平洋の秩序を、各国がクモの巣のような「ネットワーク」で連接されるマルチラテラルな世界に変えていくことを意味している。

「ハブ&スポーク」では、アメリカと個々の国々との二国間関係、たとえば、米日、米韓、米フィリピンなどがベースになっており、アメリカはその中心に位置して圧倒的なリーダーシップを発揮してきた。しかし、オバマ政権下での国防予算削減や安全保障政策に加え、イラクやアフガンでの戦争、およびその他の地域でのテロとの戦いで疲弊《ひへい》しているアメリカが、「ハブ&スポーク」体制の中心にいることは困難になっている。

中国の軍事的な台頭と、太平洋への海洋進出の野心が明確になり、南シナ海をめぐっては、ベトナムやフィリピンなど関係国が複数にのぼる。多国間の安全保障協力を築いていくためには、そのための調整や演習を重ねていくことが、いままで以上に必要になった。しかしながら、やはり太平洋軍以外、その役割を担える組織は、世界のどこにもない——それが現実だ。

「アメリカ・ファースト（アメリカ第一主義）」を標榜するトランプ政権は、アメリカ軍の大幅増強を打ち出した。その価値観が、北朝鮮や中国など太平洋軍の担当する地域の戦略や政策にどの程度まで関連づけられたものかは不透明だ。が、オバマ政権のカーター国防長官は、二〇一五年のシャングリラ会議で「東南アジア海洋安全保障イニシアティブ」を発表し、五ヵ年にわたる拠出金総額四億二五〇〇万ドル（約四六八億円）を活用して、東南アジア各国の能力構築に力を入れる、としている。

その実務面を主導し、担当しているのは太平洋軍であり、筆者もAPCSSにおいて、そのイニシアティブに関わる仕事に携わった。実感したのは、「アメリカ・日本・オーストラリア」「アメリカ・日本・オーストラリア・インド」「アメリカ・日本・韓国」「アメリカ・日本・フィリピン」といった、いくつもの枠組みを重層的に組み合わせ、多国間のネットワークを使い分け、あるいは強化していくプロセスは、実に巧みであったことだ。

ハリスは、「アメリカが中心にいることを各国は望んでいない。太平洋やインド洋にアメリカにいてほしいし、リーダー的存在でいてほしいが、いつもボスみたいな存在にはなってほしくはないのだ」「では、どのようなクモの巣状のネットワークがありうるかといえば、海洋においては日本、オーストラリア、インド、アメリカが存在感を示すことだ。テロに関しては、インドネシア、マレーシア、フィリピン、アメリカ、オーストラリアが良いマルチの枠組みになる。これらは同盟でなく、正式な枠組みではないインフォーマルなものであっていい」と、筆者のインタビュー（二〇一六年八月）に答えている。

❖激増する自衛隊と太平洋軍の共同演習

太平洋軍の自衛隊への期待は、とりわけ大きい。日米間で行う訓練や能力構築など、太平洋軍とのあいだで直接調整しなければならない業務が大幅に増えたことも理由の一つだ。

元海上自衛隊自衛艦隊司令官の香田洋二《こうだようじ》海将は、日米の歩みを人間の成長にたとえている（香田洋二『賛成・反対を言う前の集団的自衛権入門』幻冬舎新書）。

警察予備隊から保安隊を経て一九五四年に設立された自衛隊は、「生まれたばかりの赤ん坊のような組織」。その後、一九六〇年の日米安全保障条約の改定のころは、「まだおむつも取れていない幼児のようなレベル」。自衛隊は少しずつ能力を高めていき、一九七〇年代中盤には、「義務教育レベルを終え、米軍から見てそれなりの頼りになる存在になった」。このとき旧ソ連の日本侵攻に備えて、一九七八年、初めてのガイドライン「日米防衛協力のための指針」が策定された。

冷戦が終結し、湾岸戦争後の一九九一年、ペルシャ湾の機雷除去のための掃海艇の派遣、一九九七年のガイドラインの改定、一九九九年の「周辺事態法（周辺事態に際して我が国の平和及び安全を確保するための措置に関する法律）」の制定、二〇〇一年の九・一一同時多発テロ後のインド洋における各国の艦船への燃料と水の補給、二〇〇三年のイラク戦争での人道復興支援——。

高校と大学を卒業して会社に就職し、いまは会社の中堅幹部くらいには成長したといってもいいのではないか。

防衛省が防衛庁から省に格上げされたのは二〇〇七年のことで、それまで事務方のトップである防衛事務次官は、一部を除き大蔵省や警察庁の出身者が就くなど、他省からの出向者の寄せ集め的な存在だった。また「日米同盟」関連部署は、長らく外務省北米局日米安全保障条約課と同省条約局（現・国際法局）の「牙城《がじょう》」として君臨していた。

ところが最近は、中国の海洋進出や北朝鮮の核ミサイル開発などにより、日本を取り巻く安全保障環境は厳しさを増しており、二〇一六年三月末の平和安全法制関連二法（安全保障関連法）の施行によって、防衛省や自衛隊の役割はいっそう拡大した。

防衛省内局の幹部ポストも、ほぼ生え抜きの職員で占められており、学生のあいだでも人気の高い、結果的に優秀な人材が集まる官庁になっている。すると、それまでの外務省の防衛省に対する「二流官庁」という見方は変わった。日米同盟は、外務省だけではなく、防衛省も深く関与しなければ回らなくなってきているのが現実である。

防衛省の太平洋軍とのテレビ会議の回数は増え、日本から会議参加や打ち合わせのための出張者も増えている。筆者がハワイに滞在しているあいだ、自衛官、防衛省内局職員、外務官僚、政治家、米軍基地を抱える自治体の首長ら、出張者が毎週、途切れることはなかった。

連絡官は、こうした会議や出張者と太平洋軍側との会議スケジュール調整やアポとりなどの事前準備を行い、必要な場合には、当日もアテンドすることが重要な仕事となっている。

ひと昔前なら、自衛隊が横田の在日米軍司令部に連絡をとれば済む案件が多かった。しかし、在日米軍のトップである司令官は太平洋軍や太平洋艦隊の司令官が四つ星であるのに対し、三つ星の将軍であるという階級差もさることながら、アメリカ軍の組織編成上、在日米軍司令官には作戦指揮権が付与されていない。

このため今日では、重要な案件は、在日米軍の上級司令部であり太平洋地域における最高作戦指揮権を持つハワイの太平洋軍司令部と直接、業務調整することが当たり前となっている。もちろん、統幕長ら自衛隊幹部は毎週のように、在日米軍司令官とコンタクトをとって情報交換しており、在日米軍の存在を過小評価するものではない。が、自衛隊の実任務の拡大を反映した結果、相対的に、太平洋軍司令部との調整が大きくなっている。

また、アメリカ軍と訓練するハワイ派遣部隊の規模が最大である海上自衛隊の連絡官は、真珠湾に寄港する自衛隊の護衛艦や潜水艦、そして哨戒機の受け入れ準備なども含め、準備段階からの調整が山のようにある。

日米の二ヵ国、あるいは日米が関わる多国間の訓練の多さは、『防衛白書』平成二六年（二〇一四年）版に記されている二〇一一年四月一日〜二〇一四年六月三〇日の三年余りのあいだの、自衛隊と太平洋軍が関わっている多国間共同訓練を見れば分かる。

①コブラ・ゴールド（タイ、二〇一三年二月、二〇一四年二月）
②パシフィック・パートナーシップ（二〇一一年六月～七月東ティモール、ミクロネシア、二〇一二年六月～七月フィリピン、ベトナム、二〇一三年六月～七月トンガ、パプアニューギニア）
③ASEAN地域フォーラム（ARF）災害救援実動演習（二〇一三年五月タイ）
④ASEAN災害救援実動演習（二〇一四年四月～五月タイ）
⑤ADMMプラス人道支援・災害救援／防衛医学演習（二〇一三年六月ブルネイ、一〇月シンガポール）
⑥ADMMプラス対テロ演習（二〇一三年九月インドネシア）
⑦多国間共同訓練GPOIキャップストーン演習（二〇一一年六月タイ、二〇一二年二月～三月バングラデシュ、二〇一三年三月～四月ネパール）
⑧多国間共同訓練カーン・クエスト（二〇一一年七月、二〇一二年八月、二〇一三年八月、二〇一四年六月～七月、いずれもモンゴル）
⑨米フィリピン共同演習バリカタン12（二〇一二年四月フィリピン）
⑩豪陸軍主催射撃競技会（二〇一二年五月、二〇一三年五月、二〇一四年五月、いずれもオーストラリア）
⑪豪海軍主催多国間共同訓練トリトンセンテナリー2013（二〇一三年九月～一一月オ

ーストラリア）
⑫ ADMMプラス海上安全保障実動訓練（右記、豪海軍主催多国間訓練の一部）（二〇一三年九月～一〇月オーストラリア）
⑬ 西太平洋潜水艦救難訓練（二〇一三年九月日本）
⑭ 西太平洋掃海訓練（二〇一三年二月～三月ニュージーランド）
⑮ インドネシア主催多国間共同訓練コモド（二〇一四年三月～四月インドネシア）
⑯ 日米豪共同訓練（二〇一一年七月ブルネイ周辺海域、二〇一二年六月九州南東海域、二〇一二年九月オーストラリア周辺海域、二〇一三年六月グアム周辺海空域）
⑰ 日米韓共同訓練（二〇一二年六月朝鮮半島南方海域、二〇一二年八月ハワイ周辺海域、二〇一三年五月九州西方海域、二〇一三年一〇月九州西方海域、二〇一三年一二月アラビア半島周辺海域）
⑱ 豪海軍主催多国間海上共同訓練カカドゥ（二〇一二年八月～九月オーストラリア周辺海域）
⑲ 米英共催多国間掃海訓練（二〇一一年一〇月バーレーン周辺海域）
⑳ 米主催国際掃海訓練（二〇一二年九月、二〇一三年五月、いずれもアラビア半島周辺海域）
㉑ 日米豪共同訓練コープ・ノース・グアム（二〇一二年二月、二〇一三年二月、二〇一四

2017年のコブラ・ゴールド。ジャングルでのサバイバル演習（米海軍提供）

年二月、いずれもアメリカのグアム島および同周辺空域）

㉒日米豪共同訓練サザン・ジャッカルー（二〇一三年五月、二〇一四年五月、いずれもオーストラリア）

㉓ＲＩＭＰＡＣ環太平洋合同演習（二〇一二年六月〜八月、二〇一四年六月〜八月、いずれもハワイ周辺海空域、アメリカ西海岸周辺海域）

❖アメリカから見える日本

ハワイで自衛官のポストが増えた理由には、日本に対するアメリカ側の見方の変化もある。二〇一二年に発足した安倍政権が長期にわたる安定的な政権だということを、アメリカ側は評価した。二国間の協議や計画など単年度で終わるものは稀《まれ》であり、多くは複数年にまたがる。政権交代で外交・防衛方針がひっくり返ることもなく、ある程度の予測と見通しが立つことが、アメリカ軍に安心感を与えたのだ。政局の安定は、国の安全保障そのものと直結している。

二〇一三年七月、小野寺五典防衛相がハワイを訪れたが、この訪問は、防衛庁長官・防衛大臣としては、実に一〇年以上ぶりのことだった。二〇一〇年には前原誠司《まえはらせいじ》外相がクリントン国務長官とハワイで会談し、二〇一一年一一月にはハワイで初めて開かれたアジア太平洋経済協力(APEC)首脳会議へ参加するため野田佳彦首相がハワイを訪問しているが。

小野寺防衛相は、ロックリア太平洋軍司令官、カーライル太平洋空軍司令官、ヘイニー太平洋艦隊司令官との会談のほか、パールハーバー・ヒッカム統合基地で原子力潜水艦「ブレマートン」の視察もした。さらにハワイ州選出の連邦議会議員や日系人社会代表者たちと会い、「えひめ丸」事故の慰霊碑に献花をした。

また、二〇一五年一一月には防衛相の中谷元が訪問し、ハリス太平洋軍司令官をはじめ、太平洋海兵隊、太平洋陸軍、太平洋空軍、太平洋艦隊の司令官らと会談した。同年四月に再改定された「日米防衛協力のための指針(ガイドライン)」で、日米両政府間で自衛隊とアメリカ軍が平時から一体運用するための「同盟調整メカニズム」を新たに設けたことや、このメカニズムを通して自衛隊と米軍の緊急時の共同計画を策定する「共同計画策定メカニズム」を改良したことを受け、自衛隊が太平洋軍司令部とさらに緊密に連絡・調整を行うことを確認した。

また、アメリカの弾道ミサイル迎撃システムを視察し、終末高高度防衛ミサイル（THAAD）導入を検討する考えを示した。

安倍政権は、日米関係を基盤に日本が主体的に幅広い国々と関係強化を図る「地球儀俯瞰《ふかん》外交」を展開した。これは、国防費の削減や長期にわたる中東への関与で疲弊《ひへい》しているアメリカにとって、アジア太平洋の平和と安定に日本が相応の貢献をしてくれるという期待感にもつながっている。

特に日本の場合、アジア太平洋諸国の能力構築支援（キャパシティ・ビルディング）に力を入れており、『防衛白書』平成二八年（二〇一六年）版によれば、二〇一五年六月からの一年間に、アジア太平洋諸国の一一ヵ国とＡＳＥＡＮ（東南アジア諸国連合）諸国に対して同支援を行っている。陸上自衛官、海上自衛官、航空自衛官に加え、防衛省内局事務官、海上保安官、民間団体から、人材を各国に派遣、セミナーを開催するなどして、人材育成を行っている。

『防衛白書』では、二〇一三年の国家安全保障戦略や防衛大綱において、各国との海洋安全保障協力を含め、「開かれ安定した海洋」の維持・発展に向けた主導的な役割を発揮するとしている。特に、シーレーン沿岸国などの能力の向上を支援するとともに、日本と戦略的利害を共有するパートナーとの協力関係を強化していると記す。

つまり能力構築支援は、支援を受ける国々にとってメリットがあるだけでなく、日本のためにもなるということだ。支援では我が国の国益が認められるということもあり、防衛省・自衛隊の任務としても重要になってきている。

二〇一七年六月には護衛艦「いずも」が南シナ海を航行する際、ＡＳＥＡＮ一〇ヵ国の海軍士官らを五日間乗せ、海上自衛官が国際海洋法などを講義した。これも支援の姿である。

このように、安倍政権になってからは、日本とハワイとのあいだの往来や調整が飛躍的に増えた。これに伴い、自衛隊の連絡官が参加できる太平洋軍の会議や打ち合わせも圧倒的に増え、お互い仕事がしやすくなった。

とはいえ、同盟国だからといって、自衛官がすべての太平洋軍の会議に出席し、すべての情報にアクセスするわけではない。たとえば、日本と同じように太平洋軍のなかで働いているカナダやオーストラリアといった「ファイブ・アイズ」に属し、アメリカ軍とほぼ一体化した国々の軍人と自衛官とのあいだには、明確な差が存在する。

自衛官の場合、太平洋軍のオフィスへの出入りの時間帯の制限があったり、アメリカが日本抜きで会議や打ち合わせをしたりすることも、当然ある。そもそも一体化には責任も伴うわけで、我が国の憲法に沿った各種の制約が課せられた自衛隊は、カナダやオーストラリアと同じような立場ではないことは当然である（第五章参照）。

そうした状況下でも、現場の「空気」を肌で感じてくるのが、連絡官の役割である。求められている能力は、優れた嗅覚《きゅうかく》——アンテナを高く上げて英語で情報収集できる能力である。

第8章

試された日米同盟

❖九人死亡「えひめ丸」事故で日米同盟は

筆者がハワイに滞在していたころ、太平洋軍や太平洋艦隊からその名前をよく耳にした海上自衛官の連絡官がいた。林秀樹《はやしひでき》二佐（当時）である。

それは、もし対応を誤れば日米同盟の根幹をも揺るがしかねない大事故だった。ハワイ時間の二〇〇一年二月九日の昼過ぎ、愛媛県立宇和島《うわじま》水産高校のマグロはえ縄実習船「えひめ丸」は、オアフ島沖の南方一八キロ付近の海上を航行中であった。同校海洋工学科の二年生一三人、指導教官らを含む計三五人が乗船していた。

同じころ、太平洋軍に所属する原子力潜水艦「グリーンヴィル」は、同じ海域で民間人の招待者を乗せて潜航浮上運動を含む体験航海を実施していた（米国家運輸安全委員会［ＮＴＳＢ］報告書、二〇〇一年）。

えひめ丸は総トン数四九九トン、全長五八・一八メートルの、厚さ数ミリから一センチの鋼材でできた船体の実習船である。それに対してグリーンヴィルは、排水トン数六〇八〇トン、全長一一〇・三メートルの、大きな水圧に耐えうる分厚い円筒状の頑丈《がんじょう》な鋼板で主船体が作られた原子力潜水艦である。

午後一時四三分、グリーンヴィルの艦長は、操艦および潜航浮上運動を直接つかさどる哨戒長、それを補佐する火器管制官、およびソナー担当士官の幹部たちとのあいだの十分な意思疎通を図らぬまま、急速浮上の命令を下した。浮上時に安全を確保するための通常手続きである「潜望鏡を使用できる深さまでいったん上昇して行う周囲の水上目標の確認」という安全上、必須の手順をとっていなかった。

その存在を知らないまま急速浮上したグリーンヴィルは、えひめ丸の船底を真下から突き上げる格好で衝突した。結果、同潜水艦の艦尾に真上に向けて取り付けられている舵（ラダー）は、えひめ丸の船底にまさにナイフで切り裂いたような大損傷を与え、同船はわずか五分ほどで沈んでしまった。

この大事故の際の太平洋軍司令官はデニス・ブレア海軍大将、太平洋艦隊司令官はトーマス・ファーゴ海軍大将だった。

事故の二年前に司令官ポストに就いていたブレアの脳裏をよぎったのは、一九八一年に原子力潜水艦「ジョージ・ワシントン」が東シナ海で航海中、海中から浮上して貨物船「日昇丸」と衝突したケースだった。日昇丸は一五分で沈没、同原潜が乗組員を救助せずにその場を離れた結果、同船乗組員の二人が死亡した。残り一三人を救助したのは付近を航行中の海上自衛隊の護衛艦二隻だった。

ワシントンでの筆者とのインタビュー（二〇一六年四月）でブレアは、「当時は冷戦中だったため、艦長はその場を離れた理由について『任務があった』といった。しかし、状況がどうであれ、艦長の判断の間違いだったと思う。今回は絶対に『えひめ丸』の乗組員を救助しなければいけないと思った」といい、迷うことなくグリーンヴィルに対し、その場にとどまるよう指示した。

しかし、太平洋軍と沿岸警備隊の捜索・救助活動によって二六人の乗組員が救出されたものの、四人の若き実習生を含む九人の乗組員の命が奪われた。

二〇一六年時点でハワイの防衛省・自衛隊関係者は計一一人にのぼったが、このときのハワイには、海自の林のほか空自から二人の、計三人の連絡官だけが勤務していた。

グリーンヴィルの非は明らかで、「えひめ丸」は被害者だったが、自衛隊は事故の当事者ではない。林には、「この事故には直接何ら関係していない海上自衛官がいかなる立場で関与すべきなのか。海上自衛隊までがいわれなき非難の対象となってしまうのではないか」という不安がよぎった（林秀樹「〝名誉〟とはなにか」『正論』二〇〇三年二月号。林秀樹「えひめ丸事故を通しての経験」『波濤』二〇〇三年三月）。

政府は外務政務官らを派遣したが、東京・市ヶ谷の防衛省・自衛隊では香田洋二防衛部長と河野克俊防衛課長らが中心になり、調整ルートが重複しないよう、現場調整は林に一本化することを決めた。

林は事故発生から休むことなく、対策本部で、助かった乗組員のケアと、行方不明者家族の渡航から宿泊や食事の手配、またアメリカ軍との調整など、すべてを担った。毎晩、その日に起きた詳細を市ヶ谷にメールで報告した。

アメリカのジョージ・W・ブッシュ大統領が森喜朗《もりよしろう》首相に対し謝罪し、コリン・パウエル国務長官も河野洋平《こうのようへい》外相に電話で謝罪をした。ラムズフェルド国防長官やフォーリー駐日大使も含め、アメリカ政府としてあらゆる方面から謝罪の意を示し、事故から三週間後には、のちに太平洋軍司令官となるウィリアム・ファロン海軍作戦副部長（陸・空軍参謀副長相当官：海軍大将）を大統領特使とし、大統領の親書を持たせ、日本へ向かわせることになった。

ファロンはワシントンから日本へ向かう途中、ハワイに立ち寄り、林に「どのように謝れば、アメリカの思いが伝わるだろうか」と問いかけてきた。筆者のインタビューに対し林は、「海軍の最高幹部が一自衛隊員にアドバイスを求めるのか」と驚きつつも、アメリカとはまったく違う日本スタイルの誠意を伝える作法というものを教えたのだという。

部屋に入ったときにアゴを突き出すような姿勢や、自分から握手を求めることは絶対にしてはならない。もし、握手を求められても、すぐに手は出さずにまずお辞儀をすること。謝罪の際には腰を九〇度曲げて、自分の靴紐の穴の数を数えるように頭を下げる。相手がいいというまでは頭は上げない。もし飲み物を出されても手をつけてはいけない。……などである。

林が指摘したことは決して大げさではなかった。なぜなら、事故発生当日から、事故の処理をめぐる西洋的な発想や誠意が日本人に伝わるのだろうか、それを一番疑問に感じていたのは他でもない林自身であったからだ。林のアドバイスにファロンは従った。

❖ 涙の共同作業は同盟マネージメント

日米間には大きな溝が横たわっていた。

行方不明者の家族たちが最も望みアメリカに求めていた謝罪は、大統領によるものでも国務長官によるものでもなく、まずは現場の責任者だったスコット・ワドル艦長（海軍中佐）による謝罪だった。結局、艦長の謝罪が実現したのは、海軍の査問委員会が始まったあとのことであり、すでに事故から一ヵ月以上が過ぎていた。

しかもアメリカでは、「ワシントン・ポスト」紙のコラムニストであるリチャード・コーエンが日本の戦争責任を引き合いに出して、「もう謝罪は十分にした」という内容のコラムを執筆し、突然、愛する者を奪われた行方不明者の家族の心を逆なでした。

日本側は「今回の事故と戦争は別問題である。日本の実習船乗組員が被害者である」（柳井《やない》俊二《しゅんじ》駐米大使）と反論し、衆議院予算委員会で河野洋平外相も「さまざまなチャネルを使ってアメリカ政府に抗議し、遺憾の意を伝えた」と発言した。

事実、アメリカ政府も極めて真摯《しんし》にお詫《わ》びの意を伝えてきていた。「一部のアメリカのメディアに出た記事はあくまでも一ライターの記事であって、アメリカ政府はそのような記事よりもはるかに正面から、この問題の重要性というものを感じて対応している」と答弁した。

林がいたころの太平洋艦隊司令部には、林を含め、カナダ人、オーストラリア人の計三人の

ハワイで捜索支援に当たった潜水艦救難艦「ちはや」の深海救難艇

外国人が連絡官や交換幹部として働いていた。林は政策を担う「N5」に在籍していて、日米海上防衛協力や日米共同作戦など、海上自衛隊と太平洋艦隊の調整に限った任務が担当だった。

が、この事故を機に、「えひめ丸」の引き揚げ、船内捜索を容易にするために行う水深の深い沈没場所から浅い海域への移動、ダイバーによる船内捜索などを計画・実施する特設司令部で取り扱われる内容に、原則としてすべてに目を通すことが許されるようになった。関連会議にも、すべて参加を求められた。

太平洋艦隊司令部、パールハーバー基地で勤務する軍人には、アメリカ人でもさまざまなレベルの制約があるが、林はこの時期、事故で亡くなった方々の遺体や遺品に関する業務に直接関わることができる立場になった。

日本とアメリカでは、謝罪だけではなく、行方不明者の扱い方や弔《とむら》い方もずいぶんと違う。

真珠湾には、一九四一年一二月七日（現地時間）の日本軍による真珠湾攻撃で沈没した戦艦「アリゾナ」が、一〇〇〇人近くの犠牲者とともに横たわっている。水深わずか一二メートルにある船体……いまも船体から漏れ出している油が目視できる距離にありながら、引き揚げようとはせず、そのまま海中で死者を追悼している。それはセイラー（海上勤務員）が乗っていた艦や海を「最後の安らぎの場（Final Resting Place）」として弔う国際的な慣習であるが、特にアメリカではこの傾向が強い。

一方、行方不明者の家族の最大の要望は、水深六〇〇メートルからの「えひめ丸」の引き揚げだった。日本政府は正式に引き揚げを要請し、専門家チームを派遣して協議、アメリカも引き揚げを決定した。しかし、この引き揚げプロセスの最中に、アメリカは九・一一同時多発テロに見舞われ、国内はテロ一色になる。膨大なコストをかけての引き揚げ作業には、一部で異論も出た。

海上自衛隊は八月から一二月までの四ヵ月間、潜水艦救難艦「ちはや」とダイバーを派遣し、事故の原因者であるアメリカ海軍の捜索作業を支援し、補佐した。特に、船内捜索時に遺体を発見した場合の収容要領について、日米の習慣や文化の違いに起因する心理的軋轢《あつれき》を家族に感じさせないよう徹底した。アメリカ海軍ダイバーに対しては、詳しく、時には手取り足取り、きめ細かい捜索要領の教育を行った。

引き揚げ作業は困難を極めたものの、二〇〇一年一〇月には、水深六〇〇メートルに沈んでいた「えひめ丸」を三五メートルの浅瀬まで引き揚げることに成功した。そうして船内を捜索

太平洋に臨む「えひめ丸」の慰霊碑

し、八人の遺体を発見・収容したものの、一人の生徒は最後まで発見することができなかった。

事故直後は、海上自衛隊とアメリカ海軍の制服が似ていることから、林が海上自衛官だと知らない行方不明者の家族から厳しい罵声《ばせい》を浴びせられたこともあった。しかし、捜索作業が進むにつれ、家族の気持ちに次第に変化が表れ、作業する海軍ダイバーたちに対し、「お礼をいいたい」「生きている人が大切、船内捜索作業中に危険を感じたら作業を中断して欲しい」などと、気遣う場面が増えたという。

同年一一月下旬、捜索作業が終わった。船体はハワイ沖三〇キロ、水深一八〇〇メートルに移動され、国際慣習に従い、セイラーの「最後の安らぎの場」である海底へと沈められた。

一つ扱いを間違えれば、日米同盟体制崩壊という最悪の可能性もあった危機を克服し、日米の精神面での違いを乗り越え、同盟体制を維持できた。それを可能にしたのは、太平洋軍と海上自衛隊に地域や一般市民までを巻き込んだ「アライアンス・マネージメント（同盟マネージメント）対策」だった。

ブレア太平洋軍司令官はハワイ日米協会に支援を求めて市民レベルでの支援を模索し、ハワイ大学宗教学部長をアドバイザーに起用すると、遺体や遺品の扱いなどに関して家族に配慮した振る舞いをするよう提言を受けた。

一方のハワイ日米協会は、地元テレビ・ラジオ局を通して集まった義援金や、ウクレレ奏者のジェイク・シマブクロ作曲の「えひめ丸」のCD売り上げ収益金などを、宇和島市や行方不明家族に届けた（中村邦子「米太平洋軍の同盟マネージメント対策と市民社会との連携　えひめ丸事故とその後の友好関係」『外務省調査月報』二〇〇八年度第三号）。

この事故の際、官邸で対応していたのが、大森敬治《おおもりけいじ》・初代内閣官房副長官補である。

「当時の森首相が辞職せざるを得ない理由の一つにもなった」この事故について、政府のリーダーシップの重要性を改めて認識し、「司令部が存在しない、政治と事務当局が有機的に統合された中核的補佐機構が存在しないことを、痛感した」と回顧している（大森敬治『背広の参謀が語る　我が国の国防戦略』内外出版、一四六頁）。

また、「司令部としての機能、役割が明確に認識、理解されていないところがあり、関係省庁から報告された情報が統制の取れた方針の下で的確に処理、整理されておらず、断片的に利用されたり、ペーパーの山となって積まれたりしている状況が見られた。政策決定、意思決定機構が未成熟であることを示すものといえる」ともつづっている。

林は振り返った。「『溝は深すぎる』と半ば諦めかけながらも、私が乗組員、行方不明者家族、アメリカ海軍、海上自衛隊の接点であり続けることができたのは、日本とアメリカという世界でも類を見ない強い友好の絆で結ばれた両国の将来に、この事故が暗い影を落とすことがないようにというただそれだけの想いだった」

二〇一六年夏、筆者はホノルル市にあるカカアコ臨海公園の慰霊碑前で手を合わせた。事故現場の海域をのぞむ小高い丘に建つ。事故から一周年の二〇〇二年、九人の犠牲者の冥福《めいふく》を祈るために建立された。

慰霊碑には船体から引き揚げられた錨《いかり》が置かれていた。ケネス・サイキ退役海軍大佐を中心とする、えひめ丸慰霊碑管理協会によって常に清掃されており、この日も生花や折り鶴が添えられていた。

❖九・一一発生で太平洋艦隊は

「えひめ丸」事故から七ヵ月後の二〇〇一年九月一一日、四機の旅客機がハイジャックされ、一機が首都ワシントン近郊の国防総省本庁舎、二機がニューヨークの世界貿易センターに突っ込むという史上最大規模のテロ事件が発生した。残る一機は飛行中に一部乗客とハイジャック犯との格闘となり、飛行困難となった結果、ペンシルバニア州に墜落した。この機はホワイトハウスに突入する予定の航空機であったといわれている。

このとき海幕防衛部長であった香田洋二は、太平洋艦隊司令部との定期協議のため、パールハーバーに滞在していた。テロの発生時刻はアメリカ東海岸の午前八時四五分であるが、同地域と五時間の時差があるハワイ時間では、同日午前三時四五分の出来事だった。すると午前四時前には、河野克俊防衛課長から香田に、今後の自衛隊、特に海上自衛隊のとるべき措置を検討するため、速やかな帰国を求める連絡が入った。

ハワイのアメリカ軍の対応は素早く、午前四時過ぎからは、在ハワイの全軍事基地・施設のゲート閉鎖と、基地内の主要道路へのバリケードの設置作業が開始された。アメリカ政府は、国内全空港の閉鎖と、テロなどが疑われる航空機への戦闘機によるスクランブルを除き、軍用を含む全航空機の飛行停止措置をとっていた。

香田と同行スタッフの二人は、すぐさま日本への帰国便を確保しようとしたが、日本行きを含むホノルル空港発の航空便はすべてキャンセルされており、帰国の目途《めど》はまったく立たなかった。困った香田が太平洋艦隊に早期帰国の希望を伝えたところ、すぐに可能性を探り始めてくれた。

この調整中、偶然、ほかの要務でハワイに出張していた在韓米陸軍司令官と同空軍司令官（ともに中将）の両指揮官を、韓国における対テロ体制構築のため早期に帰任させるため、臨時航空便を出す必要があることが判明した。このため太平洋軍は、ハワイ・ヒッカム空軍基地

（ホノルル国際空港と共用）から、韓国・オーサン米空軍基地までの臨時航空便を一便のみ運航することを決定した。

この際、太平洋艦隊の強い要望を受けて、太平洋軍は同便をオーサン経由横田行きに変更し、香田と同行スタッフの搭乗を許可した。こうしてマンハッタンの世界貿易センターでのテロ発生から一九時間で、香田は日本に帰国したのである。

余談ではあるが、当日にアメリカ領空を飛行したスクランブル以外の航空機は、ブッシュ大統領を滞在先のフロリダ州からワシントンＤＣまで運んだエアフォース・ワンと、香田を乗せた便だけであったとのことである。

❖同時多発テロで海自が実施した「米艦防護」

アメリカ海軍にとって香田は特別な存在である。

まだ日本が経済大国と認められる前、アメリカは自国製の最新武器や装備を海上自衛隊に定着させる中核要員の人材育成のため、一九六〇年代から優秀な自衛官を渡米させて学ぶ機会を作っていた。一九七二年に防衛大学校を卒業して海上自衛隊に入隊した香田は、一九七五年から一年間、カルフォルニア州とバージニア州にあるアメリカ軍のミサイルとコンピュータの学校に通った。我が国の経済成長がようやく顕著になり始めた当時、アメリカからの資金援助（軍事援助）を受けて海軍で学んだ最後の自衛官となった。

一九八二年、香田はアナポリス連絡官兼交換教官として再びアメリカへと渡った。「ミッドシップマン」と呼ばれる若きアメリカ海軍軍人たちに、航海術や操艦法などとともに、日米の歴史や海上自衛隊の役割について教える教官としてだった。

アメリカ海軍による自衛隊の人材への「投資」は、その後、大きなかたちとなって実を結ぶこととなる。全世界に衝撃を与え、アメリカの歴史に刻まれる九・一一同時多発テロが発生し、アメリカが同盟国の支援を必要としていたそのとき、太平洋軍と太平洋艦隊の特別な計らいで帰国した香田は、海上幕僚監部の防衛部長として、日本の支援のあり方の検討にとりかかったのだ。

テロ発生から一〇日後の九月二一日、大規模機関点検修理を終えた米空母「キティーホーク」が、東京湾南方方面での試運転実施のため横須賀を出港する際、海上自衛隊の護衛艦「しらね」「あまぎり」が、多数の巡視船艇とともに同艦に寄り添って浦賀水道を航行した。

アメリカ政府と軍はこのころ、航空機を使用したテロを極端に恐れていた。羽田空港離陸直後の燃料を満載した旅客機のハイジャックへの恐れ、そして、羽田空港から南にわずか三〇キロの浦賀水道という狭隘《きょうあい》な水道を航行しなければならないリスク……万が一にも、アメリカの財産でありプライドでもある空母にハイジャック機が突入し、沈没・喪失でもしたら、大変なことである。「キティーホーク」への防護要請を日本は真剣に考慮した。

この事実上の「米艦防護」は当時、法的根拠が問題になり、「根拠があいまい」「海上自衛隊の暴走」などとの指摘や批判も出て、香田は渦中の人となった。しかし、批判も含めて世間の反応は織り込み済みだった。香田は日本の安全保障上、日米同盟は不可欠であり、日本の支援のあり方として正しい決断だと確信していた。

アメリカ海軍のある幹部は、この日の香田の決断をよく覚えていた。九・一一同時多発テロは旅客機を使った空からのテロだった。まだ発生から日も浅く、空母は浦賀水道をゆっくりと航行しなければならない。そのときの空からのテロ攻撃を、アメリカは、日本人が想像するよりもはるかに恐れていたのである。

「アメリカが弱り切っていたときに自衛隊が空母を守ってくれ、本物の同盟国なのだと痛感した」と、この幹部は振り返った。

香田は自衛艦隊司令官などを経て二〇〇八年に退官してからも、英語でアメリカ軍と丁々《ちょうちょう》発止《はっし》の議論ができる数少ない人物として、太平洋軍や太平洋艦隊の幹部たちが頼りにしている。彼の経験や見立て、あるいは知識を求め、毎年、太平洋艦隊が主催する同盟国・友好国の軍人の幹部研修に教官として招いており、アメリカ海軍を含む各国の現役軍幹部たちを指導している。

それから一五年あまりの月日が流れた。

二〇一七年五月、海上自衛隊最大級のヘリコプター搭載型護衛艦「いずも」は、千葉県房総半島沖でアメリカ海軍の補給艦と合流し、防護する任務を遂行した。北朝鮮の核・ミサイル開発の脅威が差し迫るなか、二〇一六年に施行された安全保障関連法に基づき、初めて可能となった任務だった。しかし、その一五年以上も前に、米艦防護自体はすでに遂行されていたのである。

❖日米最大の共同作戦

一九五四年の自衛隊の創設から数えて六〇年以上にわたり構築されてきた日米同盟の現場、ハワイ。「えひめ丸」事故や九・一一同時多発テロを乗り越えたあと、二〇一一年、再び試練を迎える。マグニチュード九・〇の巨大地震と津波が襲った東日本大震災の際に行われた「トモダチ作戦」が、日米最大の共同作戦となったのである。

――震災から一時間半後、ジョン・ルース駐日アメリカ大使は日本政府に対し、「在日米軍を含めアメリカとして役に立てることがあれば協力したい」というメッセージを伝えた。すると日本政府は、松本剛明《まつもとたけあき》外相を通じ、在日米軍による支援とアメリカ国際開発庁（ＵＳＡＩＤ）のレスキューチーム派遣などを正式に要請した。

アメリカの対応は素早かった。一三日には、西太平洋に別任務で展開していた空母「ロナルド・レーガン」が予定を変更し、宮城県沖に急行した。そうして自衛隊と共同で救難・支援活動を始めたのだ。アメリカ国際開発庁のレスキューチームも三沢飛行場に到着し、大船渡《おおふなと》市や釜石《かまいし》市の被災地に入った。

トモダチ作戦（米海軍提供）

そんななか、救助・救援活動を、「ＪＴＦ」、つまり「ジョイント・タスク・フォース（統合任務部隊）という組織編制によって実施する意向がアメリカ側にある」との情報が、アメリカ軍から防衛省にもたらされた。

当時の太平洋軍司令官はロバート・ウィラード。ＪＴＦとは、特定の任務のために必要な兵力を集中して編成する部隊のことを指す。一部の自衛隊幹部の脳裏には、マッカーサー司令官が率いたＧＨＱが日本に駐留したときの、行政機能も付随しているイメージがよぎった。近年では、イラクやアフガニスタンでのアメリカ軍の戦いが、現地政府とＪＴＦというかたちをとっていたこともその心配を強めた。

アメリカ側の意向を間接的に耳にした火箱《ひばこ》芳文《よしふみ》陸幕長は、「日本は原発事故対応において国家としての統治機能が不全状態に陥っていると判断し、『米軍が日本政府に代わって事態収拾を図る』という意思表示である」と思ったという（火箱芳文『即動必遂』マネジメント社）。

このころ、日本はたしかに、震災で引き起こされた東京電力福島第一原子力発電所の事故によって大混乱に陥っていた。同時に、アメリカ軍も大きな問題を抱え始めていた。空母「ジョージ・ワシントン」や、三沢、横田、そして厚木などの関東、東日本に展開するアメリカの戦略抑止の一翼を担う主要部隊が放射性物質汚染で運用できなくなると、アジア太平洋地域および世界全体の戦略抑止能力が著しく低下するからだ。その結果、アメリカの戦略そのものが大きく狂ってしまう恐れがあった。

アメリカは、日本政府から提供される情報の不足から、自主的に軍の一部の家族やアメリカ人を退避させた。日本政府の原発事故への対応の遅さにいらだちを見せたのだ。

大地震、津波、原発災害という複数の災害が重なった危機的な状況とはいえ、火箱は日本の主権にも関わる事態だととらえ、「日本はまだ国家としてつぶれていない。われわれ自衛隊もしっかり機能している。ＪＴＦは不要、と伝えるべきだ」と、統幕会議で主張した。

三月二一日、訪日したウィラードは市ヶ谷を訪れた。向かって座ったのは折木良一統幕長である。統幕の主要幕僚たちは「当然、日本が主体的に対応していくべきだ」との認識で一致しており、折木は通訳を介し、ウィラードにこう問うた。

「本当にタスク・フォースということでいいのだろうか」

ウィラード司令官は折木統幕長の間接的な表現を、すぐに察知した。しばらくするとアメリカは、「JTF」ではなく、「JSF」として、つまり「ジョイント・サポート・フォース（統合支援部隊）」として「トモダチ作戦」を展開することを決め、日本政府と自衛隊を支援することになった。

折木はそれまで頻繁《ひんぱん》にハワイを訪れ、ウィラード司令官と何度も会っている。中国の問題だけでなく、太平洋軍の管轄《かんかつ》する東南アジア情勢にはじまり、太平洋軍とは直接関係のないヨーロッパの問題にまで議論はおよび、予定を三～四時間オーバーすることもあったという。

「本音《ほんね》で話せる人間関係が構築されていたことが（中略）『トモダチ作戦』をスムーズに機能させた」と折木は考えている（折木、前掲書、一八二頁）。火箱もまた、JTFでないと知り胸をなで下ろしたことを、著書『即動必遂』でつづっている。

「タスク」か「サポート」か――小さな単語の差でも、日本側にとっては大きな違いがあった。そこをあうんの呼吸でアメリカ側が汲《く》み取れたのは、平時に築いてきた人間関係が生かされたからであり、それはその後の共同作戦をもスムーズにした。

トモダチ作戦は二〇一一年三月一二日から五月四日まで、アメリカが二万四〇〇〇人の軍人、一八九機の航空機、二四隻の艦船を提供して実施され、九〇〇〇万ドル（一ドル一一〇円で換算して九九億円）が費やされた。

「ロナルド・レーガン」を含む艦船からは、ヘリコプターで非常食約三万食が、海上自衛隊の艦船に輸送され、宮城県内の避難所に自衛隊のヘリコプターがそれをリレー輸送した。

また沖縄駐留の海兵隊を乗せた強襲揚陸艦「エセックス」は、震災発生から孤立していた気仙沼《けせんぬま》市の離島、大島に救援物資を輸送し、給水車などの生活インフラや簡易シャワーを提供した。そして、がれきの撤去にも海兵隊員が協力するなど、人道支援活動を展開した。

❖「トモダチ作戦」の全舞台裏

自衛隊史上、最大規模の災害派遣となった東日本大震災での「トモダチ作戦」は、地震や津波など自然災害の多いアジア・太平洋地域を担当地域に抱え、救援や人道支援を数多くこなしてきた太平洋軍にとっても、稀《まれ》に見る大規模なものであった。

そのオペレーションを支えたのは、太平洋軍にとって「最初で最後のＪＴＦ５１９」だった。この「ＪＴＦ」とは、先述した自衛隊とのあいだで持ち上がった「ＪＴＦかＪＳＦか」というやりとりのなかの二国間「ＪＴＦ」とはまったく別のもので、一九九九年に太平洋軍が新設した常設統合任務部隊のことを指す。アメリカ軍内部における四軍の軍種をジョイントさせたタスク・フォースのことだ。

この「常設」の部隊はトモダチ作戦で初めて稼働したが、この存在があったからこそ、太平洋艦隊は世界最強の艦隊であり続けたともいえる。

遡《さかのぼ》ること一九九〇年、太平洋艦隊のチャールズ・ラーソン司令官のもとで、「二階層の指揮統制（Two-tiered Command Control）」というコンセプトを取り入れたのが、「ＪＴＦ５１９」の原形となっている。これは、一九八六年に制定された今日のアメリカ軍の基礎となる統合体制を定めた「ゴールドウォーター・ニコルス法」を受けてのもの。統合任務を進めるため、平時の戦略レベルと、有事の際の作戦・戦術との二階層に分けて考えたストラクチャーである。

平時では「第一階層」のトップは太平洋軍司令官であるが、「第二階層」は想定されるミッションや作戦の司令官をあらかじめ指名しておき、運用がスムーズにいくようにしておく。その体制のもとで統合部隊として訓練を積んでいるため、足腰を鍛えられるのである。

これは冷戦中、司令部と部隊が多過ぎたという反省から生まれたもので、太平洋軍司令官だったジョセフ・プリュアー海軍大将によれば、二階層の指揮統制が取り入れられた一九九〇年から一九九六年までに、少なくともその体制を元にして四〇の演習や実際の作戦が実施された（Joseph W. Prueher, "Warfighting CINCs in a New Era," JFQ, Autumn 1996, pp.48-52）。

有事の際、それぞれの軍種の兵力・戦力を「ＪＴＦ」に集約させることで、直接、それぞれの軍種別のトップに責任を負わせなくていいようになる。ドーラン元太平洋艦隊司令官は、「太平洋艦隊はウォー・ファイターから兵力プロバイダーに成長し、いまではジョイント・ウォー・ファイターであるとともに、いつでも戦うことができる兵力プロバイダーになった。『ＪＴＦ５１９』によって太平洋艦隊は、戦域において、どのレベルの事態にも対処できるようになった」(Walter F. Doran, "Pacific Fleet Focuses on War Fighting," Proceedings, August 2003, pp.58-60) と、その意義を綴《つづ》っている。

つまり、たとえば地震で大規模な被害を受けたアジアの国を支援しようとするとき、普段はハリス太平洋軍司令官の下にある太平洋陸軍、太平洋艦隊、太平洋空軍、太平洋海兵隊のうち、司令官が「JTF519司令官」として任命している四つ星クラスのスイフト太平洋艦隊司令官に指揮権を与えることで、フォースユーザーとして「支援される側(supported)」という立場になる。一方、陸・海・空・海兵隊それぞれの兵力は、フォースプロバイダーとしてスイフト司令官を「支援する側(supporting)」という位置づけとなるのだ。

この結果、スイフトは各軍から提供された兵力を現場で自由に使って作戦を素早くスムーズに遂行できるようになる。同一の司令官が「管理」と「作戦」の二つの役割を持つことから、「二つの帽子をかぶる」という言い方もされる。

自然災害対処や局地的な安全保障上の危機対応など、太平洋軍主力の投入が求められない事態には、第七艦隊や第五空軍司令官など三つ星クラス以下の指揮官がJTF指揮官となることが一般的であるが、「JTF519」がほかの「JTF」と違うのは、国家の重大な安全保障上の有事を想定して常設された点である。

多いときで四〇〇人のスタッフが兼務しており、東日本大震災直後、「JTF519」司令部要員として数百人の軍人や文民を日本に投入した。福島の原発事故による原子力空母の汚染など、最悪の事態を想定していたからだ。

このとき横須賀では原子力空母「ジョージ・ワシントン」が定期修理の最中だった。原子力を動力源とする原子力空母は、艦内の原子炉事故による少量の放射性物質も感知する厳重なシステムが敷かれている。このため、福島の原発事故による汚染の可能性が高くても、同艦において放射能を感知した場合には、事故の有無の調査や原因究明に何ヵ月も要することになる。

軍用艦艇、特にアメリカ海軍でさえ一一隻（当時）しか保有しない原子力空母は、一年先の予定まで綿密に計画されているため、空母一隻が戦力から離脱する事態に陥れば、アジア太平洋におけるアメリカの核抑止軍事戦略全体に大きな影響を及ぼす。

そのため「ジョージ・ワシントン」は、点検・修理の技術者を乗せたまま、すぐに横須賀を離れた。このとき日本では、「アメリカ海軍が日本を見捨てた」といった内容の意見も出たが、核抑止軍事戦略が崩壊したときこそが、アメリカの核の傘に守られている日本には致命的なのである。

状況が次第に明らかになるにつれ、アメリカは「ＪＴＦ５１９」を、そもそも想定していた軍事事態への対処から、「トモダチ作戦」という人道・復旧支援へとスライドさせていった。

奇《く》しくも、太平洋軍司令官だったウィラードは、「ＪＴＦ５１９の信奉者」といわれたほど、太平洋艦隊時代から常設にこだわっていた人物だ。地震、津波、原発事故が重なった大惨事に大規模なオペレーションを完遂できたのも、ある面、ウィラードがこの「ＪＴＦ５１９」

の枠組みを熟知していたため、この仕組みを利用することができたのだともいえる。

ところが、二〇一二年、ウィラードの後任のロックリア太平洋軍司令官は、「ＪＴＦ５１９」を休眠状態にさせた。国防予算の削減があり、かつアジア太平洋での能力構築支援やテロ対応などで忙しく、常設して人員を配置する余裕がなくなったためだといわれている。

スイフト太平洋艦隊司令官は筆者のインタビュー（二〇一六年九月）で、「ＪＴＦ５１９」が果たした役割について、「(陸、海、空、海兵隊の兵力を一つにまとめた）統合兵力運用を最適化するうえで、統合任務部隊はベストな選択だった。ＪＴＦを中心に演習し、軍種の統合を認識することは重要であった」と述べ、太平洋軍があらゆる任務に迅速に対応できる統合軍へと進化するために果たした役割を強調した。

ただ同時に、「常設であることから、日々、マンパワーやエネルギーを割《さ》かねばならない。何かが発生してから対応するのでも十分に間に合う」「統合任務部隊については様々な議論がなされ、私はいまの太平洋軍には常設の必要はないと思う」とも語り、すでに常設部隊としての役目は終えているとの認識を示している。

ただし、常設任務部隊の必要性に関する考え方は、それを運用する指揮官それぞれの部隊運用思想そのものであり、将来、再び常設化への動きがあることも考えられる。

「トモダチ作戦」は、一九九九年の「ＪＴＦ５１９」発足から十数年を経て、最初で最後の実践の場となったのである。

❖日米最大のオペレーションで見えた課題

総合的に見れば、「トモダチ作戦」はおおむね成功したといえる。福島第一原発への上空からの放水作業を含め、三〇〇日近い長丁場《ながちょうば》となった被災地での自衛隊の災害派遣任務は、大きな評価を得た。しかし現場では、自衛隊と在日米軍、あるいは太平洋軍との関係を考えさせる大きな課題も残した。

その一つは、ハワイにいた太平洋艦隊司令官パトリック・ウォルシュ海軍大将がすぐさま日本入りし、指揮官となって直接指揮を執ったことである。日ごろ自衛隊が緊密に連絡をとり合っている在日米軍司令官のバートン・フィールド中将は、ウォルシュを補佐する副司令官に回ったのだ。

自衛隊幹部は毎週、在日米軍トップらと朝食会を開き、国際情勢や日米関係の課題について意見交換や情報共有をしている。

しかし、在日米軍司令部は太平洋軍の隷下にある。在日米軍司令官は三つ星、太平洋軍司令官や直近隷下の太平洋艦隊司令官らは四つ星である。また在日米軍は戦闘司令部ではないため、運用や事態対処の能力は限られている。もちろん、これは震災前から周知の事実なのだが、結局、重要な調整はハワイの太平洋軍・太平洋艦隊司令部とせざるを得なかった。

日本側関係者たちからすると、「在日米軍司令部は行政機能の出先窓口に過ぎず、いざというときに、その関係はほとんど役に立たない」という事実を改めて突きつけられたことになる。

また二つ目は、本来は一本化すべき日米の調整所が、防衛省（市ヶ谷）、在日米軍司令部（横田基地）、自衛隊の統合任務部隊司令部（陸上自衛隊東北方面総監部・仙台駐屯地）の三ヵ所に分散されていたということだ。このため調整所間の作業も必要になり、全体として調整が煩雑化《はんざつか》し、長期化することになった。

日米の調整所を巡っては、かねてから日米間で懸案になっていた。一九九七年の日米防衛協力のガイドラインでは、「日米間の調整メカニズム」の必要性が、次のように指摘されていた。

「日米両国の関係機関の間における必要な調整は、日米間の調整メカニズムを通じて行われる。自衛隊及び米軍は、効果的な作戦を共同して実施するため、作戦、情報活動及び後方支援について、日米共同調整所の活用を含め、この調整メカニズムを通じて相互に緊密に調整する」

二〇〇五年の２プラス２（日米安全保障協議委員会）での合意では、以下のように規定されている。

「在日米軍司令部は、横田飛行場に共同統合運用調整所を設置する。この調整所の共同使用により、自衛隊と在日米軍の間の連接性、調整及び相互運用性が不断に確保される」

二〇一一年時点で、まだ調整所の設置は実現していなかった。緊急事態とはいえ、急ごしらえで作られた合同の調整所の根拠は、実はあいまいだった。

三つ目に、トモダチ作戦の中心となった陸上自衛隊は当時、北部、東北、東部、中部、西部の五つの方面隊を指揮する方面総監がいるのみで、海上自衛隊の「自衛艦隊司令官」、航空自衛隊の「航空総隊司令官」に当たる、日本全域、全部隊に指揮権を持つポストを有していなかった。

さらに海上自衛隊とアメリカ海軍は、日ごろから「セントリクス」と呼ばれる共通システムを通して、部隊運用に関し、共同訓練や実運用などで必要な場合には同じ情報をリアルタイムで共有が可能な仕組みになっている。が、それまでアメリカ軍との共同作戦が前提となっていなかった陸上自衛隊や航空自衛隊には、イラク・サマーワ派遣などを除き、その仕組みがなかった。

こうした運用面での反省は、その後、「陸上総隊司令官」の新設などにつながることとなる。

「現場での日米共同作業が高く評価されるのは当然である。が、中央における災害救援活動の調整でさえ十分に機能しなかった日米共同体制は、この教訓を徹底的に取り入れた新たな日米（自衛隊とアメリカ軍レベル）共同指揮調整メカニズムを構築しなければ、さらに厳しい有事において機能するわけがない」と、元自衛艦隊司令官の香田洋二はいう。

日米同盟の成果物としてクローズアップされた日米最大のオペレーションは、一方さまざまな課題を浮き彫りにし、実践に乏しい自衛隊には、苦い経験でもあり、大きな教訓ともなった。

❖ 異例づくしのアメリカ軍の配慮

「トモダチ作戦」から五年後、真珠湾攻撃から七五年という節目の二〇一六年は、安倍首相がオバマ大統領とともにハワイの真珠湾を訪問するという歴史的なシーンとともに幕を下ろした。

ハワイ報知の報道（二〇一六年一二月二二日）によれば、一九五一年の吉田茂首相、一九五六年の鳩山一郎《はとやまいちろう》首相、一九五七年の岸信介《きしのぶすけ》首相に次いで、真珠湾を訪問した首相として四人目になる。過去の首相は他の外交日程のあと軍司令部などに立ち寄ったものだが、安倍首相は歴史的な節目《ふしめ》に合わせ、アメリカ大統領と一緒に訪問することを初めて実現させた。

その背景には、その年のオバマ大統領による広島訪問や、長期政権を維持していた安倍政権との関係もあるが、ベースにあるのが太平洋艦隊と海上自衛隊との関係だ。首相が真珠湾を訪れる前年、太平洋軍が二度の「終戦記念日」の式典を真珠湾で行ったことも、結果的に安倍首相とオバマ大統領の訪問への布石となっていた。

一つは、日本にとっての終戦記念日である八月一五日に、アメリカ海軍が新潟県長岡市と終戦記念日の式典を共催したもの。もう一つは、アメリカにとっての終戦記念日に当たる九月二日に行ったアメリカ主催の式典。九月二日は日本が戦艦「ミズーリ」で降伏文書に署名をした

アリゾナ記念館を訪問した安倍首相とオバマ大統領（米海軍提供）

日であり、アメリカ国民には終戦記念日として記憶に刻まれている。他方、八月一五日は、アメリカ国民にとっては記念日ではない。筆者は両方に参列した。

なぜ二度の「終戦記念日」の式典を行ったのか。安倍・オバマの真珠湾訪問はこのころからの流れを含めて考察しなければならない。

二〇一五年八月一五日、真珠湾にあるフォード島で白菊をイメージした大きな花火が三発、打ち上げられ、真珠湾の夜空を彩《いろど》った。一発目はアメリカの戦没者に、二発目は日本の戦没者に哀悼《あいとう》の意を込めて、そして三発目は世界の恒久平和を祈る意味があった。

この花火は日本三大花火大会で知られる長岡市から持ってきたものであった。長岡といえば、山本《やまもと》五十六《いそろく》・連合艦隊司令長官の故郷であり、また終戦直前の八月一日にはアメリカ軍の空襲を受けた場所だ。

花火は米海軍やホノルル市の全面協力を得て、構想から足かけ六年で長岡市が実現させた。二〇〇九年に発足した「日米友好の架け橋実行委員会」の名誉顧問で元皇族の東久邇信彦《ひがしくにのぶひこ》氏や、山本五十六の長男の山本義正《やまもとよしまさ》氏、広島に落とされた原爆によって白血病で亡くなり、広島の平和記念公園にある「原爆の子の像」のモデルになっている佐々木禎子《ささきさだこ》さんの家族、また長岡空襲を舞台にした映画を制作した大林宣彦《おおばやしのぶひこ》監督らが参列した。

会場になったフォード島は、真珠湾攻撃時にはアメリカ軍の滑走路と係留施設などがあった場所で、いまは主に研修施設や幹部の住宅地区となっている。アメリカ軍施設のため普段は自由に立ち入れないが、翌一六日には一般開放され、前日の厳《おごそ》かな雰囲気での式典とは打って変わり、一万人が集まって花火を楽しんだ。

地元ラジオ局と連動してラジオから人気歌手ケイティ・ペリーの曲「花火(Firework)」、ハワイを代表する歌手イズの「虹の彼方に(Somewhere over the rainbow)」、平原綾香《ひらはらあやか》の「ジュピター」、第二のアメリカ国歌ともいわれる「アメリカ・ザ・ビューティフル(America the Beautiful)」などの曲が大音量で流れ、そのリズムに合わせて赤、青、緑と、色とりどりの鮮やかな花火二〇〇〇発が次々と大輪を咲かせたのだ。

アメリカにとって八月一五日は特別な日ではない。そのうえ、アメリカで花火を打ち上げるのは通常、七月四日の独立記念日などのお祝いの場である。しかもフォード島の目の前の真珠湾には、日本海軍の攻撃で沈没した戦艦「アリゾナ」が、いまもそのままの状態で保存されており、当時乗艦していた士官、水兵、海兵隊員ら約一〇〇〇人が眠っている。にもかかわらずアメリカ海軍は、フォード島の岸壁が指定係留場所の海上配備移動型超巨大レーダー施設「海上配備型Xバンドレーダー」（全長一一六メートル、全高八五メートル、全幅七三メートル、排水量五万トン）も、この花火のために移動させている。何もかもが異例づくし、特別な計らいだった。

ニミッツが降伏文書のサインに使用した２本のペン

　太平洋艦隊のスイフト司令官は、「武居海幕長が最近の自身の講演で、戦後七〇年間にわたり平和と安定がもたらされたのは、戦争解決の過程で、太平洋が紛争の海から平和の海へと、そして平和の海から繁栄の海へと移行していったからだと総括しておられる」とあいさつした。武居《たけい》智久《ともひさ》海幕長の言葉をあえて引用したのだ。

　スイフト司令官は、太平洋軍司

令官に就任したハリス元太平洋艦隊司令官の後任として、二〇一五年五月に就任した。武居海幕長は、その一年ほど前の二〇一四年一〇月、横須賀地方総監から海幕長に就任した（二〇一六年一二月退官）。米軍はグリナート海軍作戦部長の指示のもと、この日の数週間前に武居海幕長夫妻をワシントンDCに招き、その後、特別機を飛ばしてハワイにも招待した。ハワイにいる軍幹部たちも夫妻を手厚くもてなした。

それからわずか二週間後、もう一つの終戦記念日を迎えたが、その式典は日本が降伏文書にサインした戦艦「ミズーリ」の艦上でおこなわれた。

「ミズーリ」は一九四五年九月二日、東京湾において、ダグラス・マッカーサー陸軍元帥やチェスター・ニミッツ海軍元帥《げんすい》の立ち会いのもと、大日本帝国の降伏文書調印式がとり行われた、第二次世界大戦の終焉《しゅうえん》を象徴する軍艦である。

七〇年の節目とあって、例年よりも盛大に開かれ、ハリス太平洋軍司令官、スイフト太平洋艦隊司令官をはじめ、ハワイ出身の上院議員メイジー・ヒロノら上下院議員、ニミッツ提督の孫らも参列した。日本からは在ホノルル日本国総領事の三澤康、太平洋艦隊の連絡官を務める海上自衛隊の小俣泰二郎二佐、防衛省から外務省に出向している荻野《おぎの》剛《たけし》領事らも参列した。

この日は、ニミッツが降伏文書のサインに使用した二本のペンが、時を経て「再会する」という展示企画もあった。ペンは、アメリカと、当時の中華民国であった台湾を経由して中国に渡り、この日のためだけに、中国とアメリカ本土から運ばれてきたのだという。

こうした二つの終戦記念日の式典が行われた翌年、大統領選が終わり、同盟国を挑発していたトランプ候補が大統領になることが判明した。その翌月、それまで幾多の試練を乗り越え、ハワイで紡《つむ》がれてきた日米同盟は、クリスマスにハワイに帰郷するオバマ大統領との絶妙のタイミングで、日米両首脳そろっての真珠湾訪問の日を迎えた。

第9章

インドアジア太平洋「海洋同盟」

❖ オバマの「リバランス政策」の正体

オバマ政権のあいだ、おそらく世界で最も実感をもって「インドアジア太平洋へのリバランスとは何か」という質問が飛び交い、議論がされた場所はハワイだろう。

二〇一四年当時、太平洋艦隊司令官だったハリスも、こういっていた。

「世界中、どこで講演しても、最初に聞かれる質問が三つある。一つ目は、夜遅くまで何をしているか、二つ目は、中国はどうか、三つ目は、リバランス政策はリアルなものなのかということだ」「リバランスはリアルであり、すでにここにある。それが現実だ」(ハワイで開かれた日米交流促進団体・米日カウンシルの年次総会、二〇一四年一〇月一一日)。

軍事面では、現在、海軍全体の五二%を太平洋軍が占める状況を、二〇二〇年までに六〇%に引き上げることを強調した。しかし、それが「リアルか」と問われ続けたのは、アメリカが具体的にどの地域で何をするのか、ということが不透明だったからだ。

アメリカが世界戦略を見直して、その重心を中東からアジア太平洋地域に移すという新たな軍事・外交・経済の戦略「リバランス政策」を打ち出したのは、二〇一一年のことだ。

ヒラリー・クリントン国務長官が、二〇一一年一一月号の外交雑誌『フォーリン・ポリシー』に「アメリカの太平洋の世紀」と題した論文を発表し、この月、ハワイのシンクタンク「東西センター」において「アメリカの太平洋の世紀」と題して講演した。そして、この地域を取り巻く状況について、南シナ海での航行の自由の確保から、北朝鮮による挑発的行為と核拡散活動への対策、さらには均衡のとれた包括的な経済成長の促進まで、「アメリカの指導力を必要とするさまざまな課題に直面している」という認識を示した。そうしてオバマ政権が「アジア太平洋地域重視に転換した」と表明したのだった。

そして、「二国間安全保障同盟の強化、発展途上国との実務関係の深化、地域の多国間機構への関与、貿易と投資の拡大、広範囲におよぶ軍の駐留の実現、民主主義と人権の推進」という六つの行動方針を発信したのだ。

クリントンは遡《さかのぼ》ること二年弱前の二〇一〇年一月にも東西センターを訪れており、「アメリカの将来はアジア太平洋地域と密接に関わり、アジア太平洋地域の将来はアメリカに依存している」と発言した。

オバマ大統領の政策であるアジア太平洋地域への「リバランス政策」を発信するのに、ハワイほどふさわしい舞台はない。ハワイはオバマ大統領の出身地であり、さらにハワイ大学マノア校のキャンパス内に位置する東西センターは、オバマ大統領の両親がかつて所属し、妹のマヤ・ストロもしばしば教育研究活動に参加している場所である。

当初アメリカが使った「ピボット（旋回）」という表現は、欧州から離れて中国との関与を深めるという意味ではないかと欧州諸国で受け止められたことなどから、二〇一二年一月の「国防戦略指針（DSG）」では「リバランス」という言葉を使った。そして二〇一二年一月の

「防衛予算の優先事項と選択」という公式文書などを通して、「アジア太平洋地域へのリバランス」という言い方に収斂《しゅうれん》していった。

❖中国に対抗する海洋同盟

太平洋軍レベルでは、ハリスの前任者ロックリアが二〇一三年のインドネシアでの講演で、「インドアジア太平洋（Indo Asia Pacific）」という言葉を使い、二〇一四年九月、ペンタゴンでの報道関係者向けブリーフィングのなかでも、自らの担当地域の範囲を説明するなかで使っている。

自らが指揮する太平洋軍やその担当地域よりもワシントンに忠実で、中国寄りと見られ、中国の南シナ海での軍事拠点化が進行中でもアクションを起こさず、アジアではあまり評判が芳《かんば》しくなかったロックリア海軍大将。だが、このフレーズを広く定着させた点では、各方面で評価されている。

インド洋が太平洋軍の担当地域に入ったのは一九七二年のことだ。その後、インド洋に関しては担当地域が変わっていないにもかかわらず、「インドアジア太平洋」という表現をあえて打ち出したのは、対中戦略の一つとしてインドとの関係に重点を置くということと、インド洋の安定がその他の海域の安全保障とつながっていることを強調するためである。

こうした表現の変化は重要である。その裏に、太平洋軍が描いている世界観と、これからど

図表3　中国が想定する「真珠の首飾り」並びに第1列島線と第2列島線

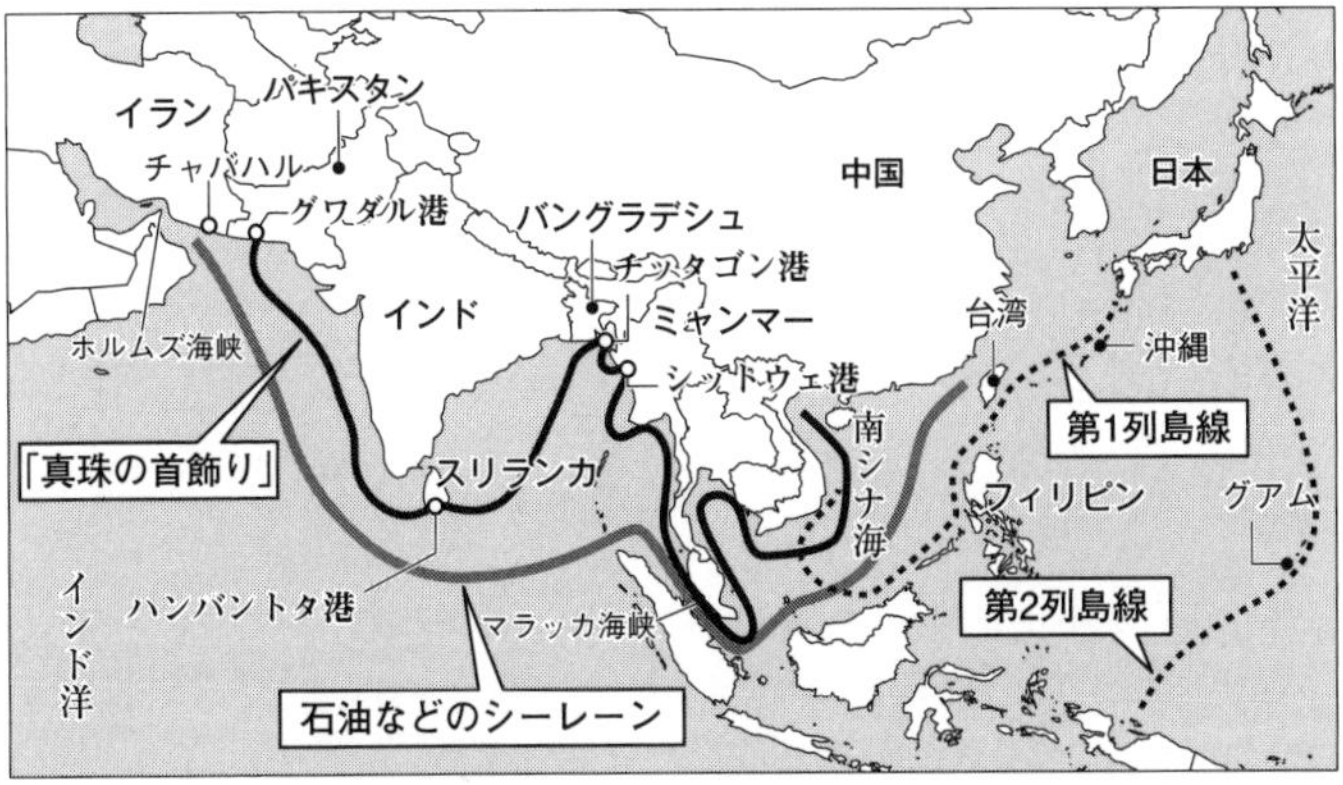

のように影響力を行使したいのかという隠された意思、あるいはメッセージを読み取ることができるからだ。

ハリスもまた、それが「意図的」に作られた概念であり、「インドが重要になってきており、これまでとは違った見方をしなければいけないからだ」と認めている（前出の米日カウンシルの会合）。

オバマ大統領は「世界の警察官でない」と宣言したものの、依然、アメリカの軍事力は世界ナンバーワンである。そのアメリカに対して、「対等な新しい大国関係」を迫り、軍拡を進めたのが中国。この二大国のあいだで戦略的な役割を果たす国として中心になるのがインドである。

中国は習近平政権の「一帯一路」構想に基づき、インドが領土紛争を抱えている隣国パキスタンに軍事・経済の両面でてこ入れをしており、海と陸の合流点と位置づけられているパキスタン南西部のグワダル港の建設を支援した。「中国・パキスタン経済回廊」と呼ばれるこの中東と中国を結ぶルートが完成すれば、中国のインド洋での影響力が増すため、インドは警戒感を強めている。アメリカにとってのインドの存在は、「敵の敵は味方」として、中国へのカウンターバランサーでもある。

また、中国が二〇一三年から打ち出した「一帯一路」構想では、陸は中国から中央アジア・西アジアにつながる地域「新シルクロード経済ベルト」と、海は南シナ海からインド洋とアラビア海を経て地中海に至る海上交通ルート「二一世紀海上シルクロード」(「真珠の首飾り」ともいわれる)で、送電網や港湾などの大規模なインフラ投資プロジェクトを進めている。

日本と同様、中国にとっても、インド洋は中東からの原油の輸送ルートとして生命線であり、モルディブ、パキスタン、バングラデシュ、ミャンマー、スリランカなど、インド洋の海上輸送路沿いに、港湾や空港の拠点を次々と築いている。

「インドアジア太平洋」は、中国のこうした壮大な構想に対抗するアメリカや日本、あるいはインドやオーストラリアなどによる、ゆるやかな海洋同盟という概念と位置づけることもできる。

アメリカのそれぞれの地域軍には、ガイダンスと呼ばれる軍の任務や基本的な方向性を定めた文書があり、新たな司令官が誕生すると、これにサインをして公表する。ハリスも二〇一五年五月に太平洋軍司令官に就任した際に発表し、二〇一六年八月一二日付でアップデートした。

このなかでの太平洋軍のミッションは、「インド洋からアジア太平洋までのアメリカの国益を守ることであり、アメリカを安全保障上のパートナーとしてみなしてもらうことである」とあり、ここで使われる戦域は「インドアジア太平洋」である。

政策としての基準は、①即応性、②国際ルール、③パートナーシップ、④プレゼンス、⑤兵力投射、⑥目標系列の維持、⑦戦略的コミュニケーションの七本柱であり、そのためには具体的に、①国土の防衛、②即応性・敏捷性《びんしょうせい》の維持、③同盟国と友好国との関係強化を通したリバランス政策の推進、④大綱計画、具体計画、実施手順間で整合を取ることによる（各計画間で齟齬《そご》のないようにした）戦域行動命令に伴う諸活動の忠実な実施、⑤（戦域行動計画が目標とするアメリカに有利な環境を作る）戦域管理概念の軍による具現、⑥（太平洋軍の任務達成に必要な）太平洋軍およびワシントンDC等の関連組織間の協調性と各組織独特の業務文化相違の克服、最適運用――を任務に挙げている。

❖「インドアジア太平洋」に隠されたメッセージ

公式文書のなかで太平洋軍の担当地域が「アジア太平洋」という表現から近年「インドアジア太平洋」という表現に変わった点についてはすでに述べたが、太平洋軍幹部たちによると、「インドアジア太平洋」という表現は、アカデミズムの世界で先に使われており、あとから軍でも使うようになったという。

軍内部では「インドアジア太平洋」という表現の扱い方について統一した見解を決めたことはない。いまでも「アジア太平洋」「インドアジア太平洋」という言い方の使い分けの明確なルールはなく、混在している。ただ、ほとんどのケースで後者を使うのが定着している。

この点、この地域をどう呼ぶか、オーストラリアの定義の仕方も興味深い。オーストラリアは二〇一三年に発表した『国防白書』で、この地域を「インド太平洋」と呼んでいる。

オーストラリアは、インド洋と太平洋の海に囲まれた海洋国家である。特に近年は、中国の天然資源確保で経済関係が拡大し、オーストラリアにとって中国は最大の貿易国となった。対中関係が重要になったが、それに比例して自国の海洋安全保障も重要になってきているのだ。オーストラリアの「インド太平洋」という定義は「海」に力点を置いたものである。

一方、そんなオーストラリアの姿を、インドは「アジア太平洋とインド洋の中心」という言い方をする。

すでにマンモハン・シン首相が、二〇一二年一二月のインドASEAN首脳会議で、「安定し、安全で繁栄しているアジアとその周囲のインド洋と太平洋地域」という言葉を使っており、ナレンドラ・モディ首相はその延長線上で「アジア太平洋」と「インド洋」を意識的に接続させたのだろう。

日本はというと、安倍首相は二〇一二年一二月、第二次政権発足直後に、日本、米ハワイ、インド、オーストラリアを結ぶ「セキュリティ・ダイヤモンド構想」を「プロジェクト・シンジケート」というサイトに英文で発表している（Shinzo Abe, "Asia's Democratic Security Diamond," Project Syndicate）。このなかで安倍首相は、「南シナ海は『北京の湖』になっているかのように見える」としたうえで、自由・民主主義国家でダイヤモンドを形成して中国包囲網を作り、中国の勢力拡大を牽制《けんせい》すべきだと書いている。

アジア太平洋安全保障研究センター（APCSS）のモハン・マリック教授は、この地域のイメージは、「それぞれの大国が立場と戦略の再均衡を図っているため」の産物であると指摘している。「アメリカの『リバランス政策』、インドの『ルックイースト』、東南アジア諸国連合（ASEAN）の『ルックウエスト』、オーストラリアの『ルックノース』、日本のオーストラリア、フィリピン、ベトナム、インドとの防衛協力――それらが、戦略の再均衡の時代を象徴している」という（Mohan Malik, "China and Stragetic Imbalance," The Diplomat, 2014）。

今後の太平洋軍にとって、インドは重要なキープレーヤーであり、インドとの軍事関係の強化は優先課題の上位といっていい。このため、太平洋軍幹部の発言やメディアのインタビューで「インドアジア太平洋」という表現が使用されるときには、多分に政治的な意味合いを含んでいる。

そして裏を返せば、この地域で統一された言い方がされていないのは、まだこの海域の秩序は極めて流動的で、不透明であることの証左ともいえるだろう。

❖国防総省が抱える五つのシンクタンク

「アジア太平洋へのリバランス政策」や「インドアジア太平洋」地域を重視する戦略は、アメリカ国防総省傘下の地域センターである「アジア太平洋安全保障研究センター」が重要な役割を担っている。これについては後述するが、その前に、国防総省のセンターとはどのようなものかを見ていく。

国防総省には五つの地域センターがあり、それぞれが重要な役割を担っている。五つの地域センターの設立が検討されたり準備されたりしたのは一九九〇年代、特に一九九三年一月から二〇〇一年一月まで大統領を務めたビル・クリントンのときだ。

一つはドイツ南端の都市にあるジョージ・マーシャル・ヨーロピアン安全保障研究センター。ジョージ・マーシャルは、第二次世界大戦の際に米陸軍参謀総長、戦後に中国大使を務め、その後、ハリー・トルーマン大統領のもとで国務長官になり、ノーベル平和賞を受賞した人物である。第二次世界大戦で被災したヨーロッパの復興のためにアメリカが推し進めた援助計画「マーシャルプラン」を提案した人物だ。

このセンターが設立されたきっかけは一九九一年のソ連のクーデターだった。このソ連共産党強硬派によるクーデターで、黒海沿いで休暇中だったゴルバチョフは軟禁され、クーデター勢力は政権獲得を表明した。クーデターは勃発《ぼっぱつ》から三日後に失敗し、その後、ボリス・エリツインがロシアの権力を掌握、数ヵ月後にソ連は解体した。

こうしたヨーロッパ、ロシアなどユーラシア大陸の激変を目の当たりにし、防衛や安全保障のチャンネルを作り、民主化をサポートする組織が必要だと認識したアメリカの欧州軍が、当時の統合参謀本部議長だったコリン・パウエルに提案したことに源を発する。

国防副長官だったポール・ウォルフォウィッツが承認し、マーシャル・センターは欧州軍の組織の一つとして、欧州軍の管轄や欧州軍司令官の指示に沿ったかたちで運営されることが決まり、一九九二年に設立された。一九九四年にはドイツ国防省と欧州軍司令部とのあいだでパートナーシップの覚書を結んでいる。

ウィリアム・ペリー・ヘミスフェリック防衛研究センターは、クリントン政権において国防長官を務めたペリーの名前を付けてある。ラテンアメリカ地域の国々の文民と軍人がお互い意見を交わして軍事の課題の知識を深める必要性を感じていたペリーが、民主化プロセスのリーダーとなる人材を養成していくためにも設立を望んだのだ。ワシントンDCにあるアメリカ国防大学の敷地内に、各国の防衛大臣と学者らを集め、一九九七年に発足させた。

ウィリアム・ペリー・センターと同様、ワシントンDCのアメリカ国防大学のなかにあるのが、アフリカ戦略研究センター。一九九八年、クリントンが現職アメリカ大統領として二〇年ぶりにサブサハラ（サハラ砂漠より南の地域）を訪問したのを機に、アメリカとアフリカの二一世紀に向けたパートナーシップを築くため、一九九九年に正式に設立された。

近東・南アジア戦略センターは五つの国防総省の組織のなかで最も新しく、二〇〇〇年に設立されており、北アフリカ西部から南アジアまで幅広いエリアをカバーしている。こちらもやはりアメリカ国防大学内にある。

❖なぜ世界の軍人はハワイに集まるのか

ハワイに所在する、先述のアジア太平洋安全保障研究センター（ＡＰＣＳＳ）。ワイキキ西部の緑地帯のフォート・デ・ルッシーと呼ばれるエリアにあり、カリアロードからサラトガロードのあいだの近道として横切る人も多い。芝生はきれいに手入れされ、遊歩道も整備されている。

一帯はバニヤンツリー、シャワーツリー、椰子《やし》の木や、赤、黄色、白のハイビスカスの花が咲き、米軍の「ハレコアホテル」や、アメリカ陸軍博物館があり、テニスコートなど現役・退役軍人とその家族が利用できる施設もある。立体駐車場の隣に位置する二階建ての緑色の屋根の建物が、通称「ＡＰＣＳＳ」であり、国防総省や太平洋軍の政策を体現している中心地である。

二〇一五年一〇月に改称し、正式名称を「ダニエル・Ｋ・イノウエ・アジア太平洋安全保障センター（Daniel K. Inouye Asia-Pacific Center for Security Studies）」といい、正確には「ＤＫＩ ＡＰＣＳＳ」と略される（が、本著ではＡＰＣＳＳで統一）。

APCSS内のダニエル・イノウエの写真

APCSSの入り口に並ぶ各国の旗

このセンターは、ハワイ出身の上院議員ダニエル・イノウエがドイツのマーシャル・センターを視察したあと、ハワイにも太平洋軍とアジア地域のパイプを強化するためのセンターが必要だと考えて予算を獲得したのが設立のきっかけとなった。ジョージ・マーシャル・ヨーロピアン安全保障研究センターに次ぐ二つ目の国防総省の地域センターとして、一九九五年九月に正式に発足した。

センターに入ると、二〇一二年に八八歳で亡くなったイノウエがにこやかにほほえんでいる大きな写真パネルが掲げられている。その下には、イノウエがセンターの設立記念式典に参加したとき、ウィリアム・ペリー国防長官や太平洋軍司令官のリチャード・マッキー海将らと写っている写真や、起工式で使われたハワイの伝統的なコアの木のスティックが展示されている。

APCSSは、太平洋軍と、各国政府で安全保障に携わる関係者たちの知識やスキル、価値観を醸成し、能力を高め、地域の課題や問題を共有して、それらの解決のために協力態勢を構築するのがねらいである。

ハリスやスイフトは、歴代司令官のなかでもこのセンターの役割を重視することで知られ、議論や打ち合わせのために多く訪れた。また軍幹部がアジアの米軍基地に赴任したり、演習に参加したりする前に、APCSSのスタッフからブリーフィングを受ける。二〇一六年七月には、ジョー・バイデン米副大統領、杉山晋輔《すぎやましんすけ》外務事務次官、韓国の林聖男《イムソンナム》外交部第一次官の三者会談が開かれるなど、重要な会議のホストも務める。

短いもので数日から一週間の会議やワークショップ、二週間から一ヵ月間にわたる長期の教育コースなど、さまざまな意見交換、認識共有の場が設けられており、五つの国防総省の地域センターのなかで最もアクティブなセンターである。

年間で核となるのは、以下の六つのコースである。

① テロリズムへの包括的安全保障対応
② 包括的危機管理
③ 先端的安全保障協力
④ トランスナショナル安全保障協力
⑤ アジア太平洋オリエンテーション課程
⑥ 上級アジア太平洋オリエンテーション課程

この二〇年でコースを履修《りしゅう》した軍と外交・安全保障の実務者たちは、文民と軍人の割合がおおよそ半々で、アジアを中心に九一ヵ国、計一万九〇〇〇人以上にのぼる。そのなかには、現在までに大統領や首相になった人物が四人、副大統領や副首相が三人、大臣や次官クラスが三五人、大使が一五一人などがいる。日本からは、防衛省、自衛隊、外務省、海上保安庁などから参加している。

国防総省の安全保障政策を担当する機関、アメリカ国防安全保障協力局（DSCA）の二〇一六年予算見積書によれば、APCSSは年間で一二の研修コースを実施し、一一〇〇人余りのフェローが参加。国内外で一二のセミナーとワークショップも開き、六〇〇人以上が参加している。この数字は前年度に比べると三〇％増になっている。

APCSSには一四〇人近くの職員がいる。そのうち約四分の三が文民、四分の一が「アクティブ・デューティー」と呼ばれる現役軍人である。文民といっても元軍人も多く含まれており、ダニエル・リーフ前所長は空軍出身、ジェームズ・ヒライ副所長は陸軍出身（ともに将軍）である。

年間予算はおよそ二〇〇〇万ドル（約二二億円）。予算削減により、国防省の関係部署はどこも影響を受けているにもかかわらず、APCSSの予算は増加しており、アメリカのアジア太平洋重視によって任務や業務が増大し、重要性が増したことを証明している。

筆者が在籍したのはセンターの核となる軍人と文民の研究者たちが集まる部署で、それぞれ朝鮮半島や南アジア、日本といった地域・国ごとの専門を持ち、サイバーや人道支援・災害救援（HA／DR）、海洋安全保障、気候変動など、国境をまたぐ重要な分野の実務経験者たちがそろっていた。

センターは「国防総省系シンクタンク」といわれることもあるが、何年も前に調査・研究部門は廃止された。職員も研究発表やリサーチは求められておらず、シンクタンクではなく、細かな政策を具体化していく場である。

「アメリカ軍のソフト・パワー」「スマート・パワー」という人もいる。ソフト・パワーの概念は、クリントン政権下において国家情報会議議長や国防次官補を歴任した国際政治学者のジョセフ・ナイが、一九九〇年の論文で提唱したものである。

その後、イラク戦争の失敗を教訓に、元国務副長官リチャード・アーミテージらとともに「ハード」と「ソフト」を組み合わせた「スマート・パワー」こそ、アメリカの外交戦略の基本であるべきだと主張。軍事力・経済力による圧力と、文化・技術などを基にした国際協力を総合した新しい対外政策を提唱した。

二〇〇一年の九・一一同時多発テロ後のイラク戦争によって中東で反米感情が高まったため、軍事力でも経済力でもない第三のパワーたる政治力を行使して自国が望む結果を作る能力が重要となったのだ。

ＡＰＣＳＳはアメリカの強大な軍事力を背景に、国防総省や太平洋軍の方針に沿った任務を遂行しており、より「スマート・パワー」のイメージに近い。だがリーフ前所長は、「パワー」という、ともすれば傲慢《ごうまん》な響きを持つ言葉を使うことに否定的で、ＡＰＣＳＳの役割を「縦糸と横糸を交錯《こうさく》させていく織物」と表現していた。

❖北極海のワークショップは東京で

それではどのようにして、一本一本の糸を丁寧に織り込み、一枚の織物に作り上げていくのだろうか。

たとえば、国防総省が注視している北極海をめぐる動きにAPCSSは関与した。二〇一五年夏、笹川《ささがわ》平和財団海洋政策研究所と共催し、「変化する北極の海事の安定化、安全保障、国際協働の確保」と題する会議を東京で開いた。

アメリカは一八六七年にロシアからアラスカを購入して以来、安全保障に関わる海域として関心を示している。近年は特に、地球温暖化の影響で海氷が溶け出し、「閉ざされた海」から「開かれた海」へと変貌している。スエズ運河やマラッカ海峡を経由する「南回り航路」に比べると、「北極海航路（ロシア沿岸航路）」は約七割の距離でヨーロッパとアジアを結ぶ。海底に眠る資源獲得のビジネスチャンスも広がっている。

一方で、海洋での軍事力拡大を目指している中国にとっては、大西洋に抜けるルートの一つであり、戦略原潜を白海とオホーツク海で展開するロシアにとっても聖域という、政治・軍事面における戦略的要所になっている。

つまり、北極海で繰り広げられている覇権争いは、沿岸国でなくても、アジア太平洋地域の国々に影響が及んでくる。そのため北極海が欧州軍の担当地域であっても、太平洋軍は、欧州軍と緊密な連携が不可欠な状況となっているのだ。

アメリカはこのとき北極評議会の議長国ポストに就いていた。国防総省や太平洋軍のねらいは、ロシアや北欧諸国と意思疎通を図るとともに、日本などの北極海沿岸国以外の視点を反映させることで大国間の緊張を緩和させること、そうして持続可能な管理を求めていくことだった。

東京・帝国ホテルで三日間にわたって行われた会議。八ヵ国からなる「北極評議会」のうちのアメリカ、カナダ、デンマーク、ノルウェー、ロシアの沿岸五ヵ国と、計一二ヵ国の評議会オブザーバー国のうち、二〇一三年にオブザーバー資格を得た日本を含むアジアの五ヵ国（ほかにインド、中国、韓国、シンガポール）の北極担当行政官、専門家、研究者ら約一〇〇人が参加した。

「航行・海洋法」「安全保障」「資源管理」「環境保護」の四つの分野で意見を交換し、それぞれの政府の関心事項や優先順位などについて意見を交わし、相互理解を深めた。

この会議から数ヵ月後、気候変動への取り組みの一環として、オバマ大統領はアラスカを訪れた。その訪問中に、アラスカ州に面するベーリング海の公海上とアリューシャン列島の一部島嶼のアメリカ領海内を、中国海軍の艦船五隻が航行した。中国艦の領海内航行は国際法に基づく無害通航であり、特に問題とする事項は認められなかったが、アメリカ軍がベーリング海で中国艦船を確認したのは、このときが初めてだった。

❖平和のために軍が果たす役割

常に世界のどこかに兵士を派遣して戦争をしているイメージが強いアメリカ。だが、各国の軍人や文民など、防衛・安全保障に関わる現場の実務者やリーダーの研修やネットワーキングをはじめとする情報交換など、いわゆる武力を使わない「非戦闘アプローチ」も、多国間の枠組みのもとで強めている。紛争や戦争を防ぐためにも、相当な予算と人材を注ぎ込んでいるのだ。

ＡＰＣＳＳは国防総省のＤＳＣＡの傘下にあり、国防総省の政策ガイダンスに沿う。筆者が在籍したころは、具体的な指示を太平洋軍から受け、太平洋軍に報告をするという位置づけだった。

ＡＰＣＳＳ副所長のジェームズ・ヒライは、このようなアメリカ軍による相互理解の促進のプロセスは「戦争をするよりも難しく、しかも目立たず、評価されることが少ない」と、筆者のインタビュー（二〇一六年八月）に答えている。

近年は、特に南シナ海での中国の動きがそうであるように、平時でもない戦争でもない、いわゆる「グレーゾーン」の領域が大きくなってきている。そのためＡＰＣＳＳのように、近隣諸国の軍人同士が直接顔を合わせて、知恵を出し合う場が必要になってきている。

もちろん各国の軍人が集まる機会は、日米や米韓のような二ヵ国の演習、二十数ヵ国が参加する多国間のリムパックのような軍事演習など、数多く存在する。しかし、朝から晩まで寝食を共にしてお互いの考え方を徹底的に話し合い、一週間、長い場合には一ヵ月も過ごすという機会は、めったにない。

中国や台湾、韓国をはじめ、多くの政府は、積極的に政策担当者を送り込もうとする。参加・滞在費用は、日本、韓国、ニュージーランド、オーストラリアなどの先進国を除き、多くの国々はアメリカ国防総省予算による招待だ。国によっては同じ人物を一つだけでなく複数のコースに参加させたいがために、一時的に総領事館に在籍させるという措置をとる場合もあったり、一ヵ国で二〇人近い実務者グループを送ろうとしたりするケースもある。

長期のコースでは、真珠湾の戦跡や太平洋軍司令部などの訪問、オアフ島南東部にあるベローズ・フィールド空軍基地内のビーチやワイキキビーチから出航するカタマラン船（双胴船）のサンセットクルーズなど、文化研修・娯楽プログラムも用意される。最後の週末の夜は、各国代表が伝統料理を持ち寄り、それぞれの国の音楽でダンスを楽しむのが通例となっている。

ハワイは人種の多様性が全米のなかでもトップレベルである。降り注ぐ太陽や青い海、「アロハスピリッツ」と呼ばれるもてなしの精神に包まれたハワイのすべてが舞台装置となって、アジア太平洋から訪れる実務者たちの心をオープンにする。一見、安全保障とは関係のないような「時間」と「空間」を、各国とも、非常に重視している。

自国に戻れば容易にコンタクトできない対立関係にある国の軍や安全保障政策実務者とも、

ハワイを通して距離を縮めたという例がたくさんある。ＡＰＣＳＳはさまざまな点を考慮して国や人を選び、組み合わせている。

アジア太平洋の各国政府の軍人や官僚たちが、アメリカを介してハワイで相互理解を深める意義は、お互いを予想可能な状態に置くこと。人間関係を築きコミュニケーションをとることは、不要な摩擦を避けることにつながる。

それではどのようにしたら、そのプロセスの成果を評価できるのだろうか。一つの目安は、参加者がＡＰＣＳＳでの経験にヒントを得て、太平洋軍、あるいは他国の参加者からの意見を聞き、母国に帰って発案し、実現したプロジェクトの数々である。

ＤＳＣＡの資料によれば、ＡＰＣＳＳでの経験を踏まえたフェローの具体的な成果として、地震対策のプロジェクトを自国のネパールで立ち上げ、国連の予算を獲得した例、学校を拠点とした地震対策のプロジェクトを立ち上げたモーリシャスの例が挙げられている。また、安全保障分野での女性の役割を増やすためのリーダー向けプロジェクトに関しては、太平洋軍の戦域エンゲージメント計画に加えられることが報告されている。

一九七五年のベトナム戦争終結以降、太平洋軍の担当地域内が主戦場となる大きな戦争は起きていない。「平和のために軍が果たしてきた役割は大きい」という自負を持っているのも、太平洋軍の特徴である。

❖日米関係はワシントンで決まるのか

講義や討議を通して、アジア太平洋地域における歴史、政治、経済などの幅広い知識を得て、包括的な安全保障力学や課題を理解し、地域における安全保障を考えるスキルを磨くことは、各国の政戦略担当者にとって何物にも代えがたい財産となる。また、アメリカを介して各国の安全保障研究関係のネットワークを構築することにも大きな意義がある。

たとえば、アジア太平洋オリエンテーション課程。期間は五日間で、主にアメリカ政府中級幹部（文官、軍人、上級軍曹）、アジア太平洋地域に関する国際関係・地域政策分析関係者などが参加する。内訳は、約八割がアメリカ人。アメリカ人以外は、韓国、カナダ、オーストラリア、ニュージーランドの軍人・外交官など、アメリカと価値観を共有している国が中心となり、一回の参加者は一〇〇人程度だ。

午前は各地域の情勢を学び、午後は一〇人程度のセミナーグループに分かれてディスカッションをする。センターには「発言者を特定しない」というルールがあり、講義や討論の場で出た意見や発言は、名前や国籍を特定して外で明らかにしてはいけない。南シナ海での不測事態を想定し、個人の立場で自由に意見を述べたり、バイオテロに対する対応をチームごとに机上演習をし、発表したりした。

中国、海洋安全保障、テロは、特にＡＰＣＳＳでも主要なテーマとなっており、有能な人材を送り込んで、自国の立場について発信していこうと意気込む国が多い。

勢いのあるアジアの国々に比べると、日本のプレゼンスは相対的に低くなっている。アジア各国は日本がどう考えているのか、どう対応しようとしているのか、常に知りたがる。だが、議論のなかに日本人がいないという場面が非常に多い。

あるアメリカ軍幹部からは、APCSSでの日本のプレゼンスが低いことに対し、「同盟深化の機会を失っているどころか、傷を付けているくらいの自覚があるか」と、厳しく指摘されたこともある。

もちろん、日本には日本なりの正当な理由はある。日本は参加費を自国負担しなければならない国の一つだ。限られた防衛予算のなか、職員一人の飛行機代やホテル代まで出すのは容易ではない。

また、安倍政権下で安保法制の準備が着々と進められていた時期でもあり、防衛省内は忙しかった。さらに、南シナ海などの安全保障環境の変化への対応、アジアでの能力構築支援など新しい役割も増えており、海外に人材を派遣する余裕がない。英語で侃々諤々《かんかんがくがく》の議論ができる人材も限られている。しかし、それらの事情は別にして、根本的な理由が二つある。

「ハワイを中心に世界地図を描く」という意識の欠如と、「日米同盟は安泰」という安心感だ。

日本の安全保障にとって、太平洋軍の司令部があり、日米同盟の現場であるハワイは戦略的にも重要な場所であるはずだが、ここへの要員派遣に関して政府関係者は、同僚や上司、そして国民の理解を得にくいと考える。「ハワイは遊びに行く場所」という日本人の認識を、まず改めなければいけないだろう。

他の国の政府関係者も同じように苦労しているのかと思い聞いてみると、そうでもないようだ。「アメリカのリバランス政策の中心地であり、我々にとって最も重要な場所である。みんな仕事をしに堂々と出張にいく。長期出張になっても後ろめたさを感じることはない」と、あるオーストラリアの実務者はいっていた。

もう一つの理由は、何度も聞かれた言葉だが、「日米関係はワシントンDCでしっかりやっているから大丈夫」という思い込みである。

ワシントンDCはいうまでもなく重要だが、国防総省や国務省がカバーしているのは全世界である。特に米中関係、米ロ関係、中東の紛争が最優先事項であり、日本はそのなかの一つに過ぎない。

日本を含むアジア太平洋地域は、太平洋軍に相当程度まかされている面がある。ワシントンDCから多くの連邦職員が太平洋軍などの軍組織に配属されているのも、よほどの高レベルな政治判断でない限り、大きな裁量を与えられているからなのだ。

日米同盟は軍事同盟ではあるが、制度に魂を吹き込み、生かすのは「人」である。常に努力が必要だ。

❖ 軍人最後の舞台は「ミズーリ」

二〇一六年夏、APCSSの同僚の海軍出身のプロフェッサーであるアラン・チェイス中佐が退役することになった。若いころ防衛大学校で学んだことのある彼は三沢基地での勤務経験もあり、最近ではAPCSSを訪れる防衛省、外務省、首相官邸の幹部や、コースに参加する自衛官を受け入れる窓口としても活躍した。東京での北極海のワークショップにも参加した。

彼が軍人最後の舞台に選んだのは戦艦「ミズーリ」だった。軍人の式典の多くは家族同伴が一般的である。この日もアランの妻、年頃の息子と娘が一列目に座り、アランは感謝の気持ちを伝えながら、家族一人一人にプレゼントを手渡した。アメリカでは、軍人の国家へのサービス（奉仕）は家族の支えなしでは不可能であり、家族も同様に国家を支えているとみなされ、このような場では参列者たちから大きな拍手を浴びる。

チェイス自身は軍から「シャドウ・ボックス」を贈呈された。メダルや階級章、記念品など彼のキャリアがすべて詰まったボックスである。

このシャドウ・ボックスの由来は諸説ある。たとえば、その昔、船乗りの男たちは船から降りるとき、渡り桟橋を歩いて通過する際に、自分の影を岸壁に映し、影が自分の身代わりに転落して自分の安全を守ってくれると考えた。いわば転落事故防止や海上安全の験《げん》をかついだセイラーの伝統。上質な木で作ったボックスに特別な思い出の数々を詰め込んだ「自分の身代わりとなってくれる影の箱（シャドウ・ボックス）」を持つことで、初めて安全に船から出られるというわけだ。

　とりわけ大海原で危険と隣り合わせの海軍の軍人にとっては、退役式には欠かせないアイテムだ。シャドウ・ボックスを手にすることで、退役後の旅路のお守りにもなる。

　同僚の海軍少佐のダニエル・ブラッドショーが、「ウォッチ（watch：実際にはワッチと聞こえる）」という詩を読み上げ、フレーズごとに「カーン」と鐘が鳴らされる。この詩もまた、海軍の退役式では欠かせない詩である。

　仲間が深夜の睡眠中でも、艦の安全な航行のため、輪番で乗組員が艦橋に立たなければならない。その安全航行のすべての基本が、航行船や陸地の見張り、艦内の状況の確認であることから、この当直制度を「艦内外を見る」という意味で「ウォッチ」と世界共通で呼称する。

　一番厳しい「ウォッチ」は、数日に一回の頻度で割り当てられる、深夜から早朝にかけての当直だ。詩には、退役する軍人はもうこの厳しく苦しいウォッチをしなくてもいい、みんなの安全を守る当直に立つ義務から解放されるので、どうぞリラックスしてください、というねぎらいの意味が

チェイスのシャドウ・ボックス（アラン・チェイス氏提供）

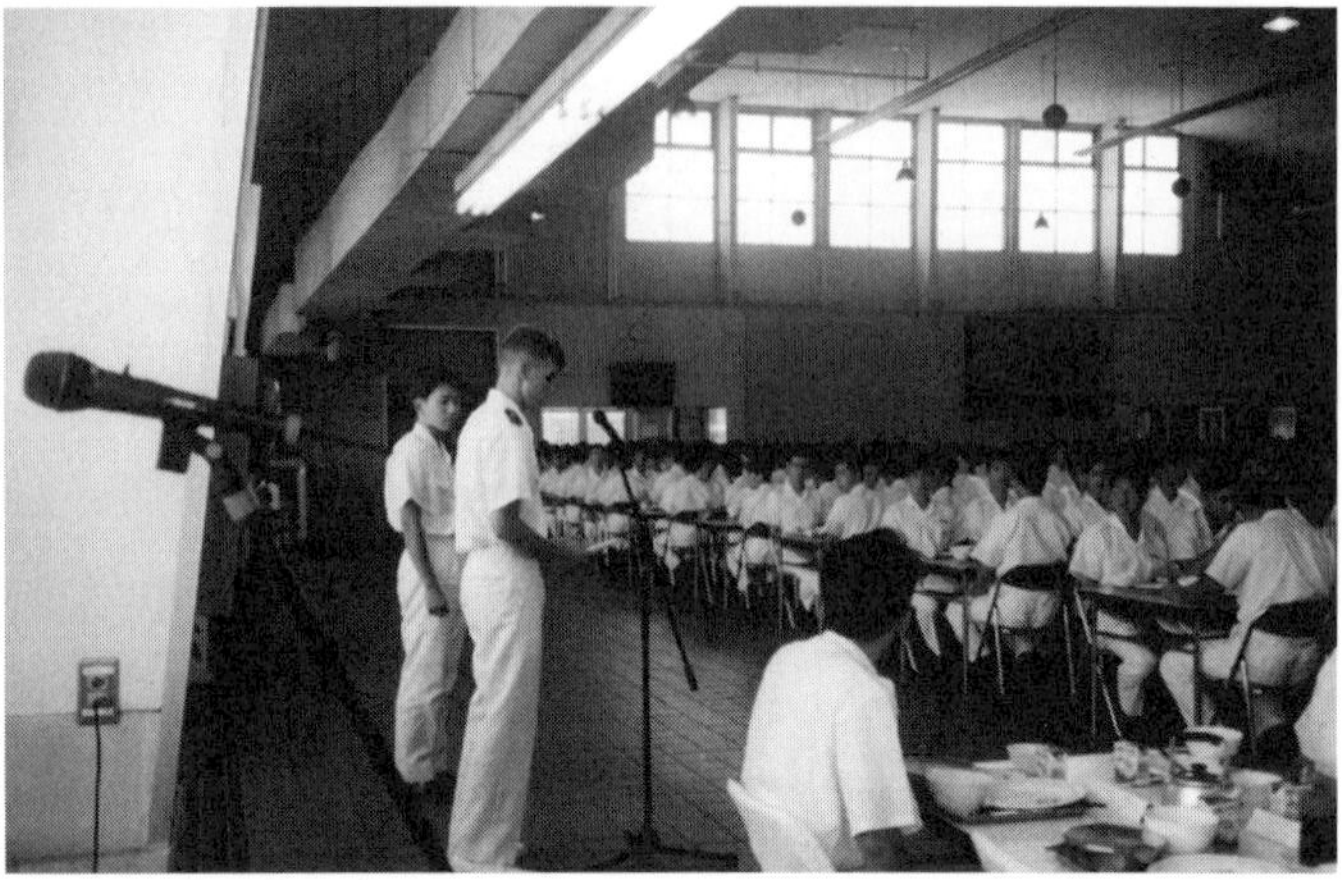

1992年、防衛大学校であいさつをするチェイス（アラン・チェイス氏提供）

ミズーリでの退役式（アラン・チェイス氏提供）

込められている。

空軍や海兵隊の軍人ら同僚たちが数メートル間隔で作った花道を、拍手のなかで通り抜ける。「これで式典は終わりかな」と思わせたところで、今度は「ホーム」と書かれ、故郷マサチューセッツ州を象《かたど》ったTシャツを着て、地元のロックバンドの曲とともに、再び花道に戻ってきた。フォーマルな式典の最後の意外なサプライズに、会場からは大きな笑いと拍手が起きた。

退役式の費用は自己負担だが、ミズーリを選ぶ軍人は極めて多い。同艦がアメリカ軍にとって名誉と栄光の象徴であるということがうかがえる。

軍の幹部たちが「リーダーシップ」と呼ばれることは第四章で紹介した。リーダーシップはさまざまな概念を打ち出し、戦略を導き出す。それに基づいて太平洋軍は動いていく。しかし、リーダーシップだけでは巨大な統合軍である太平洋軍は動かない。リーダーシップを支える部下たち、その家族たち、彼らを受け入れる地域社会、国民が一体となって、国の防衛を担っているのだ。

歴史も文化も違う日本で同じことは期待できないが、アメリカでは文字通り命を懸けて担う軍人と、その家族を、リスペクトする文化が根づいている。

終章

日米同盟の海洋戦略

❖アメリカ沿岸警備隊と海上保安庁の訓練

二〇一五年五月中旬、気温は二六度と穏やかなある日、筆者はオアフ島のダウンタウンの海岸沿いにある「アロハタワー」を訪れた。

アロハタワーは一九二六年に完成したタワーで、当時はホノルルで最も高い建物。ハワイの玄関口としてにぎわったホノルル港のシンボル的存在だった。大手旅行会社ＪＴＢのツアーデスクが入っていたので、ホノルル空港からいったん、このタワーに連れられ、ホテルのチェックインの時間までに説明を受けたり、ショッピングをしたりした人も多いのではないだろうか。いまＪＴＢはこの場所から撤退しており、筆者が訪れたこの日は改修中のため、数軒のレストランだけがにぎわっていた。

目指したのはホノルル港九番埠頭《ふとう》に停泊している海上保安大学校の練習船「こじま」である。船内の貴賓室で、船長や乗組員、実習生たちが出迎えてくれた。

「こじま」は海上保安大学校の専攻科実習生三二人、国際航海実習課程研修生二人、乗組員四三人を乗せて、広島県呉市にある海上保安大学校から一〇一日間、総航程約二万四五〇〇カイリ（約四万五〇〇〇キロ）の長い遠洋航海に出ている。日本を出てから二週間、最初の寄港地がホノルルなのだ。

ハワイ滞在の六日間、実習生たちはアメリカ沿岸警備隊のバーバーズ・ポイント航空基地や、戦艦「ミズーリ」を訪れたほか、ハワイの日系人連合協会の会員らを招いて立食ビュッフェ・ランチを開いて交流をした。実習生たちは、つかの間の自由時間にはワイキキで観光や買い物を楽しみ、疲れを癒やした。

実習生たちはすでに海上保安大学校で何度も実践を重ねてきた立派な船乗りたちで、女性も数人含まれていた。航海科実習生はGPSを使用せず、午前から正午頃には太陽を、夕暮れには星を頼りに、自船の位置を導き出す天文航法により、遠洋航海実習を行っている。

日本からハワイまで果てしなく水平線が続く太平洋の大海原の航行中には、大きな波や揺れで気分が悪くなる実習生もいたが、クジラやイルカの群れを見たり、たくさんの流れ星を見たりして感動することもあったという。

日付変更線を通過する瞬間は、甲板に寝転がる許可を得て、満天の星空を眺めながら、変更線を体で「感じる」という貴重な体験もしたと、目を輝かせて話してくれた。日本を出港してから初めての国際交流に緊張もほぐれ、「英語で積極的にコミュニケーションをとることの大切さを実感できた」という。

ハワイからはニューヨークまで、四人のアメリカ沿岸警備隊の士官学校の学生も乗船し、共同生活を送りながら実習と訓練をする。彼らとは英語で会話し、報告や引き継ぎ、放送も英語。悪戦苦闘しながらも、日本とアメリカの海上保安機関の違いも学ぶ。

海上保安庁のアメリカ側のカウンターパートは沿岸警備隊（United States Coast Guard・U

ＳＣＧ）である。

❖沿岸警備隊は「第五軍」

沿岸警備隊はアメリカの陸軍、海軍、空軍、海兵隊に続く「第五軍」と呼ばれ、運輸省の傘下から、九・一一同時多発テロのあと設置された国土安全保障省に移管されている。日本の海上保安庁同様、法の強制執行権を有しており、捜索や救難、沿岸整備の任務に当たっている。

国土交通省の外局である海上保安庁との違いは、彼らは日ごろから海軍と同じようなレベルの戦闘や、兵器使用の訓練も受けていること。そして有事の際には、アメリカ海軍の指揮下に入って補佐的なミッションに関わる。隊員には海軍の特殊部隊であるネイビー・シールズ（Navy SEALs）への応募資格もあり、これまで朝鮮戦争やベトナム戦争などにも参加している。

また、イラクやアフガニスタンでの戦争にも派遣され、港湾の警備や治安維持など重要な役割を担っており、隊員が自爆テロに巻き込まれ、ベトナム戦争以降では初めて死者を出している。

筆者が暮らしたワイキキのコンドミニアムの警備担当者も沿岸警備隊出身だったが、彼はアフガニスタンに派遣された経験を持つ。「心的外傷後ストレス障害（ＰＴＳＤ）になる人も多い」と話していた。戦争が続くアメリカでは、沿岸警備隊も命がけの仕事なのである。

「こじま」はハワイを去ったあと、コスタリカを目指し、その後パナマ運河を通ってニューヨークへ、そして大西洋を渡りフランスのマルセイユやモナコに寄港。スエズ運河を通過してインド洋に出て、シンガポールに寄港したあと呉市に戻る。

それぞれの寄港地では、現地の海上保安関係機関の職員たちと交流した。そうして世界共通の財産であり、同時に職場である「海」で協調していくために必要な知識や技能、国際的な感覚を身に付けていくのである。

この年で二〇回以上実施している世界一周航海だが、最大の懸念は治安だった。イスラム過激派によるテロや海賊の存在だけではなく、ヨーロッパに向かう難民や移民を乗せた船との遭遇、それらの船が事故を起こした場合など、突発の事象に臨機応変に対処する場面も想定された。幹部たちは気が気でなかったという。

数日後、筆者は「こじま」の見送りのため、再びホノルル港に向かった。航海の無事を祈りながら、岸壁で日系人とともに日本の国旗を振り、船長や実習生の姿が見えなくなるまで見送った。

遠洋航海を終えた実習生たちは海上の治安維持のため、警察権を行使する「海の警察」のスペシャリストとなる。そして緊迫する尖閣諸島の周辺海域などで、中国から領海侵入する公船や、排他的経済水域（ＥＥＺ）で違法操業する漁船などに対し、紛争にエスカレートしないよう領海警備などに当たる。

海上保安大学校の練習船「こじま」

ホノルル港を出港した練習船「こじま」を見送る人たち

さらに、密漁の取り締まり、海難救助、災害対応、テロ警戒のほか、最近ではフィリピンや、ベトナム、マレーシアなどの国々の海上保安能力の強化にも当たる。合同訓練や情報交換などを通じ、密輸や海賊に対する連携も深めている。

平成二九年（二〇一七年）度予算で承認された海上保安庁の定員は一万三七〇〇人あまりだが、二四時間体制で領海とEEZを守る彼らの任務の負担は高まる一方だ。二〇一〇年には巡視船に中国の船が体当たりしてきた。最近では人民解放軍をバックにした漁民を装う「海上民兵」と、漁民との区別が難しくなっている。また二〇一七年七月には、中国海警局の公船二隻が津軽海峡の日本領海内を通過した。

海上保安庁は「法の執行」、海上自衛隊は「防衛」という明確に異なる役割があるものの、「平時」でも「有事」でもない、「グレーゾーン」の事案が増えていくなかで、その責任は重くなっている。両組織のシームレスな対応が求められているが、海保には、シーポリスパワーだからこそ紛争の抑止につながっている、という考えも根強く、拡大するグレーゾーンでの対応には慎重な面もある。

教育や訓練の面では、海上保安庁のパイロットは、海上自衛隊の研修を経て資格を取得する。また潜水研修も受けたりするほか、防衛大学校の修士課程で海上保安官も学ぶなど、協力関係にある。互いが所有する船舶、そしてその機能や運用に対しても、見識を広げている。

❖ 船乗りを養成する「海の貴婦人」

練習船「こじま」を見送ってから約一週間、今度は大型練習帆船「海王丸」がホノルル港に寄港した。東京港を出港してからサンフランシスコを経由して、ホノルルに寄港したのである。

独立行政法人航海訓練所（二〇一六年より海技教育機構）の所属で、船で働くプロを育てるため、練習航海を通して船舶の知識を深め、運航の実務能力を高める目的の船である。全長約一一〇メートル、マスト四本、三六枚の帆を張った帆船は「海の貴婦人」と称賛されるだけあって、その美しい姿には圧倒される。

帆船にはさまざまなバックグラウンドの人たちが乗っていた。日本の海運界の担い手となる東京海洋大、神戸大、海技大学校などの学生たち、民間企業の社員も体験航海のため乗船している。

この船では、基本的に、すべての航海は風向きや星の位置を頼りに行う。そして波の状況を正確に読み取って、自らの手で帆の角度を変えながら運航するのだ。

帆は最も高いところで高さ五〇メートル。命綱を着けて重量のある帆を開いたり、畳んだりする。そのためには作業を分担する必要があり、チームワークが試されるのだという。

しかし、帆を張った船での体験は、現代の航海でどのように役に立つのだろうか。甲斐《かい》繁利《しげとし》

「海の貴婦人」と呼ばれている大型練習帆船「海王丸」

船長に尋ねると、「遠洋航海を終えたあとの学生は明らかに目つきが変わり、人間として大きく成長しているのが、びっくりするほどよく分かります」と話していた。

このときの太平洋横断も、時化《しけ》の影響で、高さ一〇メートルにもなる波に遭遇した。風の力だけで動く帆船は波が穏やかになるのを待つしかない。そうやって自然と向き合いながら、船位決定、危機時の機関室の運航作業、非常事態への対応などについて学ぶのだという。

一九七〇年代から日本は、ギリシャに次ぐ大海運国だが、日本の海運を取り巻く環境は厳しくなっている。

日本の海運会社が運航する船の大半はリベリアやパナマなどの外国籍で、日本籍船は一九七二年の一五八〇隻をピークに年々減少、二〇〇四年には一〇〇隻を切った。一九七〇年代に約五万七〇〇〇人いた日本人外航船員も、一九八五年のプラザ合意後の円高をきっかけに人件費の高い日本船員も大幅に減らされ、いまや約二〇〇〇人程度。日本の商船運航を支える船員の五％に満たない。

特に、一度海に出ると、携帯電話、メール、LINEなどは使えない。地上との連絡手段が途絶えることは、多くの若者にとっては耐えがたい。

しかし、海上自衛隊や海上保安庁と並んで、民間による「海運力」も、食糧やエネルギー資源を確保するための安全保障の基盤である。とりわけ日本は九九％の物流を海運に頼っている。エネルギー資源に乏しく、食糧自給率が低く、石油を海外に依存している日本にとって、国民の生活と経済を支える大動脈が、実はほとんど外国籍の船や人に頼っている状況は深刻なことである。

たとえば、現実にこういうことが起きる。二〇一一年の東日本大震災の直後、日本郵船とアライアンスを組むドイツの海運会社が運航する船約一〇隻が、本社の指示で東京港と横浜港への寄港を取りやめた。リベリア政府も同国船籍の船に対して同様の勧告をしていた。福島第一原発の放射能漏れを恐れての動きだったという。

もし、日本籍船や日本人乗組員が大半を占めていたら、政府と連絡を取り合ったり、十分に正確な情報を得たりして、そこまでの事態には至らなかったかもしれない。船員を劇的に増やし、かつてのレベルに戻す特効薬はないが、政府は日本籍船や日本人船員を増やす政策や法整備を進めている。

二〇一一年、のちの国際海事機関（IMO）事務局長の関水康司《せきみずこうじ》は、筆者のインタビューで、「世界の商船の船腹量（積載できる重さ）は四〇年間で四倍になっており、四〇年後にはいまの二倍になるといわれている。世界の船員数（船長や機関士など幹部級）は約四七万人。二〇五〇年には八七万人が必要だという試算があり、世界で毎年二万人の船員を教育し、送り出さないといけない計算だ」と話している（朝日新聞GLOBE、二〇一一年九月一八日）。世界の海運市場の拡大に伴い船員育成などが課題であることを指摘しているのだ。

日本では二〇一三年四月に新海洋基本計画が策定された。海洋の総合的管理を基本理念としており、「海洋の管理は、海洋資源、海洋環境、海洋の安全等の海洋に関する諸問題が相互に密接な関連を有し、及び全体として検討される必要があることにかんがみ、海洋の開発、利用、保全等について総合的かつ一体的に行われるものでなければならない」（海洋基本法）と定めている。

日本の商船隊に向けた船員の最大供給国であるフィリピンでは、日本の大手商船会社、日本郵船、商船三井、川崎汽船が同国に商船大学や教育訓練施設などを持っており、レベルの高い船員の教育に力を入れている。フィリピンは南シナ海で中国との領有権の主張が重なっているなど、中東と日本を結ぶシーレーンの安全保障上、極めて重要な国である。防衛省・自衛隊もフィリピンの海上能力の構築に取り組んでいるが、「総合的かつ一体的」な海の管理は急務である。

❖緊張感が増す沖ノ鳥島海域

これまでハワイは、海上輸送や海洋権益を守るため、海上保安庁や海上自衛隊の船や艦船にとって重要な役割を担ってきたことを記してきた。そして、海洋進出の拡大を目指す中国にとっても、ハワイはまた別の意味で、象徴的な場所なのである。

本書の冒頭でも述べたように、二〇〇七年に太平洋軍のキーティング司令官が中国を訪問した際、会談した中国海軍幹部から、ハワイを基点として米中が太平洋の東西を「分割管理」する構想を提案されている。このころは、まだ関係者のあいだでは、半ばジョークのように語られていた。

それから約一〇年の二〇一六年暮れ、日本の防衛省の統合幕僚監部は、中国初の空母「遼《りょう》寧《ねい》」を含む艦船六隻が宮古島の北東約一一〇キロで南東へ航行しているのを、海自の哨戒機と護衛艦が確認したと発表した。沖縄本島と宮古島のあいだを通って太平洋へ向かったが、中国の空母が太平洋に抜けるのを海自が確認したのは初めてのことだった（「朝日新聞」二〇一六年一二月二六日）。

中国は日本の南側の西太平洋一帯に「第一列島線」「第二列島線」という二つのラインを想定し、その内側の制海権を握ろうとする長期戦略を立てている。ただこのラインそのものは、非公開の中国の海洋戦略を類推するために西側研究者が想定したものであり、中国海軍の用語や定義ということではない。

日本列島からサイパン島やグアム島をつないでニューギニア島に至る第二列島線付近にあるのが、沖ノ鳥島および小笠原諸島だ。台湾有事の際、中国海軍は、この海域でのアメリカ海軍の行動を阻止することを目指しており、この海域は軍事戦略上、重要な意味を持つ。

尖閣諸島のある東シナ海や南シナ海に世界的な注目が集まっているが、それは太平洋を支配したい中国の野望の「序章」と見ることもでき、沖ノ鳥島海域の緊張感は静かに年々増している。

東京から一七〇〇キロメートル離れた絶海の孤島である沖ノ鳥島は、日本にとって重要な意味を持つ。沖ノ鳥島を中心に円を描いた排他的経済水域（ＥＥＺ）は約四〇万平方キロメートルもあり、日本の国土面積の約三八万平方キロメートルより広いからだ。豊富な漁場でもあり、近年は近くの海底でコバルトやニッケルなどのレアメタルの存在が確認されている。

一方、中国は「沖ノ鳥島は島ではなく岩であり、ＥＥＺや大陸棚の基点とならない」と主張してきた。国連海洋法条約には「人間の居住や独自の経済的生活を維持できない岩は、ＥＥＺや大陸棚を持たない」という条項があるからだ。

「経済的生活」という言葉の定義は必ずしも明確ではないが、日本は実績作りを進めてきた。港を作るだけでも、その建設労働が「経済的生活」を維持していることになる、と考えるからだ。国連の大陸棚限界委員会は、二〇一二年四月、沖ノ鳥島は島だとお墨付きを与える内容の勧告を出した。

筆者は二〇一三年、朝日新聞社の小型ジェット機「あすか」で那覇空港を離陸し、日本の最南端、沖ノ鳥島を視察した。那覇から二時間ほどすると、エメラルドグリーンの大海原《おおうなばら》のなかに白い波頭がくっきりと輪郭を形づくっている沖ノ鳥島が見えた。

沖ノ鳥島は南北に約一・七キロメートル、東西に約四・五キロメートル、周囲は約一一キロメートルの長円形で、透き通った水面の下には島の大部分を占めるサンゴ礁がある。波を防ぐ円形のコンクリートの建造物のなかには、東小島《ひがしこじま》と北小島《きたこじま》があり、いずれとも満潮時でも沈まないという、国連海洋法条約で定める「島」の要件を満たしている。

北緯二〇度二五分——ハワイのホノルルやベトナムのハノイとほぼ同じ緯度に位置する。東京都の一部でありながら熱帯気候で、台風も発生する海域だ。かつては六つの島が海面上に見えたそうだが、荒波に削られたのか、姿を消していった。

これ以上、島が浸食されて水没しないよう、政府は一九八七年から鉄製の消波ブロックや護岸コンクリートを設けて島を守っている。また、二〇一一年からは七五〇億円をかけて港を建設中で、長さ一六〇メートルの岸壁ができる。すると、全長一三〇メートルの大型海底調査船が停泊できるようになる。

高度約一五〇メートルからは、島の周辺に大小九隻の船を確認することができた。クレーンを積んだ大型の作業船には大手建設会社のロゴマークが見え、望遠レンズを通して、灰色や青色の作業服にヘルメットをかぶった十数人の作業員の姿も確認できた。白い大型船は、約一〇〇人が寝泊まりしているという船と見られる（朝日新聞GLOBE、二〇一三年六月一六日）。

❖サイバーテロ対策で復活——米海軍の天測航法

筆者が「海王丸」で出会った乗組員のなかに、帆船「ホクレア号」の航海のプロジェクトに関わっている日本人女性がいた。「ホクレア号」はハワイで知らない人はいない、古代ポリネシアで使われていた双胴の航海カヌーを復元したものである。一九七六年、羅針盤《らしんばん》などの近代計器を一切使わず、波や風、星の観測などに依存した古代の航海術で、タヒチ往復に成功した。
以降、アラスカからイースター島、ニュージーランド、二〇〇七年には沖縄列島から日本本土までも航海している。二〇一四年五月からは世界を一周するという壮大なプロジェクトがスタートし、三年かけて一九ヵ国を訪問しながら四万マイルを航海した。

「ホクレア号」の偉業は、一九世紀末のハワイ王国転覆後、ハワイ共和国の樹立とアメリカ合衆国への併合という流れのなかで、独自の言葉と宗教を奪われ、不当な扱いを受けてきたハワイ先住民たちの伝統文化に対するプライドを呼び覚ました。ハワイ州の公立小学校でもハワイ語、あるいはハワイ音楽やフラを教えるなど、一九七〇年代以降の「ハワイアン・ルネサンス」と呼ばれるハワイ文化の復興運動が続いている。「ホクレア号」はその運動のシンボルなのだ。

実は古代ポリネシアンたちのように、天測によって自船の位置をつかむ「天測航法」は、単なるノスタルジーというわけではない。
海軍の幹部を養成するアナポリスの海軍兵学校では一〇〇年以上前から教えていたが、GPSが使用できる現代では時代遅れとされ、一九九〇年代後半にいったん授業から消えた。が、サイバーセキュリティの観点から、二〇一五年に復活している（「ワシントン・ポスト」二〇一五年一〇月一四日)。

アメリカは、オバマ政権発足当初から、サイバーセキュリティ政策を重要な安全保障政策に据え、二〇〇九年五月に出された報告書「六〇日レビュー」では、「サイバーセキュリティのリスクは、二一世紀の最も深刻な経済的・安全保障的挑戦」だと指摘している。二〇一〇年二月に発表された「四年ごとの国防計画見直し（QDR）」では、サイバースペースが、陸、海、空、宇宙に続く第五の作戦領域として位置づけられ、同年五月に統合軍の一つである戦略軍（STRATCOM）の下にサイバー軍（CYBERCOM）を設置した。

その契機となったのは、大統領選挙が行われていた二〇〇八年に起きた米軍コンピューターネットワークへの不正侵入だった。マルウェアの入ったUSBドライブが中東の米軍基地のコンピューターに差し込まれてしまったため、米軍全体のネットワークへの侵入を許してしまったのだ。危機感を覚えた米軍は、急速にサイバーセキュリティ対応を進めていく。

こうしたアメリカへのサイバー攻撃の発信元として常に指摘されてきたのが中国である。二〇一三年六月、オバマ大統領と習近平国家主席がカルフォルニアで首脳会談を行い、その席でオバマ大統領は習主席に対し、サイバー攻撃をやめるように迫った。ところが、その直前に、エドワード・スノーデンが香港に現れ、アメリカ政府による大規模な通信傍受や不正アクセスを暴露した。スノーデンはハワイで民間契約職員として国家安全保障局（NSA）のために働き、そこでNSAのトップシークレット文書をダウンロードしていた。このスノーデンの暴露によって、米中首脳会談は、物別れに終わった。

その後、二〇一五年三月、米海軍、海兵隊および沿岸警備隊は、新たな海洋戦略「二一世紀の海軍力のための協力戦略」を発表した。このなかで、海軍が伝統的に有している抑止、制海、戦力投射、海洋安全保障の四つの必須機能に加え、第五の機能として「全領域へのアクセス」が加わった。そして、「グローバルコモンズ、すなわち、海、空、陸、宇宙およびサイバー空間、さらには電磁波スペクトルにおける行動の自由」が死活的に重要であり、「特にサイバー空間および電磁波スペクトルにおける挑戦は、アメリカが最早『優位』にあることを想定できない」とした。

しかし二〇一五年には、アメリカ政府の人事管理局（ＯＰＭ）が不正侵入を受け、大量の個人情報が盗まれていたことが発覚した。侵入自体は二〇一四年から始まっており、当初は四〇〇万件といわれたが、最終的には政府職員の機微に触れる情報を含む二一五〇万件の個人情報が盗まれたことが分かり、アメリカ政府に衝撃を与えた。

相次ぐサイバー攻撃に業《ごう》を煮やしたオバマ大統領は、二〇一五年九月、ワシントンＤＣで行われた米中首脳会談で再び、習近平国家主席に対しサイバー攻撃をやめるよう迫り、両国政府は文書を作成しないものの、サイバー攻撃を行わないことで合意した。

ところが二〇一六年のアメリカ大統領選の最中のこと……ロシアのウラジミール・プーチン大統領がアメリカ民主党全国委員会（ＤＮＣ）の中枢にサイバー攻撃を仕掛け、共和党のトランプ候補に有利になるよう選挙の操作をしたとして、オバマ大統領がアメリカにいるロシア政府外交官の追放や関係施設の閉鎖という報復措置をとった。サイバー空間は、対立する国の軍最高司令官たる大統領の当落をも左右するという、前代未聞の時代に入ったということだ。

日本政府はサイバーを含むテロ対策に本腰を入れているが、二〇二〇年の東京オリンピック・パラリンピックに向けて、太平洋軍と自衛隊とのあいだのサイバー対策協力も進んでいる。

❖日米同盟はインドアジア太平洋の要

本書で見てきたように、ハワイの太平洋軍は、日本を含む東アジア、そしてインドアジア太平洋の国々に大きく影響している。

その存在を無視して、日米同盟、そして日本の安全保障を語ることができないにもかかわらず、太平洋軍について十分に語られてきたとはいえない。

しかし、単にその組織を見るだけでは十分ではないだろう。

太平洋軍は第二次世界大戦後に成立し、現存する六つの地域統合軍のなかでも最も古く、最も大きく、そして最も多様でもある。そこに関わる人たちの生き様を理解することで初めて、日本とアメリカの同盟関係を考えることができる。

日米の文化の差は大きい。しかし、文化的背景の違いを乗り越え、同盟体制をここまで維持できてきたのは、ハワイを現場とする太平洋軍と自衛隊のつながりだ。

そして日米同盟は、日本のためだけでなく、アメリカだけのためでもなく、インドアジア太平洋地域の安全保障の要《かなめ》になりつつある。そんな事実が、ハワイを中心に描かれる世界からは見えてくる。

おわりに――世界規模での米軍戦力の再編を間近に見て

二〇一四年九月から二年間、ハワイで暮らした。その大半を国防総省のダニエル・K・イノウエ・アジア太平洋安全保障研究センター（APCSS）と、ハワイ大学日本研究センターの客員研究員として過ごした。本書はその期間と帰国後に執筆し、まとめたものである。

ハワイに行ったのは、勤めている新聞社を休職し、国務省のプログラムであるフルブライトフェローとして海洋安全保障の研究をするためであった。四方を海に囲まれ、六〇〇〇以上の島からなる日本は、貿易の九九％を海運に頼っており、中東からの石油や天然ガスを運ぶシーレーンは国民の生命線である。日本の将来を考えるためには海洋と向き合うことが不可欠だと考えた。

折しも、アメリカは世界規模で戦力の再配置を進めていた。皮肉にも、強すぎるアメリカに嫌悪感を抱いていたはずの国々が、「世界の警察官ではない」（オバマ大統領）といわれて困惑し、アメリカが果たしてきた役割を再認識した。また、東シナ海での中国公船による領海侵犯問題に加えて、南シナ海における中国の軍事拠点化は目に見える形で急速に進んでいた。安保法制の議論が始まった日本では安保政策が根底から変わろうとしていた。

ハワイで研究して感じたのは、一国だけの圧倒的な軍事力に依存する時代は終わりを迎えつつあるのかもしれないが、そうはいっても、規模や影響力において地球の半分の海を担当する太平洋軍の右に出るものはいないという現実である。その戦闘遂行能力は絶大だ。中国、ロシア、北朝鮮を牽制し、南西諸島など日本の防衛にも紛《まぎ》れもなく寄与している。

世界には約七〇〇の米軍基地の関連施設があり、米軍の存在意義やその賛否が議論されているのは、何も日本だけではない。しかし、たとえば世界最強のシー・パワーであるアメリカがフィリピンのスービック海軍基地から撤退したら、何が起きたか。米軍のプレゼンスの空白がもたらした結果が、いまの南シナ海の領有権を巡る争いの一因になっているのは見ての通りである。

海洋安全保障を巡る覇権争いがアジア太平洋を主戦場に激化するなか、日本をはじめ、インド、韓国、オーストラリア、インドネシアなどのミドルパワーによる多極体制が形作られる可能性もないわけではないが、現時点においてアジア太平洋の海洋の安定は、アメリカの軍事力抜きでは考えられない。

新聞各紙の記事データベースで「太平洋軍」の記事数を当たってみると、これまで太平洋軍が最も注目されたのは二〇〇一年の「えひめ丸」事故のときだった。政治記者として首相官邸からこの事故を取材していた筆者は、米海軍の潜水艦の浮上によって突然少年たちの命が奪われるという事故の悲惨さに目が奪われ、加害者だった太平洋軍がどのような存在なのか、そのときは深く追求することはなかった。実際そのころ、記事数でいえば、「在日米軍」は「太平洋軍」の一〇倍近く存在しており、我々の目は常に身近な在日米軍や、沖縄の基地の負担問題に向けられてきた。

しかし、一朝有事の際には、指揮統制権を持つのは在日米軍の司令官ではなく、ハワイに司令部を置く太平洋軍の司令官である。二〇〇四年のスマトラ島沖地震、二〇一一年の東日本大震災の際にも、太平洋軍は重要な役割を果たした。これからの東シナ海や南シナ海でカギを握るのも、緊迫する北朝鮮情勢に真っ正面から立ち向かっているのも、彼らである。だとすると、このアジア太平洋における海洋安全保障の重要なプレーヤーをもっと知っておかなければならない。

ＡＰＣＳＳに入るのは予想以上に大変なことだった。アメリカ国防総省の組織であるから、身辺調査も含めて様々な審査をくぐり抜けなければならない。また客員研究員のポストは設けられたばかりのもの。そのポストを外国人であり、しかも民間人、さらには二〇年以上も記者を生業《なりわい》としてきた人物に与えるということは、異例である。渡米前の接触から許可が下りるまで一年もかかった。

そうして国防総省の内側から見たアメリカ軍と日米同盟の現場を描くことは、さらにハードルが高かった。ハリス太平洋軍司令官、スイフト太平洋艦隊司令官、司令部の幹部たちと幾度も話し合いを重ねた。論ではなく、リアリズムに基づいた日米同盟を、足元のハワイから伝えたい――そう説得し、理解してもらったのだ。

承諾を得たあとは、ワシントンの国防総省とのあいだでのやりとりが始まった。軍内部に籍を置きながら本を書くこと、軍中枢部にアクセスすることへのクリアランス（許可）を得なければならなかったからである。ペンタゴンに足を運ぶなどして、さらに一年を要した。つまりハワイ滞在の二年間は交渉や手続きに奔走《ほんそう》する傍ら、リサーチ、インタビュー、執筆を続けたのだ。

巨大組織を相手に神経はすり減り、気が休まる日は一日もなかったが、実務もさせてもらいながら、数々の軍の会議や研修、式典、イベントに参加した。アジア太平洋の軍事・外交政策が練り上げられ、調整・遂行されていく舞台裏で、彼らの戦略的思考や本音《ほんね》に触れた。そこには当然、きれいごとでは済まされない部分もあるが、自由や平和を守りたいという純粋な使命感を持っている軍人たちにたくさん出会った。アメリカ軍の内側から見えた世界と日米同盟は、外側から第三者として見てきたそれらとは大きく違い、新鮮だった。

国防総省の一員として、規定により、見聞きしたことのすべてを書いているわけではないが、我が国であまりよく知られてない太平洋軍の実像とハワイにおける日米同盟の現場に迫ることは意義があると考えている。ちなみに国防総省による検閲は一切なかった。

日本人にとってハワイは身近な外国であり、毎日平均して五〇〇〇～六〇〇〇人が飛行機から降り立つ。一九四一年の真珠湾攻撃という悲しい歴史の記憶があるにしても、いまの日本人にとっては身近なリゾートであり、日系人の多いハワイ社会も日本人観光客を歓迎してきた。しかし、ハワイにはもう一つの顔がある。ハワイが私たち日本を含む東アジアの安全保障に直結していることを示したかった。

グローバル時代に各国の利害関係は複雑に絡《から》み合い、一国の安全保障は一国のみ、あるいは同盟国とだけでは維持できない。ハワイは日米同盟だけではなく、アメリカを通して構築されている陣営の中心的役割も担っているのである。

本書で掲載した写真は、提供者の名前を記した以外は筆者が撮影した。また登場人物の肩書や階級は執筆当時のものである。

本書が完成するまで、直接的、間接的に、多くの方々に支えてもらった。インタビューに応じ本書に登場することを快諾してくれた方々、筆者の理解を深めるために背景説明をしてくれた方々、アメリカ軍・自衛隊の現役・OBを中心とする日米両政府関係者は、渡米前を含むこの数年間で三〇〇人は超える。この場を借りて心より感謝を申し上げたい。

また次に挙げる方々には、これまで様々な支援をいただいた。

青山繁晴氏、阿川尚之氏、秋田浩之氏、秋元一峰氏、安居院公仁氏、浅野亮氏、荒木雄二氏、伊藤俊幸氏、岩男保博氏、岩崎茂氏、岩崎英俊氏、植森治氏、宇宿昌洋氏、宇宿久美子氏、梅原淳氏、榎一江氏、榎泰邦氏、大塚慎太郎氏、大峰昇一郎氏、大森敬治氏、小俣泰二郎氏、折木良一氏、恩蔵洋氏、甲斐義博氏、加藤裕之氏、加藤良三氏、川合文子氏、川口克己氏、川戸恵子氏、北之園高志氏、北村淳氏、木野拓史氏、木村伊量氏、栗田昌彦氏、小出佳子氏、古宇田和夫氏、伍賀祥裕氏、小林恵一氏、小林卓雄氏、今田奈帆美氏、齋藤隆氏、佐藤洋一郎氏、志道桂太郎氏、白坂直己氏、鈴木敦夫氏、鈴木敦士氏、高橋裕昌氏、武居智久氏、武田良太氏、多田眞理氏、田中伸男氏、田村貴夫氏、徳地秀士氏、歳川隆雄氏、中畑康樹氏、西正典氏、西方孝氏、西田喜一氏、西原正氏、西分竜二氏、塙治夫氏、塙明子氏、林秀樹氏、林美都子氏、林吉永氏、日岡裕之氏、火箱芳文氏、平松賢治氏、平山由美子氏、廣中雅之氏、藤澤豊氏、鮒田英一氏、船橋洋一氏、古庄幸一氏、古谷健太郎氏、細谷雄一氏、堀口秀樹氏、本田康秀氏、前原誠司氏、増田雅之氏、松尾實直氏、間宮淑夫氏、丸山浩一氏、三上大二氏、三澤康氏、水関謙作氏、美留町奈穂氏、村越勝人氏、村田耕一郎氏、本杉かおる氏、森洋子氏、森近奈緒美氏、森本敏氏、矢口祐人氏、安田聡子氏、安野晴美氏、山口昇氏、吉田文彦氏、吉田正紀氏、米田建三氏、ラッシェンバーグ・めぐみ氏。

ルーベン・アジジアン氏、ダイアン・アラカワ氏、クリス・アールワイン氏、ジム・イワムラ氏、ウィリアム・ウエスリー氏、ジョナサン・オドム氏、アルフレッド・オーラー氏、ラーニー・カーライル氏、ジャン・カミサト氏、フローレンス・カワムラ氏、ジェームス・キャンベル氏、デビッド・グリーンバーグ氏、カールトン・クレーマー氏、ブラッド・グロッサーマン氏、ダニエル・ケント氏、スーザン・ゴー氏、ゲイ・サツマ氏、ローラ・サルマン氏、アンディ・シンガー氏、テレンス・スラットリー氏、フィリップ・ソイヤー氏、シャーム・タクワニ氏、ジェームス・ダーリン氏、アラン・チェイス氏、アン・トクムラ氏、クレイトン・ドス氏、ソフィー・ナイト氏、ジャスティン・ナンキベル氏、ケーリー・ナンキベル氏、ジョン・ニーマイヤー氏、アレッシオ・パタラーノ氏、アレキサンダー・ビュイング氏、ジェームズ・ヒライ氏、トーマス・ファーゴ氏、ローリー・フォーマン氏、チャーリー・ブラウン氏、ダニエル・ブラッドショー氏、デニス・ブレア氏、ジョー・ベイシー氏、ジョシュア・ヘイズ氏、ブライアン・ベネット氏、ジェームス・ポテンザ氏、ジェフリー・ホーナン氏、ディーン・ボーン氏、メアリ・マクドナルド氏、マリー・マコヴィノヴィック氏、リチャード・マッキー氏、モハン・マリック氏、サイラ・ヤミン氏、ゲイリー・ラフェッド氏、ダニエル・リーフ氏、ジェフリー・リーブス氏、デニー・ロイ氏、ショーン・ワシントン氏。

日米双方の組織にも大変お世話になった。

アメリカ国防総省、太平洋軍司令部、太平洋艦隊司令部、ダニエル・K・イノウエ・アジア太平洋安全保障研究センター、太平洋海兵隊司令部、太平洋陸軍司令部、太平洋空軍司令部、ハワイ大学日本研究センター、国際交流基金日米センターおよびアメリカ社会科学研究評議会（安倍フェローシップ）、アメリカ国務省、日米教育委員会（フルブライト・ジャパン）、ロンドン大学キングスカレッジ、一般財団法人アジア・パシフィック・イニシアティブ、公益財団法人笹川平和財団、慶應義塾大学グローバルリサーチインスティテュート、外務省、海上保安庁、防衛省大臣官房報道室および統合幕僚監部、陸上幕僚監部、海上幕僚監部、航空幕僚監部の各広報室に感謝を申し上げたい。また、朝日新聞社の西村陽一・常務取締役をはじめ、多くの上司と同僚にご理解とご支援をいただいた。

ハリス太平洋軍司令官とスイフト太平洋艦隊司令官のお二人は、筆者との議論に相当な時間を割いてくれた。彼らの理解と支持がなければ、巨大で閉鎖的な軍組織がこれだけ協力してくれることはなかっただろう。

世界を飛び回っている元自衛艦隊司令官の香田洋二氏には多忙なスケジュールの合間を縫って原稿に目を通していただき、実務経験者の立場から数多くの貴重な指摘をいただいた。同じ時期にハワイに滞在していた防衛省内局出身の荻野剛・在ホノルル総領事館領事と、サイバーセキュリティと国際政治の研究をしていた土屋大洋・慶應義塾大学教授のお二人との出会いは幸運だった。実に多くのことを教わり、本著を執筆するきっかけを与えてくれた。

常に筆者に寄り添い惜しみないサポートをしてくれている両親と夫、ハワイでともに暮らし、小さなアシスタントとして頑張ってくれた息子にも心から感謝したい。息子の友人や学校を通し、軍と共存するアメリカ市民社会全体を俯瞰《ふかん》できたことは、軍組織研究に思いがけない奥行きを与えてくれた。

最後に、筆者の書いたものに興味を示してくださり、出版のご提案をいただいてから七年間、粘り強く相談に乗っていただいた講談社の間渕隆氏に、深く御礼を申し上げたい。

我が国日本の平和な未来を考えるうえで、本書が少しでも役立つことを祈りつつ、ペンを擱《お》きたいと思う。

二〇一七年一一月

梶原《かじわら》みずほ

主要引用文献

Hillary Clinton, "America's Pacific Century," Foreign Policy, no.189, November 2011, pp. 56-63.

Department of Defense, "Sustaining U.S. Global Leadership: Priorities for 21st Century Defense," Department of Defense, January 2012.

布施哲『米軍と人民解放軍』講談社現代新書、二〇一四年

梶原みずほ「GLOBE　196号〈太平洋　波高し—新たな大国の野望と島々—〉『航行の自由』で攻防　護衛艦『いずも』」『朝日新聞』二〇一七年八月六日

梶原みずほ「対北朝鮮『軍事行動どれも可能』外交的解決前提に　ハリス米太平洋軍司令官」『朝日新聞』二〇一七年七月一四日

久保文明編『アメリカにとって同盟とはなにか』中央公論新社、二〇一三年

夏川和也『日中海戦はあるか—拡大する中国の海洋進出と、日本の対応—』きずな出版、二〇一三年

"Vice Admiral Harris Discusses His Issei Heritage," Rafu Shimpo, October 5, 2012.

Harry B. Harris Jr., "Mighty Men of Valor," 100th Infantry Battalion Veterans 72nd Anniversary Banquet, Honolulu, Hawaii, June 22, 2014.
グエン・テラサキ（新田満里子訳）『太陽にかける橋─戦時下日本に生きたアメリカ人妻の愛の記録─』中公文庫、一九九一年
カズオ・イシグロ（飛田茂雄訳）『浮世の画家』早川書房、二〇〇六年
中鉢奈津子「ハワイ日系人社会の特徴」『外務省調査月報』、二〇〇八年三月、二九～四九頁
ダニエル・イノウエ、ローレンス・エリオット（森田幸夫訳）『上院議員ダニエル・イノウエ自伝』彩流社、一九八九年
ジョージ・R・アリヨシ（アグネス・M・贄川他訳）『おかげさまで─アメリカ最初の日系人知事ハワイ州元知事ジョージ・アリヨシ自伝─』アーバン・コネクションズ、二〇一〇年
「政界探見　3代で紡ぐ日米同盟　祖父・信介氏、父・晋太郎氏と安倍首相」『信濃毎日新聞』、二〇一六年一二月二五日
"Adm. Harry B. Harris Jr.," The Hawaii Herald, November 7, 2014.
Harry B. Harris, "As Prepared for Delivery," at Military Reporters and Editors (MRE) Conference, Washington D.C., October 9, 2015.
永井忠弘「シンセキ大将に続くアジア系二人目の陸軍大将キャンベル　太平洋軍司令官にH・B・ハリス海軍大将」『軍事研究』第五〇巻四号、二〇一五年、一〇四～一一七頁

Under Secretary of Defense for Policy, “DoD Annual Freedom of Navigation (FON) Reports,” U.S. Department of Defense.

田所昌幸、阿川尚之編『海洋国家としてのアメリカ―パクス・アメリカーナへの道―』千倉書房、二〇一三年

久保文明、高畑昭男、東京財団「現代アメリカ」プロジェクト編著『アジア回帰するアメリカ―外交安全保障政策の検証―』ＮＴＴ出版、二〇一三年

Jonathan G. Odom, “FONOPs to Preserve the Right of Innocent Passage? Despite Popular Misconception, that is Hardly Mission Impossible,” The Diplomat, February 25, 2016.

Sydney J. Freedberg Jr., “US Hasn’t Challenged Chinese ‘Islands’ Since 2012,” Breaking Defense, September 17, 2015.

アルフレッド・T・マハン（北村謙一訳）『海上権力史論（新装版）』原書房、二〇〇八年

Frederick Jackson Turner, “The Significance of the Frontier in American History,” A Paper Read at the Meeting of the American Historical Association in Chicago, July 12, 1893.

デイヴィッド・ヴァイン（西村金一監修、市中芳江、露久保由美子、手嶋由美子訳）『米軍基地がやってきたこと』原書房、二〇一六年

Alexander L. Vuving, “Vietnam, the US, and Japan in the South China Sea,” The Diplomat, November 26, 2014.

香田洋二、小原凡司「『中華膨張』 南シナ海支配の最終段階：海自元最高幹部の情勢分析」『文藝春秋』第九三巻九号、二〇一五年
Harry B. Harris Jr., "Speech at Rebuild Japan Initiative Foundation, Japan - U.S. Military Statesmen Forum," Tokyo, Japan, July 27, 2016
福田毅『アメリカの国防政策―冷戦後の再編と戦略文化―』昭和堂、二〇一一年
Andrew Feickert, "The Unified Command Plan and Combatant Commands: Background and Issues for Congress," Congressional Research Service Report for Congress, January 3, 2013.
福好昌治「再編される米太平洋軍の基地」『レファレンス』、第五六巻一〇号、二〇〇六年一〇月、七二～九九頁
西川武臣『ペリー来航―日本・琉球をゆるがした４１２日間―』中公新書、二〇一六年
都留康子「アメリカと国連海洋法条約」『国際問題』第六一七号、二〇一二年、四二～五三頁
John B. Hattendorf, "The Evolution of the U.S. Navy's Maritime Strategy, 1977-1986," Naval War College Newport Papers, no. 19, 2004.
James D. Watkins, "The Maritime Strategy," Proceedings, January 1986, pp. 2-8.
ジミー・カーター（持田直武、平野次郎、植田樹、寺内正義訳）『カーター回顧録（上、下）』日本放送出版協会、一九八二年
谷光太郎『海軍戦略家マハン』中央公論新社、二〇一三年

マーク・トウェイン（大久保博訳）『ハワイ通信』旺文社、一九八三年
福好昌治「世界規模で武力行使：アメリカ統合軍の戦い（一）〝太平洋軍の戦い〟1990~2000繰り返す北朝鮮危機とイラク攻撃」『軍事研究』第四八巻一二号、二〇一三年、六四~七五頁
福好昌治「アメリカ統合軍の全貌　シリーズ連載①~⑦」『軍事研究』第四七巻七、九、一一号（二〇一二年）、第四八巻一、三、五、七号（二〇一三年）
Department of Defense, "Base Structure Report - Fiscal Year 2015 Baseline," Department of Defense, 2015.
櫻田大造『ＮＯＲＡＤ―北米航空宇宙防衛司令部―』中央公論新社、二〇一五年
阿川尚之『海の友情―米国海軍と海上自衛隊―』中公新書、二〇〇一年
ジェイムス・Ｅ・アワー（妹尾作太男訳）『よみがえる日本海軍―海上自衛隊の創設・現状・問題点―（上、下）』時事通信社、一九七二年
ロバート・Ｓ・マクナマラ（仲晃訳）『マクナマラ回顧録―ベトナムの悲劇と教訓―』共同通信社、一九九七年
デイビッド・ハルバースタム（浅野輔訳）『ベスト&ブライテスト（1、2、3）』サイマル出版会、一九八三年
海上自衛隊50年史編さん委員会編『海上自衛隊50年史本編』『海上自衛隊50年史資料編』防衛

庁海上幕僚監部、二〇〇三年

Laurence Binyon, For the Fallen, and Other Poems, London: Hodder & Stoughton, 1917.

Albertus Catlin, With the Help of God and a Few Marines, Sydney: Wentworth Press, 2016

National Transportation Safety Board (NTSB), Marine Accident Brief: DCA-01-MM-022, National Transportation Safety Board (NTSB), May 2001.

船橋洋一『カウントダウン・メルトダウン（上、下）』文藝春秋、二〇一二年

船橋洋一『同盟漂流』岩波書店、一九九七年

Donna Miles, "Locklear Calls for Indo-Asia-Pacific Cooperation," Department of Defense, February 8, 2013.

Shinzo Abe, "Asia's Democratic Security Diamond," Project Syndicate, December 27, 2012.

春原剛『在日米軍司令部』新潮社、二〇一一年

梶原みずほ「耕論　太平洋　覇権の行方　米太平洋軍司令官、ハリー・ハリスさん〈米と同盟国　抑止力のかけ算〉、米ジャーナリスト、ロバート・カプランさん〈中国の進出　台湾支配がカギ〉」『朝日新聞』二〇一七年七月二八日

Rory Medcalf, "The Indo-Pacific: What's in a Name?" The American Interest, vol. 9, no. 2, October 10, 2013.

菊地茂雄「米国の政軍関係—軍人による異論表明の在り方をめぐる近年の議論—」『防衛研究

所紀要』第一七巻二号、二〇一五年、一～二二頁
GAO, "Defense Headquarters: DOD Needs to Periodically Review and Improve Visibility Of Combatant Commands' Resources," GAO, May 15, 2013.
土屋大洋『サイバーセキュリティと国際政治』千倉書房、二〇一五年
土屋大洋『暴露の世紀―国家を揺るがすサイバーテロリズム―』角川書店、二〇一六年
Jeffrey W. Hornung, "Managing the U.S.-Japan Alliance: An Examination of Structural Linkages in the Security Relationship" Sasakawa Peace Foundation USA, April 14, 2017.
Walter F. Doran, "Pacific Fleet Focuses on War Fighting," Proceedings, August 2003, pp. 58-60.
ロバート・D・カプラン（櫻井祐子訳）『地政学の逆襲』朝日新聞出版、二〇一四年
秋田浩之『暗流　米中日外交三国志』日本経済新聞出版社、二〇〇八年
海洋政策研究財団編『海洋白書〈２０１５〉日本の動き　世界の動き―「海洋立国」のための海洋政策の具体的実施に向けて―』成山堂書店、二〇一五年
公益財団法人世界平和研究所編（北岡伸一、久保文明監修）『希望の日米同盟――アジア太平洋の海洋安全保障』中央公論新社、二〇一六年
塩田光喜『太平洋文明航海記』明石書店、二〇一四年
高坂正堯『海洋国家日本の構想』中央公論新社、二〇〇八年

「外交」編集委員会『外交　海洋新時代の外交構想力』時事通信社、二〇一二年
冨賀見栄一監修、海洋・東アジア研究会編『海上保安庁進化論　海洋国家日本のポリスシーパワー』シーズ・プランニング、二〇〇九年
海洋政策研究財団編『中国の海洋進出　混迷の東アジア海洋圏と各国対応』成山堂書店、二〇一三年
防衛省・自衛隊『防衛白書　平成27年版』『28年版』日経印刷、二〇一五年、二〇一六年
防衛省防衛研究所編『東アジア戦略外観　２０１６』防衛省防衛研究所、二〇一六年

著者略歴

梶原みずほ（かじわら・みずほ）

一九七二年、東京に生まれる。エジプトのカイロアメリカン大学政治学部を卒業後、一九九四年、朝日新聞社入社。神戸、金沢の各支局、大阪本社社会部を経て、二〇〇〇年に東京本社政治部。首相官邸、自民党、外務省などを担当する。「GLOBE」記者を経て、特別報道部記者。二〇一一年、安倍ジャーナリストフェロー、ロンドン大学キングスカレッジ社会科学公共政策学部客員研究員。二〇一四年、フルブライトフェローに選ばれ、朝日新聞を休職して二年間、ハワイ大学日本研究センター客員研究員。二〇一五年一月～二〇一六年八月、ハワイにあるアメリカ国防総省ダニエル・K・イノウエ・アジア太平洋安全保障研究センター客員研究員。一般社団法人日本オマーン協会理事。公益財団法人笹川平和財団の日米豪印による「インド洋地域の安全保障」政策提言プロジェクトメンバー。慶應義塾大学グローバルリサーチインスティテュート客員所員。本著は国防総省のクリアランスを得て執筆した。

アメリカ太平洋軍《たいへいようぐん》　日米《にちべい》が融合《ゆうごう》する世界最強《せかいさいきょう》の集団《しゅうだん》

二〇一七年一一月二二日　第一刷発行

著者――梶原《かじわら》みずほ
カバー写真――在日米軍司令部（USFJ）
装幀――川島 進

発行者――鈴木 哲　**発行所**――株式会社講談社
東京都文京区音羽二丁目一二―二一　郵便番号一一二―八〇〇一
電話　編集 〇三―五三九五―三五二二　販売 〇三―五三九五―四四一五　業務 〇三―五三九五―三六一五

落丁本・乱丁本は購入書店名を明記のうえ、小社業務あてにお送りください。送料小社負担にてお取り替えいたします。なお、この本の内容についてのお問い合わせは、第一事業局企画部あてにお願いいたします。

本文組版――朝日メディアインターナショナル株式会社
印刷所――慶昌堂印刷株式会社　**製本所**――黒柳製本株式会社

ISBN978-4-06-220826-0
定価はカバーに表示してあります。